本书受华南农业大学经济管理学院高水平学科建设经费、国家自然科学基金面上项目“消费者食品安全风险响应与引导机制研究：以跨境电商为例”（72273046）、国家自然科学基金面上项目“生鲜电商平台产品质量安全风险社会共治研究”（71873046）、国家自然科学基金青年项目“农产品伤害危机责任归因与消费者逆向行为形成机理研究”（71503085）和广东省哲学社会科学规划项目“农村食品安全风险数字化治理机制研究”（GD22XGL15）资助。

消费者食品安全
风险响应与引导机制研究

Research on Consumer Food Safety
Risk Response and Guidance Mechanism

张　蓓　马如秋◎著

暨南大學出版社
JINAN UNIVERSITY PRESS

中国·广州

图书在版编目（CIP）数据

消费者食品安全风险响应与引导机制研究/张蓓，马如秋著．—广州：暨南大学出版社，2023.4
ISBN 978-7-5668-3629-8

Ⅰ.①消… Ⅱ.①张… ②马… Ⅲ.①食品安全—风险管理—研究—中国 Ⅳ.①TS201.6

中国国家版本馆 CIP 数据核字（2023）第 046324 号

消费者食品安全风险响应与引导机制研究

XIAOFEIZHE SHIPIN ANQUAN FENGXIAN XIANGYING YU YINDAO JIZHI YANJIU

著　者：张　蓓　马如秋

出 版 人：张晋升
责任编辑：高　婷
责任校对：刘舜怡　黄子聪　陈慧妍
责任印制：周一丹　郑玉婷

出版发行：暨南大学出版社（511443）
电　　话：总编室（8620）37332601
营销部（8620）37332680　37332681　37332682　37332683
传　　真：（8620）37332661（办公室）　37332684（营销部）
网　　址：http://www.jnupress.com
排　　版：广州尚文数码科技有限公司
印　　刷：广州市友盛彩印有限公司
开　　本：787mm×1092mm　1/16
印　　张：16.75
字　　数：300 千
版　　次：2023 年 4 月第 1 版
印　　次：2023 年 4 月第 1 次
定　　价：69.80 元

前言

食品安全风险治理是世界各国面临的共同难题。随着食品产业链不断延长和消费场景深度重构，食品安全风险隐患也逐渐增多，如费列罗巧克力沙门氏菌全球传播、永辉超市冷冻猪头肉腐败发臭等食品安全风险事件频发。食品安全风险预警机制匮乏、食品安全追溯体系建设不全等症结导致我国食品安全风险治理面临严峻挑战。食品安全风险治理关系到经济高质量发展及社会繁荣稳定，备受党和国家重视。随着数字经济迅猛发展、智能技术应用创新和平台经济新业态不断涌现，食品安全风险治理迎来治理边界拓展延伸、治理方式创新变革等机遇，也面临着风险表征类型多样、治理资源应用困难等挑战。

全球经济一体化推动我国跨境电商食品市场迅速扩大，这对于食品消费转型升级、满足人民群众美好生活需求尤为重要。海关总署数据表明，2021 年我国跨境电商进出口规模高达 1.98 万亿元。京东国际、天猫国际等跨境电商平台发展迅速，提供生鲜食品、烘焙食品、酒水饮料等多种种类。《全国农产品跨境电子商务发展报告（2020—2021）》显示，2020 年我国跨境电商农产品零售进出口总额为 63.4 亿美元，同比增长 19.8%，其中，进口额为 61.8 亿美元，同比增长 24.1%。我国跨境电商平台规模扩大对优化进出口食品流通模式、促进食品消费结构升级、推动食品产业高质量发展有重要作用。

然而，在跨境电商食品产业蓬勃发展的背景下，我国基层食品安全风险治理仍然不容忽视。德国进口奶粉包装不合格、厄瓜多尔进口冻南美白虾检验出动物疫病等食品安全风险事件层出不穷。新冠肺炎疫情下进口食品疫病隐患难预警、风险传播难控制。供应链环节长、信息隐匿性加剧、制度文化差异等因素增加进口食品安全风险治理难度，影响我国食品产业可持续发展及社会稳定。因此本书聚焦跨境电商研究情境，对进口食品安全风险展开深入探索。我国跨境电商监管体制尚未健全，法律法规不完善、主体责任未明确，党中央高度重视跨境电商进口食品优质供应。2019 年中共中央、国务院发布《关于深化改革加强食品安全工作的意见》，提出实施进口食品“国门守护”行动及跨境电商零售进口监管政策。海关总署发布《“十四五”海关发展规划》，提出优化进口食品源头治理、口岸监管等制度设计。建立科学食品安全风险治理体系，是拉动食品市场需求、促进食品产业持续发展、实现全球价值链深度融合的重要保障之一。

鉴于食品安全风险表征复杂性，消费者对食品安全风险缺乏正确认知，并产生恐慌、焦虑等心理反应，以及信息回避、停止购买和负面口碑等逆向行为，使食品安全风险交流环境恶化，更影响食品市场进一步扩大。艾媒咨询《2020年中国跨境电商行业趋势研究报告》显示，72.7%的消费者选择跨境电商平台时首先考虑正品保障、物流速度等因素。随着消费者风险防范意识提升，食品安全成为影响消费者食品购买决策的重要因素。同时作为食品市场需求主体，消费者积极参与、持续购买与健康促进行为是食品市场扩大、食品产业持续发展的重要前提。

在经济全球化进程不断加快、我国经济社会高质量发展、互联网技术创新驱动、人民生活水平日益提高的背景下，必须保障食品优质安全供给，提升人民获得感、幸福感和安全感。如何从跨境电商角度出发，有效地测度食品安全风险、理解消费者食品风险认知与风险响应形成机理，激励跨境电商平台及相关企业、政府监管部门、第三方机构和媒体等多方主体全域联动，共同引导消费者食品安全风险响应，保障消费者人身安全，促进食品产业可持续发展，形成国内国际双循环的新发展格局，是一个迫切需要研究的问题，研究重点应关注食品安全风险表征系统、消费者食品安全风险认知与风险响应决策机制，并制定相应消费者食品安全风险响应引导策略。

基于跨境电商研究情境，本书主要研究内容和研究贡献体现在以下方面：

第一编食品安全风险表征，包含第三章至第七章。其中第三章基于社会表征理论、系统论及WSR系统方法论，遵循“物理因素—事理因素—人理因素—环境因素”的逻辑思路，构建食品安全风险表征系统框架。第四章采集并分析18349例食品安全风险通报文本数据，剖析食品安全风险表征归因与关键症结。第五章将扎根理论研究方法与WSR系统方法论、系统论等理论相结合，拟定食品安全风险表征各级指标，开发食品安全风险表征测度体系。第六章运用风险矩阵研究方法，基于食品安全风险表征数据，构建食品安全风险表征评估矩阵，开展食品安全风险表征综合评估。第七章基于第三章至第六章的研究结论和分析结果，从食品安全风险表征管理制度设立和食品安全风险表征管理实践启示两个方面提出食品安全风险表征管理实践。

第二编消费者食品安全风险认知，包含第八章和第九章。第八章基于社会认知理论和风险认知理论，开展消费者食品安全风险认知理论分析。第九章基于社会表征理论，以进口白虾为实验材料探索消费者食品安全风险认知田野实验。

第三编消费者食品安全风险响应，包含第十章至第十三章。第十章立足“认知—态度—行为”理论和消费者响应理论，开展消费者食品安全风险响应理论分析。第十一章基于保护动机理论，以进口车厘子为实验材料探索消费者食品安全风险响应情境实验。第十二章以理性购买为例探讨消费者食品安全风险响应机制。第十三章以持续购买为例探讨消费者食品安全风险响应机制。

第四编消费者食品安全风险响应引导机制与保障工程，包含第十四章和第十五章。第十四章厘清消费者食品安全风险响应的政策导向和多方主体职责职能，设计消费者食品安全风险响应引导机制。第十五章践行消费者食品安全风险响应保障工程，为构筑消费者食品安全风险响应引导机制提供支撑保障。

作 者

2023 年 2 月

目 录

第二编　消费者食品安全风险认知

第三编　消费者食品安全风险响应

第四编　消费者食品安全风险响应引导机制与保障工程

附　录

绪 论

第一章　研究主题

一、研究背景

食品安全风险治理是全球面临的共同难题。随着食品产业链不断延长、消费场景深度重构，食品安全风险隐患也逐渐增多，如费列罗巧克力沙门氏菌全球传播、永辉超市冷冻猪头肉腐败发臭等食品安全风险事件频发。食品安全风险预警机制匮乏、食品安全追溯体系建设不全等症结导致我国食品安全风险治理面临严峻挑战。食品安全风险治理关系到经济高质量发展及社会繁荣稳定，备受党和国家重视。随着数字经济迅猛发展、智能技术应用创新和平台经济新业态不断涌现，食品安全风险治理迎来治理边界拓展延伸、治理方式创新变革等机遇，也面临风险表征类型多样、治理资源应用困难等挑战。建立科学的食品安全风险治理体系，是拉动食品市场需求、促进食品产业持续发展、实现全球价值链深度融合的重要保障之一。

鉴于食品安全风险复杂性，消费者对食品安全风险缺乏正确认知，并产生恐慌、焦虑等心理反应，以及信息回避、停止购买和负面口碑等逆向行为，导致难以建立科学的食品安全风险交流环境和高效的食品安全风险传播方式，影响了食品市场进一步扩大。艾媒咨询《2020 年中国跨境电商行业趋势研究报告》显示，72.7%的消费者选择跨境电商平台时首先考虑正品保障、物流速度等因素。随着消费者食品安全风险防范意识不断增强，食品安全逐渐成为影响消费者在线购买决策重要因素。同时作为食品市场需求主体，消费者积极参与、理性购买、持续购买与健康促进行为是推动食品市场扩大、食品产业持续发展的重要前提。在健康中国战略背景下，应从跨境电商研究视角出发，引导消费者对食品安全风险特征、归因和关键症结，以及风险伤害性、持续性等形成全面认知，并科学地判断食品安全风险，进而形成风险卷入度、风险控制感和风险责任感等风险内部响应，最终推动消费者产生信息参与、转移购买和健康促进等风险外部响应。由此，亟须理顺食品安全风险表征系统要素、探究消费者食品安全风险认知形成机理与风险响应决策机制，并进一步开展消费者食品安全风险响应引导与保障研究，这对于拉动食品消费需求、促进我国食品产业稳健发展等尤为重要。

激励多方主体各尽其责，引导消费者基于跨境电商背景，认知食品安全风险并形成科学的风险响应决策，是促进我国食品行业长效发展的关键。2021年海关总署等部门发布《关于进一步深化跨境贸易便利化改革优化口岸营商环境的通知》，要求跨境电商平台等企业诚信经营、海关强化口岸监管、政府开展跨部门执法协作、消费者履行舆论监督义务。在跨境电商研究情境下，开展消费者食品安全风险响应引导，亟须理顺跨境电商平台及相关企业、政府监管部门、第三方机构和媒体等多方主体角色与职能，进行一系列制度设计与安排。

在经济全球化进程不断加快、互联网技术创新驱动、人民生活水平日益提高背景下，必须保障食品优质安全供给，提升人民获得感、幸福感和安全感。如何从跨境电商的角度出发有效地测度食品安全风险、理解消费者风险认知与风险响应形成机理，激励跨境电商平台及相关企业、政府监管部门、第三方机构和媒体等多方主体全域联动，共同引导消费者食品安全风险响应，保障消费者人身安全，促进跨境电商食品产业可持续发展，形成国内国际双循环的新发展格局，是一个迫切需要研究的课题，研究重点应关注食品安全风险表征系统、消费者食品安全风险认知与风险响应决策机制，并制定相应的消费者食品安全风险响应引导策略。

二、研究情境

（一）跨境电商平台发展概述

1. 跨境电商平台方兴未艾

跨境电商作为平台经济重要组成部分，以其支付便捷化、产品全球化的特性，有效地满足了消费者日益增长的美好生活需要，成为帮助消费者“买全球”的重要渠道，更推动了世界经济高质量发展。1995年世界上最早的跨境电商美国亚马逊（Amazon）成立（Mellahi，Johnson，2000）；1996年美国PeaPod最早售卖跨境电商食品（Ruby，2000）。1999年阿里巴巴国际站成立标志着我国开启跨境电商时代。我国跨境电商源于“个人代购”等消费模式。个人代购是指个人在海外购买商品，通过邮寄或直接携带等方式将商品送达国内消费者的模式。2005年以留学生为代表的第一批个人代购兴起，标志着我国跨境电商平台雏形出现。2007 年“海淘”兴起，同年淘宝上线“全球购”，2008 年国内“三鹿奶粉”事件爆发，刺激“海淘”行业、跨境电商平台不断发展。2013 年商务部发布《关于促进电子商务应用的实施意见》，提出加快跨境电子商务物流、监管、诚信等配套体系建设。2014 年海关总署出台《关于跨境贸易电子商务进出境货物、物品有关监管事宜的公告》，肯定跨境电商合法地位，推进跨境电商平台爆发式发展。随着我国社会经济高质量发展、电子商务不断创新，我国跨境电商平台逐渐取代个人代购与“海淘”，成为市场主要力量。跨境电商是指分属不同关境的贸易主体，依托电子商务平台开展贸易和支付结算，并通过跨境物流实现商品运输、完成交易的新型国际商业活动（Liu et al.，2019）。海关总署数据显示，2018 年我国跨境电商零售进出口交易额突破 1000 亿元，2019 年达 1862.1 亿元，同比增长 86.2%。据财经网报道，2019 年我国跨境电商市场规模达 10.5 万亿元，相较于 2018 年的 9 万亿元同比增长 16.7%。可见，跨境电商平台在优化全球市场供需结构、加速跨境数字化消费、引导我国居民消费升级等过程中扮演重要角色。

2. 跨境电商平台主要类型

跨境电商平台作为平台经济新业态重要形式，能较好满足消费者全球化、多元化和个性化需求。跨境电商平台是指符合我国法律法规并在我国境内注册或登记、为从事进口食品贸易等的电商企业或个人提供服务的第三方平台（范筱静，2017）。近年来，美国、日本和德国等发达国家和地区的国际性跨境电商平台发展迅速。当前，依托跨境电商平台购买进口食品也成为我国消费者食品多样化消费的重要趋势（Yu et al.，2017）。

我国跨境电商平台发展迅速，主要包括 B2C（Business to Customer）平台型、B2C 垂直型、B2B（Business to Business）、O2O（Online to Offline）和传统超市网上拓展商城等类型，以及少数 M2S（Mart to Social）、B2B2C（Business to Business to Customer）、F2B2C（Farm to Business to Customer）等类型。平台型即吸引跨境电商食品供应、销售组织入驻平台，满足供需双方跨境交易需求（冯华、陈亚琦，2016），如京东国际等；垂直型即采购或自产跨境食品，通过线上渠道跨境销售（汪旭晖、张其林，2016），如天猫国际进口超市等。B2C 模式即跨境电商企业直接面向国外消费者销售（Hu，Luo，2018），如洋码头等；B2B 模式即跨境电商企业间的交易（Deng，Wang，2016），如全球速卖通等；O2O 模式即通过线上购买带动线下经营，如易单网等；M2S 模式即超市社区电子商务模式，如洋葱 App；B2B2C 模式即企业通过互联网直接为消费者提供消费服务模式，如饭饭 1080°惠民直购平台；F2B2C 模式即生产主体到经销商再到消费者，如菜丁网。跨境电商平台在提升跨境食品流通效率、创新跨境食品交易模式、拓展跨境食品销售渠道等方面发挥积极作用。

（二） 跨境电商食品及其市场特征

1. 跨境电商食品

生鲜电商食品是指经由电商平台销售的，未经加工或者经少量加工，且在常温下无法长期保存的初级农产品，一般包括蔬菜、水果、肉类和水产品（李晔、秦梦，2015）。随着新零售新电商迅猛发展及居民消费水平逐步提升，跨境电商食品蓬勃兴起（张夏恒，2017）。艾瑞咨询《2018 年中国跨境进口零售电商行业发展研究报告》显示，进口食品是我国消费者网购跨境电商产品中最常购买品类。跨境电商食品是指境外食品经跨境电商平台销售后，通过备案报关、检验检疫等程序进口到本国的食品（费威，2019）。跨境电商平台作为跨境电商食品主要流通渠道，促进跨境食品市场迅速扩大、跨境电商食品数量和种类增加（费威、佟烁，2019）。政府出台《关于扩大跨境电商零售进口试点的通知》等政策支持跨境电商发展。Bonpont（宝盆）等跨境电商平台异军突起。依托跨境电商平台购买进口食品已成为我国食品消费重要趋势（Yu et al.，2017）。全球经济一体化推动我国跨境电商食品市场迅速扩大，这对于食品消费转型升级、满足人民群众美好生活需求尤为重要。艾瑞咨询《2019 年中国进口食品消费白皮书》提出跨境食品涵盖生鲜食品、酒水饮料和母婴食品等种类，2019 年商务部《主要消费品需求状况统计调查分析报告》显示，2020 年肉类及制品、水产及制品、乳品位居我国进口食品前三。新冠肺炎疫情防控常态化背景下我国跨境电商产业持续增长，海关总署数据表明 2021 年跨境电商进出口规模高达 1.98 万亿元，同比增长 15.0%。跨境电商食品市场交易模式包括直购进口、网购保税进口、我国食品经营者经境内跨境电商平台向消费者售卖进口食品及境外个体经营者经境外电商向境内消费者销售跨境食品四种模式（张夏恒，2017）。

2. 跨境电商食品市场特征

跨境电商平台大大增加了消费者购买产品的多样性和购物便利性，京东国际、天猫国际等跨境电商平台也为消费者提供生鲜食品等多元种类，且其售卖商品价格合理，逐渐成为消费者购买跨境食品重要方式（Yu et al.，2017）。我国跨境电商平台规模扩大对优化进出口食品流通模式、促进食品消费结构升级、推动食品产业高质量发展有着重要作用。亟须从跨境电商食品的主要来源地、品类特征、消费人群和消费关注重点等方面深入剖析其市场特征。

在主要来源地方面，《2019 年中国进口食品行业报告》数据显示 2018 年我国跨境电商食品来源地达 185 个。从各大洲来看，我国跨境电商食品进口额由高至低依次是亚洲、欧洲、大洋洲、南美洲、北美洲和非洲；从国家来看，新西兰、澳大利亚和美国是我国跨境电商食品主要来源国。《农民日报》显示澳大利亚、美国、新西兰、荷兰和德国位居 2019 年我国跨境电商食品进口额前五。其中澳大利亚、美国和新西兰农产品进口额分别为 11.45 亿美元、8.53 亿美元和 8.51 亿美元。可见我国跨境电商食品来源地多元，发达国家进口额占比较高。

在品类特征方面，《2019 年中国进口食品行业报告》数据显示，2018 年我国跨境食品品类进口总额中水海产品类占 16.58%，肉类占 15.08%，乳品类占 14.35%，水果类占 10.88%。《农民日报》显示，2019 年我国跨境电商食品中畜产品进口额达 23.5 亿美元，水产品（水海产品及其制品）进口额为 1.2 亿美元。农业农村部于 2020 年 9 月发布的《全国农产品跨境电子商务发展研究报告》显示，2019 年跨境电商零售进口涵盖蔬菜、水果、肉类、奶类等品类，其中婴儿奶粉进口消费占比最高，巴西牛腩牛腱、澳大利亚牛排等跨境生鲜食品进口消费增长最快。可见我国跨境电商食品需求多元，消费者对优质的生鲜农产品、奶制品等跨境电商食品日益青睐。

在消费人群方面，艾媒咨询发布的《中国电商进口食品行业用户行为分析》指出，在购买进口食品的消费者中，40 岁以下的人超 80.0%，一、二线城市消费者占人群总数近 70.0%，我国各城市居民进口食品消费比例均超 10.0%。可见，我国多数消费者有跨境电商食品消费经历，且一、二线城市年轻消费者为跨境电商食品主要消费群体。

在消费关注重点方面，2019 年高瞻产业研究智库发布的《消费者购买进口消费品偏好调研》显示，我国消费者最关注跨境电商食品安全。2020 年艾媒咨询发布的《中国电商进口食品行业用户行为分析》指出，打折促销最能驱动消费者购买跨境电商食品，而电商平台推送跨境电商食品信息最能影响消费者购买决策。可见优质安全、促销力度强的跨境电商食品最受消费者青睐，电商平台对跨境电商食品信息的及时展示能驱动消费者作出购买决策。

（三）跨境电商食品安全风险

风险是指某种危害会对人体健康或环境产生不良效果的可能性和严重性（《国际食品法典标准汇编》，2009）。Han 和 Liu（2018）认为风险是指个体认为可能发生的所有破坏性后果的集合。进一步说，食品安全风险是指食用或使用食品时，可能对消费者健康乃至社会秩序稳定等造成影响的不确定性（Yeung，Morris，2001）。食品安全风险有内生性和外源性两类，现阶段食品从田间到餐桌全程面临环境污染严重、加工流程不当等多重因素，极大提高我国食品安全风险发生概率（唐任伍、张士侠，2020）。全球经济一体化、平台经济方兴未艾和消费结构转型升级促进我国跨境电商食品产业迅速发展，而我国基层食品安全风险治理仍不容忽视。德国进口奶粉包装不合格、厄瓜多尔进口冻南美白虾检验出动物疫病等食品安全风险事件层出不穷。新冠肺炎疫情下进口食品疫病隐患难预警、风险传播难控制。供应链环节长、信息隐匿性加剧等因素增加进口食品安全风险治理难度，影响我国食品产业可持续发展。跨境电商食品是进口食品的重要品类，其食品安全风险关系我国人民群众身体健康，更关系跨境电商产业高质量发展和国际社会稳定。跨境电商食品运输时间长、区域间标准不一，面临冷链物流窘境、信息溯源困难、制度文化差异等食品安全风险隐患。随着跨境电商食品迅猛发展，京东全球购销售假冒伪劣进口奶粉等跨境电商食品安全风险事件屡禁不止，全球经济一体化背景下，跨境食品安全风险更为频发，智利车厘子等外包装受病毒污染，厄瓜多尔冻白虾等检出病毒阳性，甚至有 5 名跨境货车司机于粤港澳大湾区深圳湾入境处查出核酸阳性。可见跨境食品携带的病毒已由物及人，跨境电商食品安全风险日益复杂。频发的跨境食品安全事件（见图 1－1）更凸显跨境电商食品安全风险复杂性，增加跨境电商食品安全风险治理难度，对我国消费者人身安全、食品产业高质量发展乃至形成国内国际双循环新发展格局造成严重威胁（Wen，Zhang，2021）。

党中央高度重视跨境电商进口食品优质供应。2019 年中共中央和国务院发布《关于深化改革加强食品安全工作的意见》，提出实施进口食品“国门守护”行动和跨境电商零售进口监管政策。海关总署发布《“十四五”海关发展规划》，提出优化进口食品源头治理等制度设计。建立科学的食品安全风险治理体系，是拉动食品市场需求、促进食品产业持续发展、实现全球价值链深度融合的重要保障之一。2021 年商务部等 3 部门发布《“十四五”电子商务发展规划》，提出提升跨境电商消费者保障水平；同年商务部等6 部门发布《关于扩大

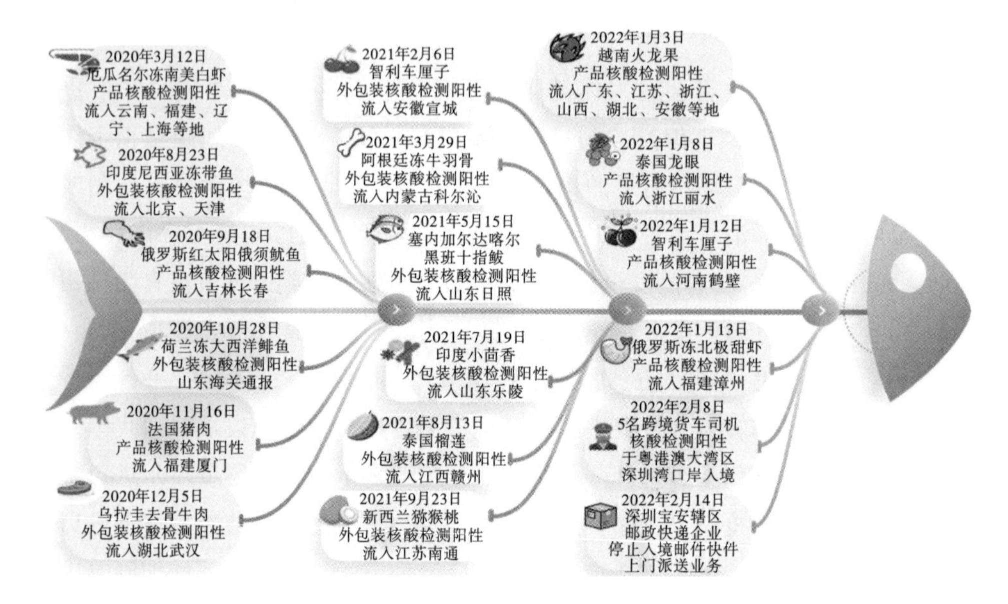

图1－1　2020—2022年我国跨境食品安全风险事件

资料来源：央视网（https://search.cctv.com）、人民网（http://www.people.com.cn）、新华网（http://www.xinhuanet.com）和光明网（https://www.gmw.cn）等。

跨境电商零售进口试点、严格落实监管要求的通知》，提出全面加强质量安全风险防控，及时查处在海关特殊监管区域外开展二次销售等违规行为，共同促进行业规范健康持续发展，严控跨境电商食品安全风险。

本书将跨境电商食品安全风险定义为食用或使用通过跨境电子商务交易的跨境食品时，可能对消费者健康等造成影响的食源性疾病、食品污染等有害因素。跨境电商食品产业市场规模庞大，具有生产难监控、采购全球化、质检效率低等属性，及交易规模小、批次多等特征（费威，2019）。跨境电商食品安全风险贯穿跨境电商食品供应链全过程，且涉及跨境电商平台、跨境食品企业、政府部门、海关总署、第三方机构、媒体和消费者等多方主体（Lee，Yeon，2021），跨境电商食品在来源渠道、供应标准和流通方式等方面差异明显，存在食品安全风险环节多、追溯难度大等问题，加剧跨境电商食品安全风险复杂性，也为我国食品安全风险治理提供良好研究情境。Song等（2019）基于文本挖掘优化跨境电商食品安全风险评估工具。Xu等（2014）从跨境电商食品供应链透明度、可见性等方面明确跨境电商食品安全风险归因。Yu等（2021）提出通过优化冷链物流体系推进跨境电商食品安全保障措施。学者们聚焦跨境电商食品安全风险展开深入探索，探寻食品安全风险治理新思路。本书基于跨境电商研究情境，从食品安全风险表征视角出发，探究消费者食品安全风险认知与风险响应形成机制，为我国食品安全风险治理提供实践依据。

三、 研究意义

本书研究意义包括理论意义和现实意义两个方面。其中，理论意义包括以下三个方面：

第一，从系统视角揭示食品安全风险表征深层次规律。食品安全风险识别已有研究成果主要关注风险关键控制点等，较少基于系统分析、扎根理论等定性与定量相结合的研究方法探究食品安全风险特征和深层次规律。本书立足食品安全风险隐匿性、复杂性等窘境，基于系统方法论研究风险表征物理因素、事理因素、人理因素和环境因素，构建食品安全风险表征系统与测度体系，弥补现有研究的不足，系统地揭示了食品安全风险表征深层次规律。

第二，推进消费者食品安全风险认知理论与模型化研究。理解消费者食品安全风险认知形成过程是实施消费者食品安全风险响应引导的重要前提。已有研究成果大多关注消费者食品安全风险认知影响因素，专门从食品安全风险表征视角出发开展消费者风险认知模型化研究的成果尚不多见。本书基于风险认知理论、系统论等，构建消费者食品安全风险认知理论，并搭建相关研究模型，运用田野实验法分析食品安全风险表征对消费者食品安全风险认知的影响，探讨食品安全关注度和平台情境在食品安全风险表征与消费者食品安全风险认知因果关系间产生的作用机制，能够弥补消费者食品安全风险认知理论内涵与模型化研究的不足。

第三，深化消费者食品安全风险响应决策机制研究。以往成果大多研究食品伤害危机、公共卫生事件等情境下的消费者购买行为等，从食品安全风险视角出发，研究消费者内部响应和外部响应的相关成果较为欠缺。本书运用情境实验法，分析消费者食品安全风险认知对风险内部响应及风险外部响应的作用机制，尝试在消费者食品安全风险响应研究领域进行理论创新，以实证研究拓展消费者食品安全风险响应决策机制研究。

本书的现实意义包括以下三个方面：

第一，从市场需求主体视角为食品安全风险治理提供决策参考。数字经济迅猛发展、智能技术应用创新及平台经济新业态涌现使食品安全风险治理面临前所未有的机遇和挑战。我国食品安全风险治理必须在深刻把握系统方法论、风险认知理论、“认知—态度—行为”理论等基础上，探索出一套具有科学性和前瞻性的消费者食品安全风险响应引导机制。本书构建食品安全风险表征系统、消费者食品安全风险认知与风险响应研究模型，最终提出消费者食品安全风险响应引导机制与保障工程，为完善我国食品安全风险治理提供决策参考。

第二，建立食品安全风险表征测度体系并在实践中应用。面对复杂的食品安全风险治理环境，亟须构建一套可测量的评价指标体系，全面甄别食品安全风险表征物理因素、事理因素、人理因素和环境因素。本书运用数据分析、数据可视化等方法构建食品安全风险表征数据库，运用扎根理论开发食品安全风险表征测度体系，促进食品安全风险表征系统实际应用。

第三，为完善消费者食品安全风险响应引导机制提供决策依据和管理策略。我国食品安全风险治理需要激励多方主体形成跨界联动、全面覆盖的全域治理新格局。本书结合所抓取的食品安全风险表征数据，在位居跨境食品安全风险重要监测地前列的广东等地开展实地调研和深度访谈，能够理顺跨境电商平台及相关企业、政府监管部门、第三方机构和媒体等多方主体的职责职能，促进消费者食品安全风险认知与风险响应理论研究的实际应用，为引导消费者形成食品安全风险认知，并形成信息参与、购买决策及健康促进行为等风险响应提供一系列制度设计与管理策略。

四、 本章小结

本章明确本书研究主题。一方面，明确本书研究背景和研究情境。基于我国食品安全风险隐患逐渐增多，食品安全风险治理面临严峻挑战等研究背景，本书以跨境电商为研究情境展开研究。明确跨境电商平台发展现状和主要类型、跨境电商食品及其市场特征以及跨境电商食品安全风险，并明确食品安全风险表征系统要素，探究消费者食品安全风险认知形成机理与风险响应决策机制，践行消费者食品安全风险响应引导与保障工程等研究主题。另一方面，明确本书研究意义。阐明从系统视角揭示食品安全风险表征深层次规律、推进消费者食品安全风险认知理论与模型化研究、深化消费者食品安全风险响应决策机制研究等理论意义，以及从市场需求主体视角为食品安全风险治理提供决策参考、建立食品安全风险表征测度体系并在实践中应用，为完善消费者食品安全风险响应引导机制提供决策依据和管理策略等现实意义，为后续开展消费者食品安全风险响应与引导机制研究奠定基础。

第二章 研究设计

一、研究内容

本书针对食品安全风险隐匿性强、跨界全域治理难以及消费者风险控制感低、信息参与不足及在线购买有限等实际问题，以“风险表征—风险认知—风险响应”为逻辑线索，基于系统方法论、供应链管理理论、食品安全管理理论与消费者心理和行为理论等综合视角，开展消费者食品安全风险响应与引导机制研究。首先，从物理、事理、人理和环境系统要素视角开展食品安全风险表征系统分析和描述分析，尝试构建食品安全风险表征测度体系，并进行食品安全风险表征综合评估，明确食品安全风险表征管理实践。其次，基于社会认知理论与风险认知理论，分析消费者食品安全风险认知内涵，以及食品安全风险表征对消费者食品安全风险认知的影响机制。再次，基于“认知—态度—行为”过程及消费者响应理论，构建消费者食品安全风险认知与风险响应逻辑线索，辨明消费者食品安全风险响应形成机制。最后，依据上述研究结果，提出消费者食品安全风险响应引导机制与保障工程，并确立本书研究内容和研究思路（见图2－1）。

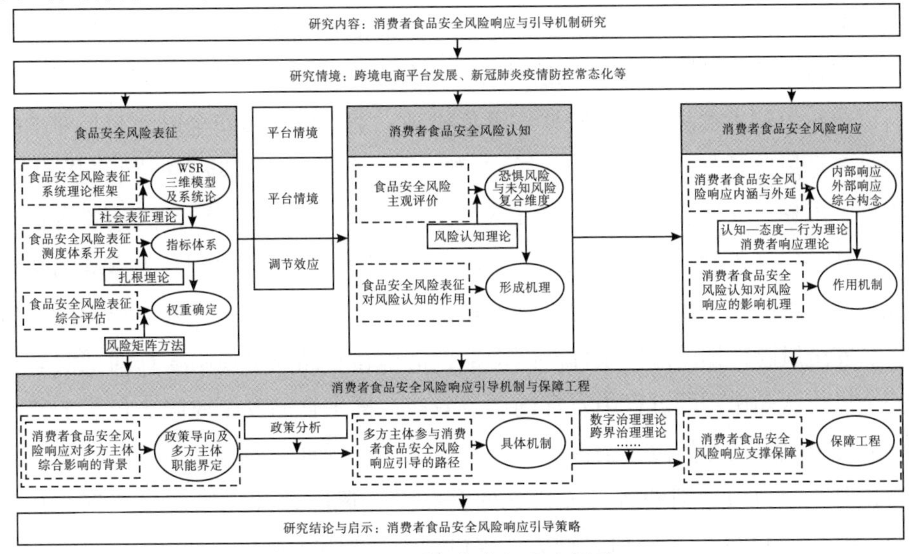

图2－1 研究内容与研究思路

由此，揭示本书研究的核心问题：第一，食品安全风险表征要素有哪些？如何描述和测度？第二，消费者食品安全风险认知涵盖哪些维度？风险表征如何影响风险认知的形成？平台情境在其中扮演了什么角色？第三，消费者在风险认知作用下，如何形成风险响应中内部响应和外部响应的决策机制？第四，跨境电商平台及相关企业、政府监管部门、第三方机构和媒体等多方主体如何发挥各自的职能和职责，共同引导消费者食品安全风险响应，以促进食品安全风险全域治理、推动食品产业高质量发展？根据上述研究目标与理论模型，本书进一步设计以下四编研究内容，分别是：

第一编：食品安全风险表征。本编主要聚焦以下三个研究内容展开探索，以系统地进行食品安全风险表征辨析与测度。①厘清食品安全风险表征理论内涵。建立食品安全风险数据库，运用社会表征理论、WSR 系统方法论及系统论等形成食品安全风险表征理论构思，辨析食品安全风险表征系统框架，明确系统结构、系统要素及系统特征，推进食品安全风险表征质性研究，以深化食品安全风险特征认识，明确食品安全风险表征理论内涵。②开发食品安全风险表征测量方法。运用扎根理论等定性研究方法，开发食品安全风险表征测度体系，并在此基础上进一步开发具有较好信度、效度的食品安全风险表征量表，探索食品安全风险表征定量化研究范式，为食品安全风险表征研究提供科学、全面的测量方法。③明确食品安全风险管理实践。运用风险矩阵研究方法，开展食品安全风险表征综合评估，并明晰食品安全风险表征管理实践，为食品安全风险治理提供实践依据。本编关于食品安全风险表征系统的理论与实证研究结论，将奠定本书研究的逻辑起点与数据支撑，并作为“第二编：消费者食品安全风险认知”的重要前因。

第二编：消费者食品安全风险认知。本编主要聚焦以下两个研究内容展开探索，以分析消费者食品安全风险认知形成机理。①剖析食品安全风险表征对消费者食品安全风险认知的作用规律。在“第一编：食品安全风险表征”的基础上，从物理、事理、人理和环境系统要素视角，剖析食品安全风险表征对消费者食品风险认知的作用机制，以研究消费者食品安全风险认知形成机理，为引导消费者形成科学的食品安全风险认知提供理论基础。②揭示食品安全风险表征影响消费者食品安全风险认知的边界条件。剖析平台情境在食品安全风险表征对消费者食品安全风险认知作用的过程中发挥的调节效应，揭示食品安全风险表征影响消费者食品安全风险认知的边界条件。本编拟推进消费者食品安全风险认知情境化和模型化研究，为引导消费者形成科学的食品安全风险认知提供理论依据，并为“第三编：消费者食品安全风险响应”提供理论基础和实验借鉴。

第三编：消费者食品安全风险响应。本编主要研究消费者食品安全风险响应决策的形成机制，剖析消费者食品安全风险认知对风险响应的作用机理。本编基于“第二编：消费者食品安全风险认知”的研究结果，从保护动机理论、风险认知理论等视角出发，深入剖析消费者食品安全风险认知对风险响应的作用路径，揭示消费者食品安全风险响应决策形成的深层次规律，在理论推导和实证研究中阐明消费者食品安全风险认知对风险响应的影响机制，为制定消费者食品安全风险响应引导机制与保障工程提供理论支持和决策参考。

第四编：消费者食品安全风险响应引导机制与保障工程。本编主要聚焦以下两个研究内容展开探索，以研究消费者食品安全风险响应引导机制与保障工程。①辨析消费者食品安全风险响应对多方主体的综合影响。基于前三编的理论和实证分析结论，立足全球经济一体化、我国食品安全风险多地暴发等现实情境，系统梳理消费者食品安全风险响应如何对跨境电商平台及其相关企业、政府监管部门、第三方机构和媒体等多方主体产生影响，揭示消费者食品安全风险响应与多方主体之间的相互关系。②从消费者风险响应引导视角探究食品安全风险治理的机制设计和保障工程。分析消费者、跨境电商平台及其相关企业、政府监管部门、第三方机构和媒体等多方主体如何发挥各自职能，引导消费者优化食品安全风险响应决策，进而促进食品安全风险全域治理。本编以消费者风险响应引导为视角，为激励多方主体全域联动，协同推进我国食品安全风险治理实践提供理论依据和决策参考。

二、 技术路线

本书综合运用 WSR 系统方法论、风险认知理论等理论，以及扎根理论、田野实验、情境实验等研究方法，深入开展食品安全风险表征辨析与测度，剖析消费者食品安全风险认知形成机理，揭示消费者食品安全风险响应决策形成机制、探究消费者食品安全风险响应引导机制与保障工程。首先，运用数据分析、数据可视化技术抓取并分析食品安全风险数据，并基于社会表征理论、WSR 系统方法论及系统论等理论构建食品安全风险表征系统框架，进一步运用扎根理论开发食品安全风险测度体系，运用风险矩阵研究方法开展食品安全风险表征综合评估，并据此提出食品安全风险表征管理实践；其次，构建消费者食品安全风险认知研究模型，设计田野实验并采用结构方程技术对理论模型进行验证，揭示消费者食品安全风险认知形成机理；再次，构建消费者食品安全风险响应决策研究模型，设计情境实验并采用问卷调查方法实证分析消费者食品安全风险响应决策形成的深层次规律；最后，提出消费者食品安全风险响应引导机制与保障工程。本书拟采取的总技术路线如图 2－2 所示。

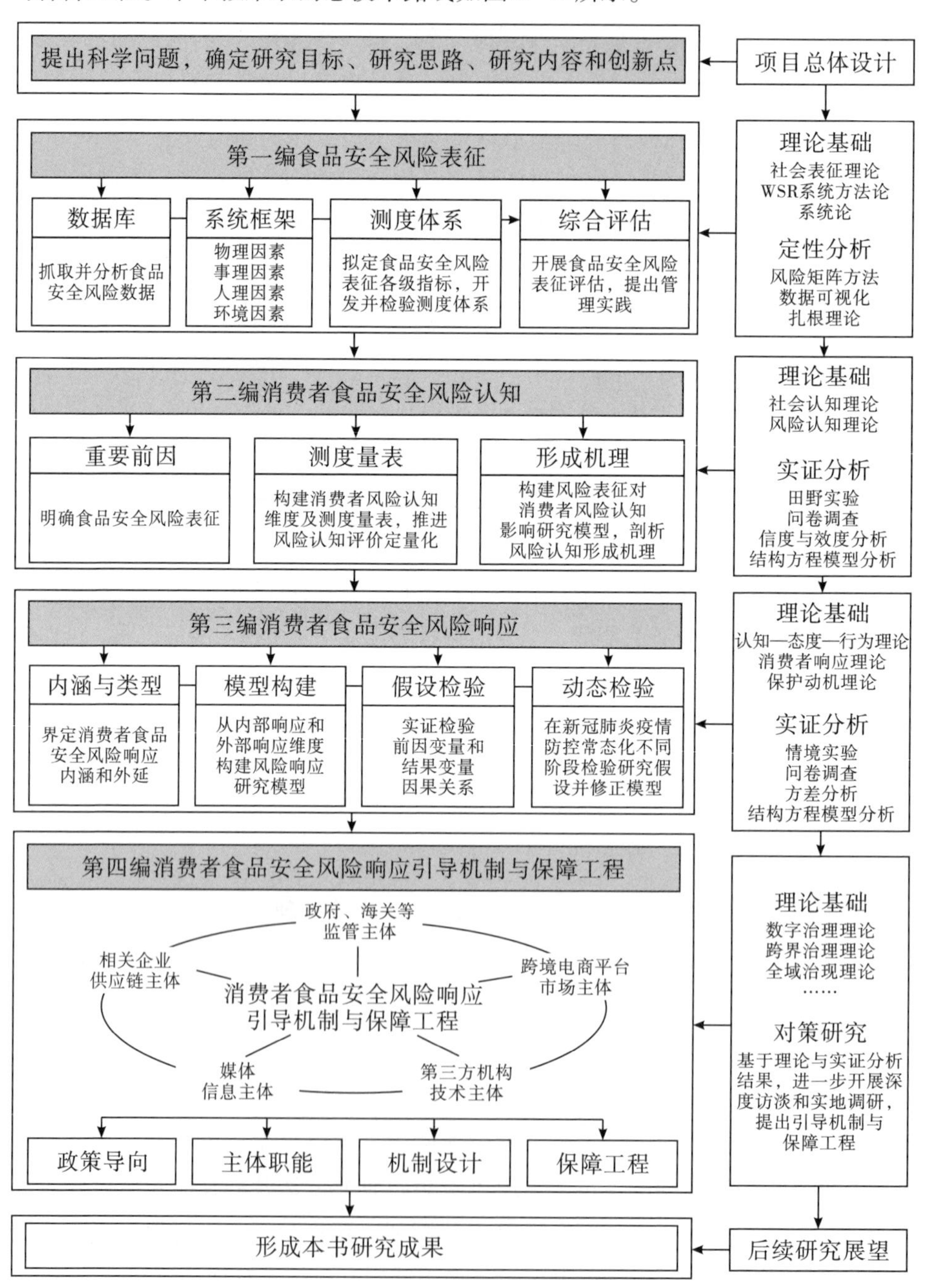

图 2－2　总技术路线

（一）“第一编食品安全风险表征”研究设计

综合运用文本挖掘、数据可视化、风险矩阵等方法，抓取并分析食品安全风险表征大数据，同时运用文献研究和归纳分析等方法，构建食品安全风险表征“物理—事理—人理—环境”系统框架，分析食品安全风险表征系统要素及系统特性，并运用扎根理论研究方法，遵循开放编码、主轴编码、选择编码及理论饱和度检验的研究路径，确定食品安全风险表征各级指标，结合归纳分析、问卷调查、探索性因子分析及验证性因子分析等研究方法，构建并检验食品安全风险表征测度体系。“第一编食品安全风险表征”技术路线如图2-3所示：

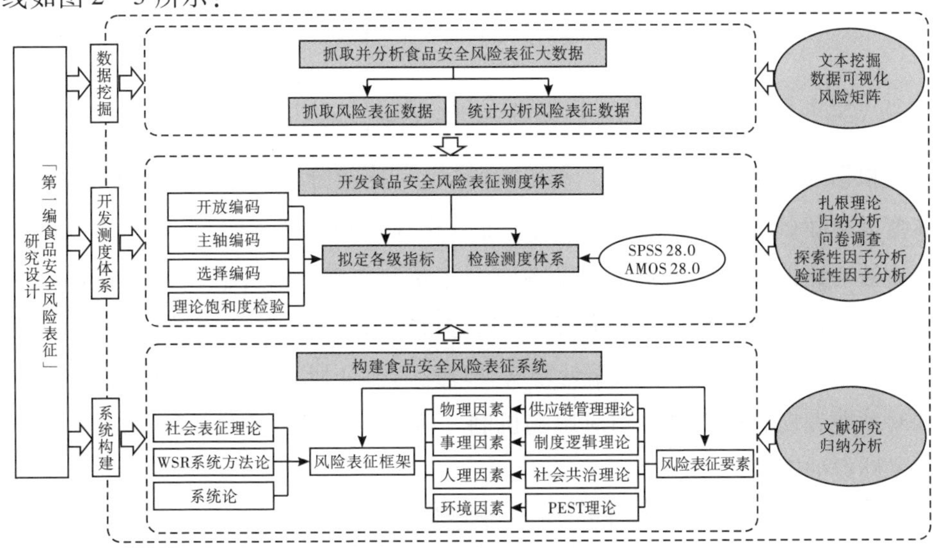

图2-3 “第一编食品安全风险表征”技术路线

（二）“第二编消费者食品安全风险认知”研究设计

根据第一编的研究结果，运用文献研究、案例分析及比较研究等方法构建消费者食品安全风险认知体系，采用文献研究方法构建消费者食品安全风险认知研究模型并提出研究假设，并采用文献研究、田野实验法与结构方程技术等展开理论与实证研究，通过设计风险认知实验情境、开展风险认知实验前测、开展风险认知正式实验及开展数据处理，揭示食品安全风险表征对消费者食品安全风险认知作用路径以及平台情境在风险认知形成过程中所扮演的角色。“第二编消费者食品安全风险认知”技术路线如图2-4所示。

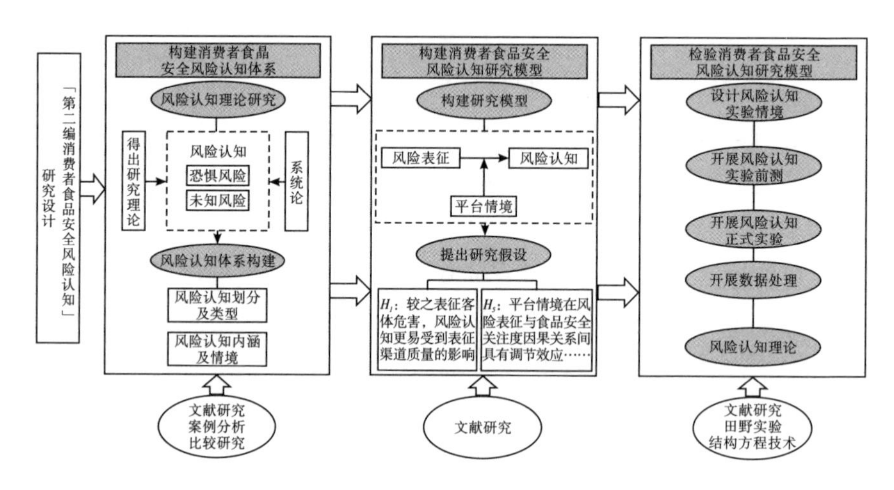

图2-4　“第二编消费者食品安全风险认知”技术路线

（三）“第三编消费者食品安全风险响应”研究设计

根据第二编的研究结果，采用文献研究、比较分析等方法，明确风险响应演变规律和概念模型、构建消费者食品安全风险响应概念模型，运用理论分析等方法构建消费者食品安全风险响应研究模型并提出研究假设，将情境实验、结构方程技术与问卷调查等相结合，通过设置风险响应情境实验、开展实验前测、开展正式实验及开展数据处理展开理论与实证研究，揭示食品安全风险认知对消费者食品安全风险响应影响机制。“第三编消费者食品安全风险响应”技术路线如图2-5所示。

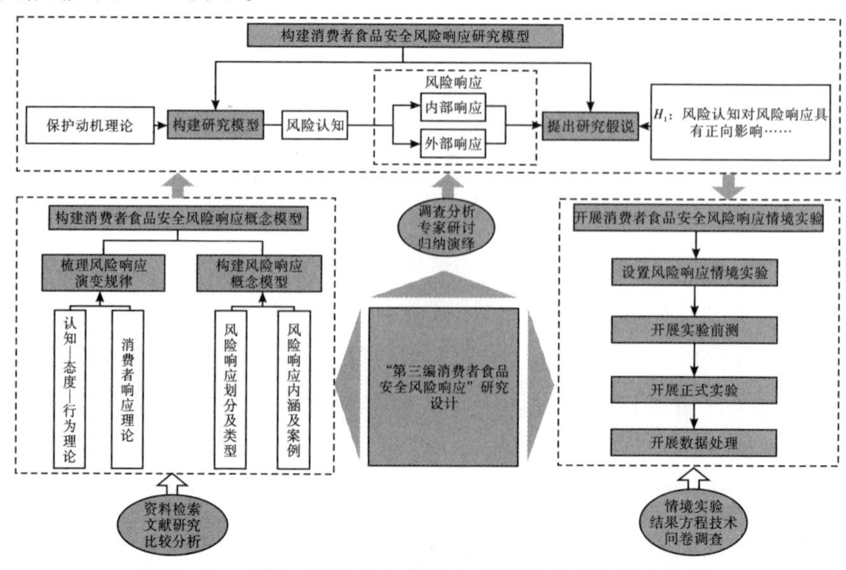

图2-5　“第三编消费者食品安全风险响应”技术路线

（四）“第四编消费者食品安全风险响应引导机制与保障工程”研究设计

根据前三编研究设计的研究结果，综合运用文献研究等方法厘清消费者食品安全风险响应对多方主体综合影响，并剖析此过程中所面临情境特征，此外，运用政策文本分析等研究方法界定跨境电商平台及相关企业、政府监管部门、第三方机构和媒体等消费者食品安全风险响应引导多方主体职能，厘清消费者食品安全风险响应对多方主体影响机制，分析消费者食品安全风险响应引导主体职能，进一步综合运用实地调研等研究方法，明确风险表征治理策略、风险认知引导策略及风险响应引导策略，探究消费者食品安全风险响应引导机制及保障工程。“第四编消费者食品安全风险响应引导机制与保障工程”技术路线如图2－6所示：

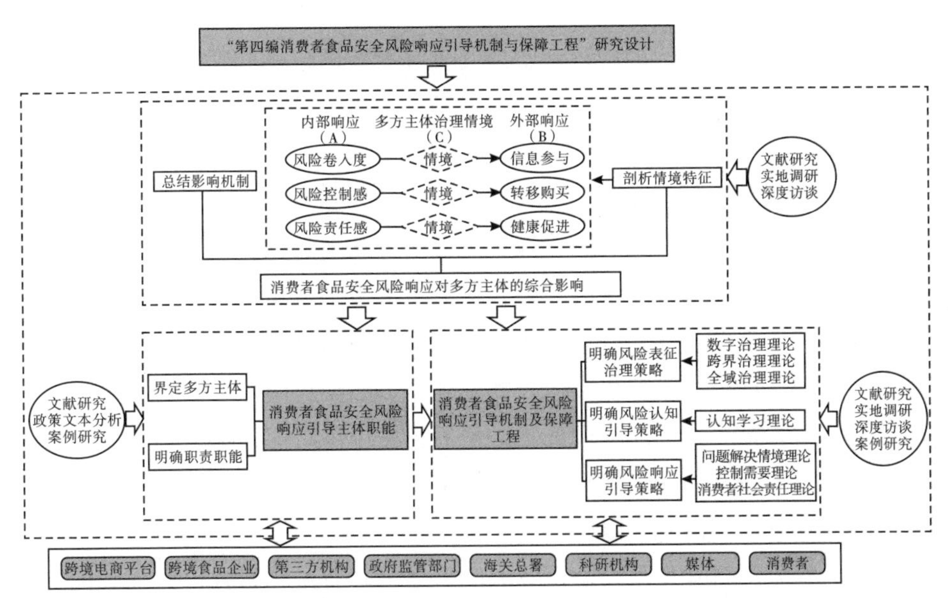

图2－6 “第四编消费者食品安全风险响应引导机制与保障工程”技术路线

三、创新之处

当前对食品安全风险表征、消费者食品安全风险认知与风险响应决策机制等方面仍有待深入探究。本书的特色和创新之处主要体现在以下四个方面：

第一，为推进具有中国特色的食品安全风险管理提供新的逻辑框架。本书采用数据驱动和理论驱动相结合的研究范式，在收集食品安全风险数据并分析不同时空食品安全风险基础上，运用社会表征理论及WSR系统方法论等辨析食品安全风险表征系统结构，构建充分体现我国国情的食品安全风险表征、消费者食品安全风险认知与风险响应研究框架。本书努力推动食品安全风险细化研究，为食品安全风险治理研究构建新的逻辑框架。

第二，开拓消费者食品安全风险认知与风险响应决策研究新视角。已有研究成果主要从政府等单一视角，围绕投入品等识别食品安全风险，或从企业应对等对风险认知展开研究，较少从心理与行为视角深入剖析消费者食品安全风险认知与风险响应决策机制。本书首先基于食品安全风险表征数据及食品安全风险表征系统，运用扎根理论构建食品安全风险表征测度体系，厘清风险表征系统物理因素、事理因素、人理因素及环境因素各级指标及范畴，弥补已有研究空白；其次构建消费者食品安全风险认知体系及风险响应概念模型，深入刻画恐惧风险与未知风险、风险内部响应与外部响应的内涵和情境，为实证研究奠定基础；最后构建消费者食品安全风险认知与风险响应研究模型，分别以进口水产品和果蔬等为实验对象，引入平台情境等调节变量，深入实证检验理论模型，在研究视角上努力突破。

第三，努力在食品安全风险管理实证分析方法上突破。现有食品安全风险管理相关研究大多运用描述性统计分析等方法。本书运用文本挖掘等方法建立食品安全风险表征数据库，统计分析食品安全风险表征数据；运用扎根理论构建更具现实意义的食品安全风险表征测度体系，运用风险矩阵法开展食品安全风险表征综合评估，推进风险表征定性研究；运用田野实验、情境实验等研究方法，开展消费者食品安全风险认知与风险响应模型化研究，运用结构方程技术实证检验研究模型与研究假设，在食品安全风险管理实证分析方法上突破。

第四，探索消费者食品安全风险响应引导机制与保障工程，为我国优化食品安全风险管理献计献策。食品安全风险管理需要从政府单一监管向全域联动共治转变，构建相互协调的全域治理体系。本书从市场需求主体消费者视角切入，考虑跨境电商平台及相关企业、政府监管部门、第三方机构和媒体等多方主体职责，探索消费者食品安全风险响应引导机制与保障工程，激励多方参与全域治理。本书努力为食品安全风险管理提供新的理论依据和决策参考。

四、 本章小结

本章理顺本书研究设计。首先明确本书研究内容和技术路线。“第一编食品安全风险表征”运用文本挖掘等方法开发食品安全风险表征测度体系，明确食品安全风险表征管理实践；“第二编消费者食品安全风险认知”运用田野实验法等方法，揭示食品安全风险表征影响消费者食品安全风险认知的作用规律和边界条件；“第三编消费者食品安全风险响应”采用情境实验等方法，剖析消费者食品安全风险认知对风险响应的作用机理；“第四编消费者食品安全风险响应引导机制与保障工程”运用深度访谈等方法，从消费者风险响应引导视角探究食品安全风险治理的机制设计和保障工程，同时阐明本书创新之处。本书为推进具有中国特色的食品安全风险管理提供新的逻辑框架，为开拓消费者食品安全风险认知与风险响应决策研究提供新视角，努力突破食品安全风险管理实证分析方法，探索消费者食品安全风险响应引导机制与保障工程。本章为后续开展消费者食品安全风险响应引导机制研究提供了具体思路。

第一编

食品安全风险表征

第三章 食品安全风险表征系统框架

一、食品安全风险表征系统结构

（一）食品安全风险表征内涵

社会表征理论由 Moscovici 和 Herzlich（1973）率先提出，是指社会群体基于共有价值观对特定对象的解读，它既为个体提供新事物认知框架，也为群体交流提供概念。学者们先后提出社会表征三角巧克力模型（Bauer，Gaskell 1999）、社会表征身份理论（Joffe，Bettega，2003）等，丰富了社会表征的内涵。风向玫瑰模型进一步将社会表征视为主体、客体、投射、时间、媒介及组间情境集合，即不同群体（主体）基于所处社会环境（组间情景）形成对特定事物（客体）的表征（即玫瑰花瓣），群体因共同意向（投射）通过渠道（媒介）展开交流和沟通，各表征随时间演进发生变化，进而组成风向玫瑰（Bauer，Gaskell，2008）。在此基础上，现有研究运用半结构化访谈法、定量分析法等研究方法，将社会表征理论运用于风险领域，从结构维度、应用情境等方面推进风险表征相关研究。风险表征指个体基于经验、价值观及所处的社会环境，对其面临的不确定性因素进行综合判断（Joffe，Bettega，2003）。风险表征由表征主体、表征客体及社会实际场景相互作用的系统组成（范春梅等，2019）。在网络隐私泄露事件下，用户应对行为决策会被风险属性、信息源、信息渠道等风险表征影响（李华强等，2018）。在食品安全风险治理领域，Figuié 等（2004）基于消费者视角，强调食品安全风险表征包括表征信息、表征态度和表征锚定。Bauer和 Gaskell（2008）将社会表征理论运用于分析社会群体对转基因植物、动物食品安全风险的理解等。Ribeiro 等（2016）进一步研究社会群体消费者对转基因食品安全风险的认知等。Joffe 和 Lee（2004）探究女性消费者对禽流感风险表征产生认知的影响因素。基于此，食品安全风险表征是指消费者基于风险经验及相关群体态度，对产地来源、跨境运输以及平台商家资质等食品安全风险信息进行认知，具体涵盖风险表征主体、客体、渠道和情境。具体而言，表征主体是指政府、海关等监管主体，第三方检测机构和媒体等职能主体；表征客体是指风险伤害性、风险危害性及风险归因等；表征渠道是指相关主体进行风险交流的渠道和媒介；表征情境是指食品安全风险面临的经济环境、技术环境、社会环境和文化环境等。

（二） WSR 系统方法论

系统论强调，系统是由彼此独立而又相互关联的若干要素构成的总体，具有整体性、开放性和动态性等特征，系统与外部环境不断调适从而实现整体最优。食品安全风险表征是一个复杂系统，可基于系统论，通过“物理（Wuli）—事理（Shili）—人理（Renli）”（以下简称 WSR）系统方法论进行进一步分析。WSR 系统方法论主张从物理（W）、事理（S）和人理（R）的复合视角研究系统结构（田歆等，2021），强调对于不同的研究对象可运用不同的理论支撑，剖析系统要素间的相互关系（周晓阳等，2020），以“懂物理、通事理、明人理”推动系统整体效益达到最优（Tong，Chen，2008）。其中，物理强调客观事物特征及规律，回答“是什么”；事理强调认识、安排和组织客观事物间的规则制度和理念，思考“怎么做”；人理强调系统内部相关参与主体职能和职责，解决“如何协调”。此外，环境指使系统整体保持稳定和发展的必要条件（Skyttner，2005）。目前，WSR 系统方法论被应用于供应链系统风险评估、食品安全风险治理制度变迁的复杂系统分析（刘家国等，2018；张蓓等，2020）。

（三） 食品安全风险表征系统框架构建

食品安全风险表征涵盖种植养殖、生产加工、跨境流通及平台销售等供应链各环节，需要政府监管、市场约束和社会监督等多种制约机制，涉及跨境电商平台、跨境食品企业、第三方机构、政府部门、海关总署、科研机构、媒体和消费者等多方主体，并处于全球复杂的宏观环境下。食品安全风险表征客体、渠道、主体和情境可基于 WSR 系统方法论与系统论，对物理因素、事理因素、人理因素和环境因素进行深入分析。WSR 系统方法论认为物理是指产品质量因素，事理是指产品风险渠道产生机制，人理是指供需双方和监管部门等主体的相互作用（罗建强等，2017）。由此，物理因素是指食品安全风险客观特征及规律，主要表现为种植养殖风险、生产加工风险、跨境流通风险及电商销售风险；事理因素是指食品安全风险监管制度和理念，主要表现为政府监管失灵、市场约束乏力及社会监督困难；人理因素是指食品供应链主体、政府等的职责和职能，主要包括跨境电商平台违规、跨境食品企业逐利、第三方机构失信、政府部门失职、海关总署疏漏、科研机构失责、媒体报道失真和消费者食品安全素养低等。此外，基于系统论，环境是指使系统整体保持稳定和发展的必要条件，经济全球化发展、跨国文化差异等外部环境因素对全球食品安全风险表征有重要影响（Nayak，Waterson，2019），信息统计与预警发布、区块链技术革新等是食品供应链可追溯系统外部环境的重要因素。环境因素指食品的外部宏观环境，可从政治环境、经济环境、社会环境和技术环境等综合视角构建食品安全风险表征环境因素分析框架。

综上，可遵循“物理—事理—人理—环境”逻辑思路构建食品安全风险表征系统框架。物理因素强调客观规律，是开展食品安全风险表征分析的基础；事理因素挖掘事物运行内在道理，聚焦探究物理因素发生内在原因；人理因素探明食品安全风险表征各主体间的内在矛盾，可为降低食品安全风险提供研究路径；环境因素厘清食品安全风险发生的外在因素，为理解物理因素、事理因素、人理因素间的相互关系提供解释情境。由此，食品安全风险表征系统分析需要统筹协调物理、事理、人理和环境间的相互关系，为明确食品安全风险表征发生和演化，进而开展食品安全风险治理提供理论支撑和实践依据。

二、 食品安全风险表征系统要素

食品安全风险表征受到政治法律、产业经济、社会文化及技术发展等外在环境变化综合影响，贯穿食品源头供应、异国加工、跨境运输和平台销售等供应链各环节，涉及跨境电商平台、跨境食品企业、第三方机构、政府部门、海关总署、科研机构、媒体和消费者等食品安全风险表征多方主体，种植养殖风险、生产加工风险、跨境流通风险及电商销售风险等食品安全风险表征客体，政府监管失灵、市场约束乏力及社会监督困难等食品安全风险表征渠道，以及政治法律不一、产业经济波动、社会文化差异及技术设备更迭等食品安全风险表征情境。基于“物理—事理—人理—环境”研究视角，分析食品安全风险表征主体、客体、渠道及情境等系统要素，为厘清我国食品安全风险表征特征提供理论基础和研究路径（见图3－1）。

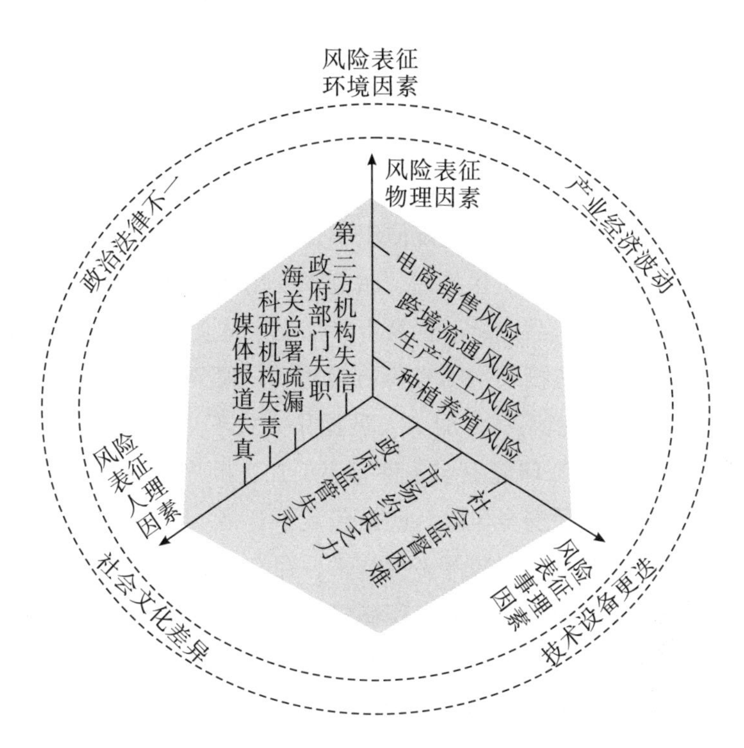

图 3-1 食品安全风险表征系统要素

（一）食品安全风险表征物理因素

物理因素强调构成系统客观存在（陈迎欣等，2022）。可基于供应链管理理论深入探究食品安全风险表征物理因素。供应链管理理论是指为保障食品质量安全，需从食品生产、加工、流通和销售等供应链各环节开展食品安全管理（Zhong et al.，2017）。部分食品供应链较长，涉及种植养殖、生产加工、跨境流通及电商销售等，更提升食品安全风险表征复杂性。

第一，种植养殖风险。一是原料投入问题。农产品种植养殖所处区域较零散，且部分国家食品经营主体食品安全风险把控能力不足，肥料饲料滥用等食品安全问题频发。二是重金属超标。各国生产者食品安全水平迥异，存在废水管理不当、铅等重金属含量超标等风险。三是农兽药残留。挪威帝王蟹、澳大利亚牛肉等易存在二氟沙星、恩诺沙星含量超标等问题。此外，在种植养殖初级农产品时，易存在泰乐菌素等抗生素滥用等隐患。四是异国病菌入侵。异国食品病菌隐蔽性强，真菌毒素可对小麦等造成污染，环孢菌等可引发食源性疾病，病毒可导致朊疯牛病（牛海绵状脑病）等人畜共患疾病。此外，刚地弓形虫等寄生虫等极易入侵哈密瓜等异国食品并在全球传播。五是产地来源不明。信息不对称导致平台供应的食品极易存在原产地信息虚假等问题。六是技术运用不当。科技进步促进农产品种植养殖开始使用转基因技术等，但存在基因突变风险，从而造成食品安全问题（Umali-Deininger，Sur，2007）。

第二，生产加工风险。一是违规使用添加剂。为保证食品新鲜度，部分食品生产加工主体超量使用品质保持剂、超范围使用乳化剂等添加剂，损害食品营养价值。二是有害投入品危害。食品生产加工主体食品安全素养参差，部分主体逐利动机明显，违法投入二噁英等有毒物质、罂粟等违禁物质。三是加工流程违规。食品加工环境不一，加工人员操作方式不当、食品安全意识不足，加工过程生熟不分、加工环境卫生条件恶劣、加工顺序错误等问题难以规避，导致食品交叉污染等食品安全风险。四是包装不合格。食品包装过程涵盖分级包装等多个阶段，涉及真空包装等多种技术，存在食品包装材料不合格、油渍污染等窘境。同时食品需要在包装上印刷多种语言，会存在食品包装异国文字错误、标签信息缺失等问题，易出现消费者食用后过敏等风险事件。五是异物掺杂污染。部分食品在生产加工过程中需接触多种器皿，导致玻璃等异物混入。此外，由于各国生产人员穿戴要求不同，可能存在头发等异物混入并污染食品的问题（Umali-Deininger，Sur，2007；Han et al.，2018）。

第三，跨境流通风险。一是微生物滋生。食品运输过程中可能遭遇严寒、湿润等外在环境，温度、湿度等出现问题，易导致大肠杆菌等微生物菌落超标、食品腐败变质等窘境。二是冷链设施缺乏。我国消费者对肉禽蛋奶、水产海鲜等食品需求量日益提升，冷链物流是提升我国食品安全程度的重要因素（周应恒等，2022）。然而，跨境冷链物流成本费用高，且全球发展水平不一，跨境冷链物流难以突破地域限制，部分地区冷库等基础设施匮乏，全球普遍存在跨境冷链设备落后、跨境冷链温控能力弱、跨境冷链应用范围少等问题。三是运输时间较长。部分食品运输需要跨国甚至跨洲，食品保鲜难、保鲜周期过长，且在长途跋涉中食品相互之间摩擦，易导致食物变性等问题。四是检验检疫漏洞。我国各口岸检疫数量庞大，面对突发病毒，食品安全风险防控难，影响食品安全风险治理进程和效果（Zhang et al.，2021）。

第四，电商销售风险。一是假冒伪劣突出。食品经营主体与消费者空间距离大，信息不对称现象严重，食品成分含量欺诈、劣质跨境食品倾销等风险事件屡禁不止（Yang，Gong，2020）。二是生产日期问题。部分电商平台在销售食品时存在严重机会主义行为倾向，所售食品存在食品生产日期模糊等问题，甚至部分电商平台肆意篡改食品生产日期，将不合规食品向全球销售。三是标签内容不当。标签是展示食品信息的重要方式，本国监管部门难以管理异域食品，跨境认证等标签内容虚假等问题频发，此外部分食品含有麸质蛋白等过敏原，但并未在标签标识，消费者食用后易产生不良反应。四是退货维权困难。各电商平台食品管理方式不一，且涉及消费者、保税仓、海关等多方主体，易增加消费者心理成本。此外电商平台投诉渠道等尚未健全，消费者投诉渠道缺失、跨境维权艰难，难以规制违规平台（Shao et al.，2021）。

（二）食品安全风险表征事理因素

事理因素强调做事的道理（陈迎欣等，2022）。可基于制度逻辑理论深入探究食品安全风险表征事理因素。制度逻辑理论强调对组织和个体行为的分析必须基于其所处制度情境，市场逻辑、社区逻辑、宗教逻辑及国家逻辑等多种制度逻辑相互制约又彼此依存，共同影响组织和个体行为（徐凤增等，2021）。政府逻辑、市场逻辑、社会逻辑、家庭逻辑和自组织逻辑等彼此影响，共同促进制度系统变迁（蔡潇彬，2021）。食品安全风险表征依赖于政府监管、市场约束及社会监督，可从政府逻辑、市场逻辑及社会逻辑视角出发，探究食品安全风险表征中政府监管失灵、市场约束乏力及社会监督困难等事理因素。

第一，政府监管失灵。一是质量标准迥异。食品异域生产、跨境流通和电商销售全程涉及的质量标准、监管法律不一，导致国际食品安全法失灵、国际食品标签法推行难，此外国际上对于新涌现食品的质量标准仍然匮乏。二是跨境职能交叉。食品安全监管涉及境内海关、市场监督管理局等多方主体，存在跨境监管职能界定不清晰等问题，提升食品安全风险纠纷事件中经营主体责任认定难度。三是法规惩处不严。现行食品法规对食品安全事件责任主体的惩戒金额低、惩戒手段落后，惩处方式存在惩戒范围小、不及时等弊端。四是召回标准不一。电商平台销售的食品类型多，跨境召回标准多元，且我国全域跨境召回惩戒方式不一、跨境召回补偿机制迥异。五是线上线下监管脱节。食品交易过程涉及线下冷链运输、通关检疫，和线上在线订购、跨国销售，线上线下监管难对接，且部分监管主体跨境监管权力有限，加大食品安全风险规避难度（Hu et al.，2017；Kang'ethe et al.，2020）。

第二，市场约束乏力。一是跨境支付复杂。跨境支付过程中，涉及货币兑换、汇率波动等多种情境，且对支付过程便捷性、及时性有较高要求。此外，跨境支付涉及大量中介机构，难以保证支付程序合规。二是追溯体系不完善。

可追溯系统可帮助食品相关主体实现食品供应全程追踪，在异国生产、海外仓储、跨境物流、境内保税仓存放、平台销售等全程实现数字化管理。然而，现行跨境追溯制度尚未完善、动植物跨境追溯标准迥异，为食品安全风险治理带来困难。三是电商平台资质问题。现行电商平台及商户准入门槛不一，电商平台资质核准机制尚未健全，大量个人代购和小型外贸企业充斥电商平台，影响电商行业整体信用体系（姜岩、郭连成，2021）。此外各国电商平台资质认定标准不一，平台资质认定中也存在冲突，提升食品安全风险约束难度。

第三，社会监督困难。一是质检技术滞后。固相萃取、食品快检技术等新型食品安全质检技术能提升我国食品安全监管效率，但区域间财政经费、经济发展水平等有限，现有食品检测技术仍然面临更新缓慢、新型检测技术推广难等窘境。二是清关过程烦琐。清关过程包括换单、电子申报、查验和放行等流程，食品来自全球，各国国际海关等清关主体数量多、报检验货等清关手续差异大。三是纠纷裁决问题。食品品牌类型多，易发生品牌侵权等纠纷事件，追回、销毁等均需要消耗大量人力物力财力，监管部门裁决判决执行难度大。四是网络谣言扩散。消费者对异国食品可能有不信任感，食品安全风险网络谣言极易传播扩散，谣言本身具有传播面广、传播迅速等特征，且往往加上“专家”等字眼迷惑公众，使消费者甄别谣言更加困难（张蓓等，2019）。

（三）食品安全风险表征人理因素

人理因素强调系统中人的问题，涉及人、群体与事物之间的相互关系（陈迎欣等，2022）。可基于社会共治理论探究食品安全风险表征人理因素。社会共治理论是指公共部门、私营机构等主体共同参与监管特定的公共政策目标，强调多元主体协同治理（张蓓、马如秋，2020）。食品安全风险社会共治是指在平衡政府、企业、行业、媒体和公众等主体利益条件下，各主体基于法律平等地参与标准制定、执行等食品安全风险管理，以提升监管效能、加大监管力度、优化市场信息传递方式、完善食品安全事件披露机制等，最终保障食品安全水平（聂文静，2022）。食品从生产到消费涉及跨境电商平台、跨境电商企业、第三方机构、政府部门、海关总署、科研机构、媒体及消费者等多方主体。可基于这些利益相关主体挖掘食品安全风险表征人理因素。

第一，跨境电商平台违规。跨境电商平台在经营过程中，为提升食品销量和自身规模，常常存在虚假营销、票证不全和交付违规等违规行为。在虚假营销方面，部分跨境电商平台通过伪造交易数据，运用水军控评等方式塑造虚假口碑以获取消费者信任。在票证不全方面，部分跨境电商平台经营过程尚未规范，存在资金收支票据、跨境检疫票证不全等问题。在交付违规方面，跨境电商平台在交付过程中存在虚标境外发货地址、卖方发货故意延迟等违规现象，诱发食品安全风险治理隐患（张其林、汪旭晖，2021）。

第二，跨境食品企业逐利。部分跨境食品企业存在逐利动机，且通过私屠乱宰、跨境走私和违规掺假销售不合格食品。首先是私屠乱宰。部分跨境食品企业屠宰环境恶劣、屠宰种类违规，执法主体难规制。其次是跨境走私。部分跨境食品企业利用平台贩卖违禁食品、收购病死畜禽，且其涉及走私集团等利益联结对象数量多，地方政府难以打击不法行为。最后是违规掺假。部分跨境食品企业通过虚标食品保质期、食品来源产地等欺骗消费者，并对消费者健康水平、经济状况等造成损害（鄢贞等，2020；Qian et al.，2020）。

第三，第三方机构失信。第三方机构需要公正地检测食品安全风险，并与其他主体展开互动交流，然而，第三方机构仍然存在虚假认证等情况。现行第三方认证机构资质核验不透明，常存在认证机构虚假、认证结果虚假等风险隐患，以及抽检失真等问题。现有食品抽检频率较低、抽检资源有限，第三方机构极易与其他主体等形成利益联盟，披露虚假抽检结果以获取利益，提升食品安全风险隐匿性（Meyer et al.，2015；Semenza et al.，2019）。

第四，政府部门失职。其一，危机预警匮乏。食品安全风险信息数据量大，政府部门资源有限，导致其在食品安全风险监测、评估能力等方面存在不足。其二，监管人员渎职。政府监管人员履职意识不强、危机应对经验不足，并出现监管责任相互推诿等现象，降低食品安全风险治理效率。其三，监管资源有限。科学的口岸检疫过程涵盖食品入境检疫、实验室检测等方式，但我国口岸检疫资源较少，面对不同的食品，政府部门采取的检验检疫方式迥异。此外，食品安全监管人员需要掌握食品质量检测、跨境物流仓储管理等知识，在新零售新电商背景下，监管人员普遍存在复合型技能不足等问题，难以提升监管效率。其四，规制信息鸿沟。数字经济蓬勃发展、新型技术应用导致信息数量大幅增长，食品安全风险事件难以有效传递，加之电商平台诚信系统建设不足，政府等监管部门对跨境电商平台等食品经营主体信用记录等进行查阅时精准度较低，产生规制信息鸿沟。其五，追责问责困难。食品供应全程风险主体责任归因复杂、追责难度大，导致问责对象模糊、问责结果核验难等窘境，提升食品安全风险防控难度（Henson，Caswell，1999；Henson，2008）。

第五，海关总署疏漏。一是跨境备案问题。跨境食品企业数量庞大，海关容易出现跨境食品企业数据录入错误、跨境食品企业注册信息登记错误等问题。二是货物通关漏洞。国际海关在食品信息数据互换、监管结果互认等方面衔接度不够，且货物通关流程较长，易出现单据重复审核、货物重复查验、审核环节冗余等问题，影响食品安全风险防控进程（李秋正等，2020）。

第六，科研机构失责。从经费分配问题方面来说，针对电商平台等食品相关产业展开科学研究的科研平台较少，且在项目申报、基金申请等方面缺乏支撑，造成聚焦食品安全风险的重点研究资金投入少、科研人员薪酬分配不合理等问题。从履责意识缺失方面来说，科研机构在食品安全风险治理研究过程中可能存在自身定位不准、履责意识缺失等问题，并在食品安全风险、食品检验检疫等方面的研究创新性、自主性不足。此外科研机构还存在国际产学研联动性弱等问题，影响全球食品安全风险治理能力（Lupien，2007；詹承豫，2019）。

第七，媒体报道失真。食品安全风险相关媒体包括报纸、电视等传统媒体，涵盖《人民日报》等权威媒体及微信等社交媒体，它们披露食品安全风险信息，科普食品安全风险知识。但部分媒体报道真实性低，存在报道不准确、评论不真实等现象，且其信息披露滞后性强。此外部分媒体食品安全宣传不力。现有的食品安全风险知识科普存在专业性强和内容单一等问题，且科普多利用传统渠道，其科普内容有限、消费者接受度低（Overbey et al.，2017）。

第八，消费者食品安全素养低。一方面，部分消费者食品安全素养低，食品存储方式不当，如将食品存放在温度不适宜场所，会加速食品腐坏；另一方面，消费者可能对未知食品的食用方式有误，如盲目使用蒸、炸等方式烹调，损坏食品膳食纤维等。在搭配并食用食品时，也存在肉类、主食居多，新鲜蔬菜较少等问题，易导致营养不均衡。此外，消费者对食品充满新奇感，易过度追求低价、外观等，忽视食品安全风险（Redmond，Griffith，2003）。

（四）食品安全风险表征环境因素

环境因素强调子系统所依存的外在环境（Rice，2013），可基于宏观环境分析理论（又称 PEST 理论）探究食品安全风险表征环境因素。PEST 理论是指在对系统进行外部环境分析时，可从政治因素、经济因素、社会因素和技术因素四个角度展开探究（郭海玲，2017）。可基于政治法律不一、产业经济波动、社会文化差异和技术设备更迭等多重因素探究食品安全风险表征环境因素。

第一，政治法律不一。一是政策环境不稳定。各国间政策环境不稳定性高，发达国家为保护本国食品制造跨境关税波动等，造成国际食品贸易摩擦。部分国家食品特色不足，食品供应链不稳定。二是网购法规漏洞多。国际上食品网购法规种类多、规制条件不一，且执法过程不严格，导致消费者面临消费数据等隐私泄露、跨境金融诈骗等危机，部分平台可能存在刷单等恶性竞争，引发劣质食品大量充斥电商平台的窘境。三是食品安全战略推进难。我国推进食品安全战略需要多方主体形成合力，在食品安全监管执法、检验检测等方面开展资源共享。然而现有区域间的食品监管资源尚未平衡，各监管主体出台的风险防控政策落实难。我国境内政治法律难以约束大量涌现的食品海外代工厂等违规主体（伍琳，2021）。

第二，产业经济波动。一方面，消费结构转型明显。随着居民饮食方式深刻变革，卡乐比燕麦片等高糖高脂高油食品消费热潮兴起，不利于消费者身体健康。随着跨境生鲜食品需求扩大，消费者逐渐青睐阿根廷红虾等跨境生鲜食品，并对各国食品展开多样化寻求，造成食品消费数量大与消费者对特定食品忠诚度低并存，不利于食品的库存管理与消费预测。另一方面，新型营销问题凸显。新零售产业多分布在我国东部地区，食品从他国运至我国西部地区所需周期长。且新型营销技术推动电商平台在保税仓、海外仓等存放更多品类食品，使食品因堆积而发生食品安全事件（Yang，Fang，2021；Naeem，2021）。

第三，社会文化差异。首先，饮食习惯不一。全球范围内各种饮食习惯不一，如部分消费者对鲱鱼等存在口味感知差异，或对清真食品等宗教认证食品产生抵触心理。其次，语言沟通差异。食品外包装含多国语言，但由于英语等全球普及率差异，部分消费者难以理解食品标签内涵。全球消费者对于转基因等新型食品敏感性、认可程度迥异，易盲目食用或抵制食品。最后，疫情疫病传播。疯牛病、口蹄疫等疫病在全球多点暴发，其伤害程度深、影响人数众，食品安全风险极易通过冷链物流跨域传播（Ma et al.，2021）。

第四，技术设备更迭。大数据等新型技术广泛应用和农药残留检测仪等新型设备全球普及，推动食品从源头生产，中端加工配送，到末端平台销售过程中所需技术设备更迭。食品销售中存在精准导购等算法应用难，区块链等数字技术普及难，5G 等信息技术推广难等窘境。此外，食品销售过程中存在大量新型设施管理问题，例如不同电商平台存在海外仓等建设标准差异、保税仓等管理模式差异等，不同电商平台食品质量等差异明显（Xu et al.，2020）。

三、食品安全风险表征系统特性

（一）风险过程动态性

食品安全风险表征传播过程在时空上展现动态性特征。在空间上，食品风险表征传播“长链条”特征明显。生产环节沙门氏菌等异域微生物入侵、运输环节跨境冷链控温能力弱、消费环节标签信息缺失等导致食品安全风险易沿供应链向下游跨域扩散，食品安全风险表征影响范围从区域蔓延至全球。在时间上，食品安全风险有多时空叠加特征。食品安全风险既具有食品标准不一、跨境文化差异等传统风险特征，也具有疫情疫病跨境传播、新型病毒由物及人等新型风险特征。但部分监管主体风险防控方式僵化，面对食品安全风险危机时响应速度慢、应对能力弱，难以遏制风险动态扩散。

（二）风险要素涌现性

部分食品供应链涵盖异国种植养殖、采购加工、跨境运输和海关检疫等环节，在线交易具有跨国性、虚拟性等特点，食品安全风险难识别、责任难认定，食品安全风险表征要素不断涌现。一是源头生产环节。食品生产受自然环境、生产技术和资金扶持等影响。洪涝灾害、疫情等突发事件增加食品供应链脆弱性，部分国家食品生产者对种间种植等前沿技术应用能力不足，农业机械化水平不够，导致农业生产效率较低。发展中国家食品生产经营主体竞争激烈，易因逐利滥用添加剂等，增加食品对人体的伤害。二是跨境运输环节。跨境运输涉及境外供应商、境内经销商、跨境电商平台等多方主体，各主体在食品冷链物流温控能力、流转速度等方面差异明显，部分主体缺乏快递业务经营许可证等行业资质，仅使用一般货运车运输食品，导致食品腐败溃烂。三是电商销售环节。面对动态变化的消费环境，电商平台可能存在食品滞销等导致的食品安全风险。且电商平台食品安全风险防控意识较薄弱，往往存在进货电子台账不明、货物核查清理频率不够等问题，导致售卖过期食品等现象。

（三）风险归因复杂性

食品安全风险表征有内生性和外源性，且归因复杂。食品安全风险表征受到宏观政治法律环境、产业经济环境、社会文化环境及技术设备资源等多重因素影响，又处于新零售新电商蓬勃发展、消费结构转型升级等情境中，涉及跨境电商平台、跨境食品企业、政府部门、海关总署、第三方机构、媒体和消费者等多方主体，食品安全风险表征归因错综复杂。部分国家食品生产者在种植养殖时面临的环境资源等恶劣，部分地区水资源、土地资源中的铅、镉等有害物质含量严重超标，且异国食品添加剂含量、标签内容标准差异大，部分食品经营主体违法添加等行为频发，加剧食品安全风险隐匿性。此外，食品安全风险表征受到全球饮食结构变革、新型营销方式普及、区块链等前沿技术创新应用等外部因素综合影响。食品安全风险表征归因过程涉及多元主体、多个情境，各区域食品安全风险关联度高，提升食品安全风险表征归因难度。

（四）风险形式多样性

食品安全风险表征波及范围广、防控难度大，食品安全风险表征难以预测。一是风险表征发生地分散。全球食品产业集约化程度不足，异国食品生产商、加工商、跨境物流商、跨境电商平台及跨境食品企业等在全球分布范围零散，供应链各环节衔接程度不一，导致食品安全风险在全球多点暴发。二是风险表现形式多样。食品安全风险表征与供应链各环节主体的心理动机、行为反应等密切相关，食品安全风险表征涵盖重金属超标、农兽药残留、异国病菌入侵、异物掺杂污染、微生物滋生、假冒伪劣突出和生产日期问题等多种类型，加之全球各区域气候条件、水域资源和地理位置等自然禀赋不一，食品安全风险极具场域性和关联性，其他区域对风险发生地食品安全风险表征的处理应对，会通过不同风险防控措施暂时降低本区域内食品安全风险，提升食品安全风险表征整体隐匿性及防控难度。

四、本章小结

本章构建食品安全风险表征系统框架。基于社会表征理论、系统论及WSR系统方法论，遵循“物理—事理—人理—环境”的逻辑思路，明确食品安全风险表征系统结构，并基于供应链管理理论、制度逻辑理论、社会共治理论及宏观环境分析理论，全面、深入地分析食品安全风险表征系统要素，立足我国食品安全风险表征现实特征，从过程动态性、要素涌现性、归因复杂性及形式多样性等方面进一步归纳食品安全风险表征系统特性。

第四章　食品安全风险表征描述分析

一、食品安全风险表征数据采集

（一）食品安全风险表征数据收集

基于政府网站、食品行业权威网站、数据统计权威网站、新闻权威网站和社交网站等渠道收集食品安全风险通报文本数据，构建食品安全风险表征数据库。借鉴李强等（2010）运用内容分析法开发食品安全事件编码表的方式，将食品安全事件以查处日期、来源地、查处地和违规通报事实四维度进行划分。我国第一家跨境电商平台“淘宝全球购”于2007年成立并运行，故查处日期为2007年1月1日—2021年12月31日；来源地包括日本、美国和越南等；查处地涉及上海市、广东省等；违规通报事实涵盖检验检疫不合格、携带有害生物等。通过Excel软件制作食品安全风险通报文本数据汇总表，并统计跨境食品安全风险事件发生频率、主要来源地、主要查处地及主要违规通报事实等，科学分析食品安全风险表征，为后续开发食品安全风险表征测度体系，开展食品安全风险表征综合评估提供数据支撑。

（二）食品安全风险表征数据类型

目前尚未形成针对跨境电商研究情境的食品安全风险表征统计数据，新零售新电商背景下，跨境电商食品是跨境食品的重要组成部分，具有食品安全风险表征特征。因此选择与跨境食品安全风险报道相关权威网站，如政府网站、食品行业权威网站、新闻权威网站和社交网站等发布的跨境食品安全风险通报文本数据作为食品安全风险表征数据来源。

在政府网站获取政府公告。在海关总署进出口食品安全局官网信息服务栏“风险预警”处，收集汇总官网每月发布的《全国未准入境的食品信息》；在海关总署官网、国家市场监督管理总局官网输入“进口食品通报”并收集食品安全风险报道，分别获取15740例、92例和211例食品安全风险通报文本数据。

在食品行业权威网站获取食品行业通报。在中国食品安全网官网、中国食品药品网官网输入“进口食品通报”，分别获取172例、397例食品安全风险通报文本数据。

在新闻权威网站获取新闻报道。在央视网、人民网、新华网、光明网、中国新闻网、澎湃新闻官网、新京报官网、央广网、新浪新闻和中国质量新闻网输入“进口食品通报”，分别获取26例、132例、28例、57例、456例、28例、98例、25例、9例和298例食品安全风险通报文本数据。

在社交网站获取社交媒体预警信息。在新浪微博、抖音、微信公众号输入“进口食品通报”，分别获取306例、101例和173例食品安全风险通报文本数据。

将以上共计18349例食品安全风险通报文本数据汇集成食品安全风险表征数据（见表4－1），涵盖2007年1月1日—2021年12月31日食品安全风险的政府公告（16043例）、食品行业通报（569例）、新闻报道（1157例）及社交媒体预警信息（580例），主要内容包括查处日期、来源地、查处地和违规通报事实，数据来源丰富、时间跨度较长、内容较为全面。该食品安全风险通报文本数据样本可信度高、覆盖范围广，有较好的代表性。

表4－1 我国食品安全风险表征数据类型及其数量

权威渠道	数据类型	来源网站及网址	数量（例）
政府网站	政府公告	中华人民共和国海关总署进出口食品安全局 http://www.customs.gov.cn/spj	15740
		中华人民共和国海关总署 http://www.customs.gov.cn	92
		国家市场监督管理总局 http://www.samr.gov.cn	211
食品行业权威网站	食品行业通报	中国食品安全网 https://zt.cfsn.cn	172
		中国食品药品网 http://www.cnpharm.com	397

（续上表）

权威渠道	数据类型	来源网站及网址	数量（例）
新闻权威网站	新闻报道	央视网 https://search.cctv.com	26
		人民网 http://www.people.com.cn	132
		新华网 http://www.xinhuanet.com	28
		光明网 https://www.gmw.cn	57
		中国新闻网 https://www.chinanews.com.cn	456
		澎湃新闻 https://www.thepaper.cn	28
		新京报 https://www.bjnews.com.cn	98
		央广网 http://www.cnr.cn	25
		新浪新闻 https://news.sina.com.cn	9
		中国质量新闻网 https://www.cqn.com.cn	298
社交网站	社交媒体预警信息	新浪微博 https://weibo.com	306
		抖音 https://www.douyin.com	101
		微信公众号 https://wx.qq.com	173
总计			18349

资料来源：本书整理。

在上述食品安全风险表征数据基础上，抓取并整理食品安全风险表征数据文本信息，提炼食品安全风险表征关键词（见图 4－1），为后续开展食品安全风险表征数据分析，识别食品安全风险表征归因与症结提供研究数据支撑。

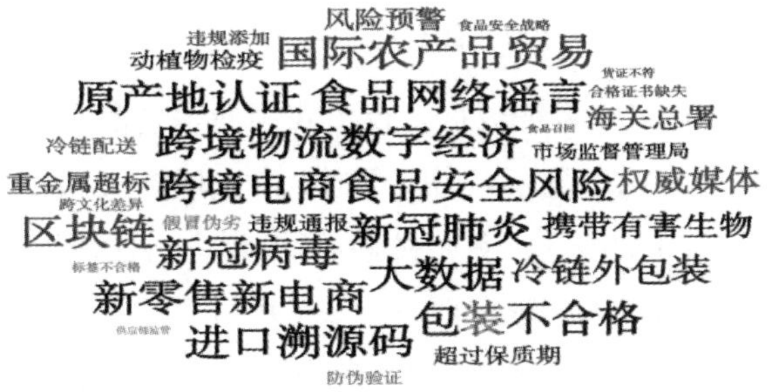

风险预警
食品安全战略
违规添加
动植物检疫
国际农产品贸易
货证不符
原产地认证
食品网络谣言
合格证书缺失
海关总署
冷链配送
跨境物流数字经济
食品召回
市场监督管理局
重金属超标
跨境电商食品安全风险
权威媒体
跨文化差异
区块链
假冒伪劣
违规通报
新冠肺炎
携带有害生物
标签不合格
新冠病毒
大数据
冷链外包装
新零售新电商
包装不合格
供应链监管
进口溯源码
超过保质期
防伪验证

图 4－1 食品安全风险表征关键词云图

资料来源：本书整理。

二、 食品安全风险表征数据分析

食品安全风险隐患从食品供应链源头环节延伸至流通及消费环节，食品供应链主要分为生产、加工、流通、餐饮/销售和消费等环节（Stringer，Hall，2007）。控制食品供应链各环节风险是实现食品供应链有序循环的关键。分析上述 18349 例食品安全风险通报文本数据汇集成的食品安全风险表征数据，明确食品安全风险表征供应链环节及多方主体，并对上述食品安全风险数据库进行统计分析，以识别生产加工、异国采购、跨境流通、检验检疫和电商销售等食品安全风险表征供应链环节分布；界定食品供应链的异国生产商、跨境供应商、海关、物流服务商、跨境电商平台、第三方机构、媒体及消费者等多方主体责任，为识别食品安全风险表征归因与症结做好准备（见图 4－2）。

境外第三方检测机构/
国际认证机构/
来源国监管
境内第三方检测机构/跨境电商平台监管
海关检验检疫
境外品牌代理商
境外供应商
境外生产商
跨境采购团队
跨境电商平台
保税仓
海关
物流服务商
B2B
零售商
B2C
B2B
餐饮服务商
消费者
市场监督管理局监管
市场监督管理局监管
媒体/消费者监管

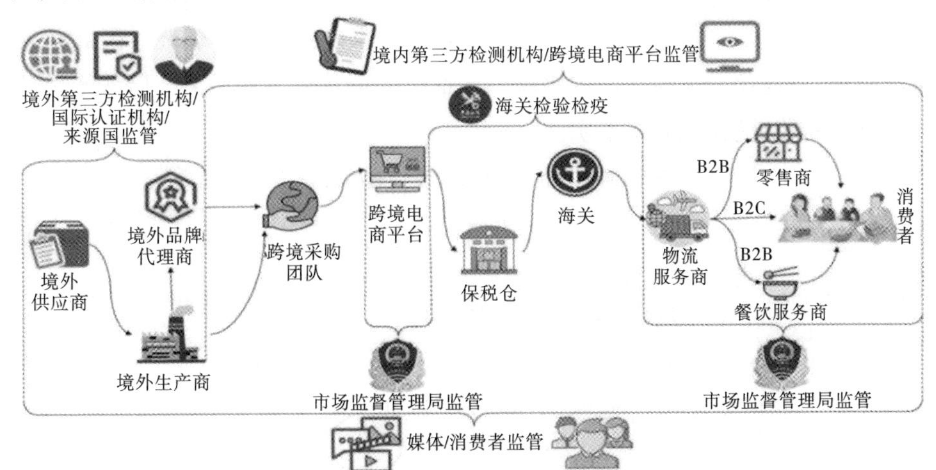

图 4－2 食品安全风险表征供应链环节及多方主体

（一）食品安全风险表征地域分布

基于上述食品安全风险表征数据，得出我国通报食品安全风险表征来源地与查处地分布情况等信息。分析可知，日本（11.15%）、美国（7.10%）、越南（4.94%）、韩国（4.28%）、澳大利亚（3.90%）、意大利（3.42%）、法国（3.40%）、泰国（3.13%）、马来西亚（2.89%）、德国（2.88%）、俄罗斯（2.65%）、英国（2.62%）、印度（2.51%）、西班牙（2.39%）、厄瓜多尔（1.86%）和巴西（1.77%）为食品安全风险表征主要来源国；广东省（29.12%）、上海市（20.19%）、福建省（10.79%）、浙江省（8.73%）、天津市（7.85%）、山东省（4.83%）、江苏省（3.08%）、辽宁省（2.65%）、北京市（2.02%）、广西壮族自治区（1.13%）、河南省（1.06%）、内蒙古自治区（1.04%）、湖北省（0.92%）、安徽省（0.86%）和河北省（0.61%）等地区是食品安全风险表征重要监测地。

（二）食品安全风险表征环节分布

基于上述食品安全风险表征数据及在食品供应链中各环节的违规通报事实（见表4-2），食品安全风险表征在供应链各环节发生频率由大到小依次为加工环节（56.68%）、流通环节（19.58%）、餐饮/消费环节（14.23%）、生产环节（8.93%）和难以判断（0.58%）。进一步分析可知，在生产环节中，检验检疫不合格是主要的食品安全风险表征关键点；在加工环节中，标签不合格是主要的食品安全风险表征关键点；在流通环节中，超过保质期是主要的食品安全风险表征关键点；在餐饮/消费环节中，感官检验不合格是主要的食品安全风险表征关键点。另外，企业或生产商自主召回等难以判定具体环节，因此归入“难以判断”，此部分风险表征占比较小且难以分析其来源和后果，后文不再分析“难以判断”的违规通报事实。

表4-2　我国通报食品安全风险表征在供应链上的分布

供应链环节	违规通报事实	频数	频率（%）
生产环节	检验检疫不合格、营养物质含量不符合国家标准要求、检出动物疫病、携带有害生物等	2560	8.93
加工环节	标签不合格、超范围使用食品添加剂或营养强化剂、货证不符、包装不合格、违规添加等	16255	56.68

（续上表）

供应链环节	违规通报事实	频数	频率（%）
流通环节	超过保质期、核酸检测阳性、货物污染或损毁等	5615	19.58
餐饮/消费环节	感官检验不合格、腐败、霉变等	4081	14.23
难以判断	企业或生产商自主召回、含有杂质、品质不合格、致病菌超标等	167	0.58
合计		28678	100

注：通报的同一食品安全事件可以发生在两个及以上环节，由此合计频数 28678 是正确的；企业或生产商自主召回、含有杂质、品质不合格、致病菌超标和拒绝检查等，难以判定具体环节，因此归入“难以判断”。

资料来源：本书整理。

进一步分析可知我国生产环节、加工环节、流通环节和餐饮/消费环节食品安全风险表征描述及其风险后果（见表 4－3）。

表 4－3　我国食品安全风险表征描述及其风险后果

环节	风险表征因素	所占比例（%）	风险表征描述	风险表征后果
生产环节（8.93%）	检验检疫不合格	52.93	含有未获检验检疫准入成分、无检疫合格证明、检疫证件不齐全、来自疫区和无官方检验检疫证书	引发疾病或死亡
	营养物质含量不符合国家标准要求	17.62	蛋白质、维生素、氨基酸、钙、铁、氯化钠、脂肪和肽类等营养物质不符合国家标准	引发营养不良等不适症状
	检出动物疫病	15.98	检出虾白斑病、非洲猪瘟等动物疫病	引发动物传染病进而危害食品行业
	携带有害生物	5.66	检出辣椒果实蝇、乳白蚁、南洋臀纹粉蚧和鹰嘴豆象等有害生物	造成生物入侵，危害农业生产

（续上表）

环节	风险表征因素	所占比例（%）	风险表征描述	风险表征后果
加工环节（56.68%）	标签不合格	15.63	无中文标签、营养标识错误、未标明保质期和标签不规范等	消费者无法获取食品食用信息
	超范围使用食品添加剂或营养强化剂	18.65	食品添加剂或营养强化剂使用范围超出《食品营养强化剂使用标准》（GB14880）规定	可致食物中毒
	货证不符	15.54	实际货物生产批号与卫生证书不一致等	食品信息有误，误食危害身体健康
	包装不合格	7.32	食品包装袋存在气泡或穿孔等	基本无显性伤害，但食用受有害包装污染的食品有损健康
	违规添加	2.17	检出未标示成分、配料无食用依据、检出非食用添加物、检出未经批准的转基因成分和检出未获检验检疫准入成分等	严重者可致食物中毒，引起身体不适
流通环节（19.58%）	货物污染或损毁	0.94	运输保存条件不当造成受潮、污染、毁坏等	食品浪费
	超过保质期	45.00	超过标示的保质期或篡改延长保质期	可致食物中毒
	核酸检测阳性	10.01	食品或食品外包装核酸检测阳性	传播新冠肺炎疫情，严重危害消费者身体健康
餐饮/消费环节（14.23%）	感官检验不合格	8.97	食品存在异味或外观辨识有异	可致食物中毒，引发身体不适
	腐败	7.28	冷链食品解冻变质	可致食物中毒，引发身体不适
	霉变	4.51	食品受致病菌污染	可致食物中毒，引发身体不适甚至死亡

注："难以判断"风险表征占比较小且难以分析其风险表征来源和后果，因此表中不再分析其违规通报事实。

资料来源：本书整理。

三、食品安全风险表征归因与症结

（一）食品安全风险表征归因

食品供应链环节在全球分布，食品安全风险表征归因涉及供应链多方主体和全球复杂环境，需从供应链视角展开深度辨析。食品安全风险表征由供应链内部因素与供应链外部因素共同作用。供应链内部归因表现为食品供应链源头分散、环节复杂、信息隐匿和主体多方；供应链外部归因表现为区域经济不平衡、政策制度差异化、技术创新涌现性和社会文化多元化。

食品安全风险表征供应链内部归因。一是食品供应链源头分散。食品供应链具有源头分散性、全球性和跨区域性等特征，供应主体质量安全标准和控制能力存在差异，食品供应体系追溯困难（张顺等，2020）。二是食品供应链环节复杂。食品供应链涵盖全球采购、仓储加工、跨境运输、海关备案、检验检疫和市场销售等环节，食品安全风险表征通过跨境供应链传播扩散更易形成蝴蝶效应，提升食品安全风险治理难度。三是食品供应链信息隐匿。电商平台交易虚拟性、复杂性导致食品供应链信息共享程度不足，加剧食品安全信息不对称，强化风险表征隐匿性并催生机会主义行为（吴林海等，2020）。此外，社交网络虚拟性、开放性特征为食品谣言传播提供环境，消费者难以甄别食品安全风险表征信息真实性（张蓓等，2020）。四是食品供应链主体多方。食品安全风险表征随供应链相关主体增多而变得更为明显，如政府监管联动不足，电商平台自律意识缺乏，媒体权威性不高，第三方机构等主体专业性不强、认证标准不一，食品安全风险治理能力有限、责任界定困难（尹世久等，2019）。

食品安全风险表征供应链外部归因。一是区域经济不平衡。发达国家和地区食品安全监管体制较完善，食品安全信息规制能力强，食品安全风险相对较低（Bas，Strauss－Kahn，2015）；欠发达国家和地区的食品安全风险相对较高（Su et al.，2019）。二是政策制度差异化。各国食品在跨境市场准入、平台商家认证、食品安全质量监测等方面标准各异，部分电商平台销售的食品存在虚假宣传等弊端（文晓巍等，2018；周洁红等，2020）；此外，消费者维权制度差异性大（张蓓等，2019），标签发票内容和售后制度不一，消费者维权成本高（费威，2019）。三是技术创新涌现性。转基因、动物克隆等新型食品技术加剧风险表征复杂性（Rollin et al.，2011），提升食品安全风险表征监管难度。四是社会文化多元化。不同国家和地区间社会文化、民俗风情与饮食习惯各异，导致食品安全风险表征错综复杂（Powell et al.，2011）。

（二）食品安全风险表征关键症结

第一，法律制度匹配不高。国际上尚未形成统一的食品安全标准，部分食品面临法律法规匹配难、国家间制度标准不一等问题。在法律法规方面，美国允许适量添加限定类型的“瘦肉精”，而我国禁止添加任何种类的“瘦肉精”。在制度标准方面，我国与欧盟等国家在抗生素含量要求、食品污染核查方式等食品安全标准方面存在较大差异。

第二，标签标准地区差异。各国语言、法律等不同，食品标签标准地域差异明显。一方面，标签内容差异大。各国食品标签文字、营养成分等差异明显，食品标签识别困难。另一方面，标签标准落实难。我国《食品安全法》规定进口的预包装食品等应当有中文标签。而食品相关电商平台主体繁多，所售食品可能存在中文标签不合格等问题，标签标准难推广。

第三，致害生物防范有限。食品极易携带有潜在危害的异国生物。在食品检测能力方面，我国存在检测技术落后等问题。如2018年非洲猪瘟通过跨境走私等方式传入我国，由于我国检验检疫技术有限等窘境，非洲猪瘟疫情传播蔓延，严重危害我国生猪产业发展。在食品安全风险预警能力方面，我国尚未形成跨境有害生物监控预警系统，如2020年我国进口冷链食品核酸阳性检出率明显增高，而各检疫关口未及时预警，加剧进口冷链食品安全风险。

第四，源头产地追溯困难。相较于传统进口渠道，电商平台食品供应渠道的风险来源广、监管漏洞明显。一方面，大多数电商平台无法获得其售卖商品的品牌授权，导致电商平台所售食品假货泛滥。2017年，无印良品进口薯片由于标签产地不明被误认为产自日本核污染区，原标签产地并非食品原产地，其原产地信息追溯存在困难。另一方面，电商平台所售食品供应链较长，食品安全风险相应加大，应缩短食品供应链以降低食品“二次污染”的概率和风险。

第五，通关检疫周期较长。电商平台销售的食品具有跨地域属性，通关需要经过申报、检疫和审批等手续，因此形成通关检疫周期。一方面，各地海关食品检测设备、专业人员等配备不均衡，食品在不同关口跨境通关时间存在差异。根据海关总署2018年评估结果，全国海关进口平均通关时间4小时。另一方面，由于进口商或企业存在货证不符、缺乏检疫合格证书等问题，跨境食品滞留港口，加大了食品安全风险。2020年12月厦门海关扣留来自啤酒制造商悉尼啤酒有限公司的8794公斤精酿啤酒，其原因为标签错误。

第六，冷链物流能力不足。对于水果、蔬菜等易腐食品来说，物流冷链运输是食品保鲜的重中之重。部分食品需要通过采购、仓储、通关、分发和分销等复杂供应链，跨地域流通路程长，食品在物流环节易受二次污染。在食品冷链设施建设方面，我国跨境冷链基础建设少、港口冷链物流枢纽能力低、冷链运输技术缺乏创新，部分食品面临流通时效性差、物流成本高等窘境。根据2020年易观智库《中国生鲜电商市场年度综合分析》，对比发达国家，当前我国食品运输过程中采用冷链物流比重相对较低，冷链基础设施的建设依然薄弱。在食品冷链运输卫生方面，我国也存在消毒工作不到位等问题。2020年我国进口冷链食品外包装及运输集装箱受新冠病毒污染事件频发。

第七，线上线下服务参差。网络虚拟性和动态性增加了食品安全监管难度，大量未取得跨境食品经营资质的企业或个人为电商平台提供食品并由平台销售。一方面，电商平台面向全国甚至全球市场销售食品，其食品安全风险极有可能由区域性风险扩散为国际性风险。且部分电商平台不承担退换运费，消费者存在财务风险。另一方面，电商平台与消费者之间的食品质量安全信息不对称，平台可能存在信息虚假、宣传虚假或评论虚假等问题。2019年11月市场监督管理局约谈拼多多、小红书等多家电商平台，通报网络市场存在的虚假宣传、质量问题等情况，揭露线上线下服务参差等问题。

四、 本章小结

本章推进食品安全风险表征描述分析。基于18349例食品安全风险通报文本数据，聚焦食品安全事件的查处日期、来源地、查处地和违规通报事实，从食品供应链的生产环节、加工环节、流通环节和餐饮/消费环节明确食品安全风险表征关键点，以展开食品安全风险表征数据分析，科学识别出食品供应链源头分散、环节复杂、信息隐匿和主体多方等食品安全风险表征供应链内部归因，以及区域经济不平衡、政策制度差异化、技术创新涌现性和社会文化多元化等食品安全风险表征供应链外部归因，最终明确法律制度匹配不高、标签标准地区差异、致害生物防范有限、源头产地追溯困难、通关检疫周期较长、冷链物流能力不足和线上线下服务参差等食品安全风险表征关键症结。

第五章　食品安全风险表征测度体系

一、扎根理论研究方法

食品安全风险表征具有多样性和复杂性等特征。我国食品安全风险表征更内嵌于特定的社会情境，是社会构建的产物。扎根理论是一种科学的定性研究方法，其通过自下而上的质性研究开展科学、严谨的理论研究，强调以“建构主义”发展具有本土特色的理论，为开发具有中国特色的食品安全风险表征测度体系提供了良好的研究思路（胡国栋、王天娇，2022）。扎根理论要求研究者在研究过程中不做预先判定的假设，而基于初始文本和经验资料，提取并逐级归纳出概念与范畴，以抽象形成理论，再通过不断的比较、修正并循环迭代，对概念与范畴进行进一步完善，最终构建理论（吴肃然、李名荟，2020）。其中，范畴能够反映事物的内在属性和事物之间的普遍联系，它能够表达研究过程中的理性思考和逻辑思路（靳代平等，2016）。扎根理论已被广泛运用于风险分析、风险管理等相关研究领域，以深度剖析社会环境变迁中面临的新问题和新情境（陶鹏、李欣欣，2019；桂天晗、钟玮，2021）。

扎根理论研究过程涵盖理论取样、数据收集、数据编码和概念提炼四个阶段。其中，数据编码是扎根理论中对质性资料进行分析、研判的关键环节，也是扎根理论研究中的基础工作，它要求研究人员结合以往的研究经验与相关知识积累，进行创新性的研究设计，尽可能挖掘研究数据背后蕴藏的内涵和理论，并对其进行编码。同时，研究人员应对数据中可能能够识别的任何理论保持开放、客观的态度，尽量避免研究过程受到已有的研究经验及个人因素等影响。所形成的编码应既能够表明研究数据的真实信息，又能够对研究数据进行进一步总结和提炼，并形成能够开展理论研究的概念，最终构建研究的理论新构思（靳代平等，2016）。数据编码包括开放编码（Open Coding）、主轴编码（Axial Coding）、选择性编码（Selective Coding）及理论饱和度检验（Theoretical Saturation Test）（见表5-1）。

表 5－1 扎根理论编码步骤及目标

编码步骤	研究目标
开放编码	秉承开放、客观的研究态度，对所研究收集的原始资料进行逐字逐句的阅读和抽取，以对其进行概念化和范畴化，使原始数据中蕴含的初始概念得以自然涌现，并用现有原始资料对所形成的初始概念进行归纳总结，以辨明各初始概念间的内在关系，最终准确反映原始资料的含义
主轴编码	将原始资料进行开放编码后得出的副范畴进行聚类分析，发现副范畴之间潜在的逻辑关系，按照同一性原则整合概念，识别研究目标的主范畴（一级维度），并探究主范畴相互之间的作用关系
选择性编码	对主范畴进行理论抽象，进而形成核心范畴，且核心范畴必须在研究中具有统领性和概括性，可以进一步将研究主范畴归纳、囊括进一个比较宽泛的理论范围内，以形成较为完整的解释架构和研究整体的理论构思
理论饱和度检验	再次收集数据，以验证分析结论的完整性

资料来源：张洪，江运君，鲁耀斌，等．社会化媒体赋能的顾客共创体验价值：多维度结构与多层次影响效应［J］．管理世界，2022，38（2）：10－17，150－168．

现有关于食品安全风险表征测度的相关研究多停留在概念讨论、理论分析等阶段（费威，2019；魏浩、王超男，2021），专门聚焦食品安全风险表征开展科学论证的研究较少，食品安全风险表征测度方法的缺失也导致现有关于食品安全风险表征的量化实证研究极为匮乏。量化研究能够提升食品安全风险表征测度的科学性，理论构建和量表开发作为开展量化研究的基础，是开发食品安全风险表征测度方法的重要方式。由此，应采用定性研究的方式厘清风险表征的复杂性和多样性（Fendt，Sachs，2008）。扎根理论是理论构建的经典研究方法，能够基于多元视角明确风险表征影响因素，弥补理论研究与经验研究之间的鸿沟，进而掌握风险表征的关键特征和风险治理的有效着力点，在探究食品安全风险表征测度体系中具有明显的优势（张玉亮、杨英甲，2018）。基于此，本章基于扎根理论研究方法，采用规范的编码步骤，聚焦第四章中由 18349 例食品安全风险通报文本数据汇集成的食品安全风险表征数据，对其进行科学、系统的编码分析和理论挖掘，从而构建食品安全风险表征测度体系，既能够推动食品安全风险表征相关理论研究全面和深入发展，又能够为目前研究中的食品安全风险表征测度提供研究工具和实践思路。

二、食品安全风险表征各级指标拟定

运用扎根理论自下而上的质性研究分析方法，结合 WSR 系统方法论及系统论自上而下的分析思路，拟定食品安全风险表征各级指标。基于扎根理论研究思路，在理论取样、数据收集的基础上，将第四章中由 18349 例食品安全风险通报文本数据汇集成的食品安全风险表征数据作为原始资料，遵循开放编码、主轴编码、选择性编码和理论饱和度检验的研究路径，分析、编码并检验食品安全风险表征数据，最终凝练为食品安全风险表征关键范畴和各级指标。

（一）开放编码

开放编码即围绕研究主题和目的，对原始数据进行分解、检视、比较及标签化归纳，以提炼能够反映原始数据的概念（Strauss，Corbin，1998）。本章邀请 4 位食品安全风险管理领域权威专家组成编码团队，并分为两组，每组 2 位成员，参考张洪等（2022）的研究，采用背靠背编码方式开展工作。参考杨洋等（2020）的研究，随机抽取三分之二的食品安全风险表征数据，共 12232 例食品安全风险通报文本数据开展扎根理论分析，进行逐句逐段分解、提炼，并注意避免主观思维和经验的影响，按照最大可能性原则，遵循食品供应来源范围广、流通服务跨国性、销售过程时间长等研究情境特征，综合两组成员编码结果，形成“异国物料供应渠道不明”“无菌繁殖过程遭污染”“食品包装异国文字错误”“跨境食品企业注册信息登记错误”等 327 条初始概念，并以初级代码含义相同或相近为原则，两组成员独立将 327 条初始概念进行凝练、合并，并对初始概念进行提炼，得出 185 条初始概念。编码团队进一步分析各初始概念间的联系和内在关系，最终归纳出“异国病菌入侵”“冷链设施缺乏”“清关过程烦琐”“食安宣传不力”等 63 个副范畴。

编码过程中，编码团队参考张洪等（2022）的研究，运用以下两层机制来保障编码结果精准度：一是组内开展线下讨论。两组成员分别聚焦有争议的编码结果展开线下匿名讨论，直至成员的意见达成一致。二是组间进行线下讨论及比较。两组成员独立完成编码后核对结果，并对其中不一致的地方进行线下匿名商榷。最终两组成员编码结果一致率高达 96%，说明开放编码的信度良好。

（二）主轴编码

主轴编码即基于开放编码的研究资料概括其范畴化的结果，并分析研究结果之间的逻辑关系以得出主范畴。主轴编码能够明确“哪里、为什么、谁、怎样及结果是什么”等问题（Strauss，Corbin，1998）。本章在开展食品安全风险表征测度体系的主轴编码时，结合食品供应链各环节特征、食品安全风险相关制度、社会共治涵盖主体及所面临的宏观环境，通过反复对比和专家研讨，梳理、讨论不同副范畴间的逻辑关系，以挖掘副范畴间的潜在关系，明晰63个副范畴间的逻辑性和相似性，并遵循“物理因素—事理因素—人理因素—环境因素”的食品安全风险表征系统框架，将所得的副范畴归纳于更高层次的主范畴之中，确保主范畴在理论构建方面的合理性，以实现扎根理论研究方法与WSR系统方法论、系统论的有效融合，最终，抽象得到“种植养殖风险”“政府监管失灵”“跨境电商平台违规”“政治法律不一”等19个主范畴。

（三）选择性编码

选择性编码即基于主轴编码研究资料和原始数据，分析主范畴内在联系以提炼核心范畴（张洪等，2022）。在自下而上地对原始资料开展分析、归纳的过程中，研究人员需以自身经验及事实为依据，然而，若研究理论直接从原始资料等形成，会存在理论与经验事实脱节严重等问题。为保障扎根理论研究结果的建构效度，需以相关理论作为中介奠定研究基础，保证研究结果的严谨性。因此，将扎根理论研究方法与WSR系统理论、系统论等相结合，可建立起WSR系统理论、系统论与原始资料等之间的逻辑联系，使构建的理论具有可追溯性（蒋国银等，2021）。在反复核查、对比和修正主轴编码资料基础上，编码团队将食品安全风险表征的主范畴对应至食品安全风险表征系统框架中的“物理—事理—人理—环境”四个维度，使解释型数据高度理论化，进而凝练出食品安全风险“物理因素”“事理因素”“人理因素”“环境因素”4个核心范畴。其中，物理因素从食品供应链视角出发，包括“种植养殖风险”“生产加工风险”“电商销售风险”“跨境流通风险”4个主范畴；事理因素从制度逻辑理论视角出发，包括“政府监管失灵”“市场约束乏力”“社会监督困难”3个主范畴；人理因素从社会共治理论出发，包括“跨境电商平台违规”“跨境食品企业逐利”“第三方机构失信”“政府部门失职”等8个主范畴；环境因素从宏观环境分析理论出发，涵盖“政治法律不一”“产业经济波动”“社会文化差异”“技术设备更迭”4个主范畴。

（四）理论饱和度检验

为提升研究信度，进一步开展理论饱和度检验，将剩余的三分之一的食品安全风险表征数据共6117例食品安全风险通报文本数据用于开展理论饱和度检验，沿用上述编码过程，重新提炼初始概念、副范畴、主范畴及核心范畴，研究结果发现，研究结论未出现新的重要概念及范畴关系，食品安全风险表征测度维度已经足够丰富。由此表明该研究结论在理论上已经达到饱和，可以依据该研究结果拟定食品安全风险表征各级指标（见表5-2），为后续构建食品安全风险表征测度体系提供理论支撑。

表5-2 食品安全风险表征各级指标

研究对象	核心范畴	主范畴	副范畴	代表性初始概念	文献来源
风险表征	物理因素	种植养殖风险	原料投入问题	种植质量低劣、种植营养指标不合格、肥料饲料不达标	Montgomery等（2020）；McEvoy（2016）；Savelli等（2021）；费威和佟烁（2019）；Kaptan等（2018）
			重金属超标	土壤重金属污染、水质重金属污染、核辐射等生化污染	
			农兽药残留	恩诺沙星等药品残留、泰乐菌素等抗生素滥用	
			异国病菌入侵	李斯特菌等病菌入侵、刚地弓形虫等寄生虫入侵	
			产地来源不明	原产地信息虚假、原产地信息缺失、异国物料供应渠道不明	
			技术运用不当	转基因技术转录突变、基因拼接技术不稳定、无菌繁殖过程遭污染	

（续上表）

研究对象	核心范畴	主范畴	副范畴	代表性初始概念	文献来源
风险表征	物理因素	生产加工风险	违规使用添加剂	超量使用品质保持剂等添加剂、超范围使用乳化剂等添加剂	Aworh（2021）；Van Asselt 等（2017）
			有害投入品危害	滥用二噁英等有毒物质、滥用罂粟等违禁物质	
			加工流程违规	加工过程生熟不分、加工环境卫生条件恶劣、加工顺序错误	
			包装不合格	食品包装材料不合格、食品包装破损散漏、食品包装异国文字错误	
			异物掺杂污染	玻璃、塑胶等自然异物混入，设备器具接触污染	
		跨境流通风险	微生物滋生	大肠杆菌等菌落超标、食品腐败变质、抑菌环境不合格	Aworh（2021）；魏浩和王超男（2021）；费威和佟烁（2019）
			冷链设施缺乏	跨境冷链设备落后、跨境冷链温控能力弱、跨境冷链应用范围少	
			运输时间较长	食品保鲜周期过长、食品碰撞变性、食品挤压受损	
			检验检疫漏洞	口岸检疫数量庞大、新型病菌突变、食品外包装病毒阳性	
		电商销售风险	假冒伪劣突出	食品成分含量欺诈、劣质跨境食品倾销、异国食品品牌侵权	Montgomery 等（2020）；费威和佟烁（2019）
			生产日期问题	食品生产日期模糊、食品生产日期篡改、食品生产日期不全	
			标签内容不当	跨境认证等标签内容虚假、麸质蛋白等过敏原标签信息不全	
			退货维权困难	跨境退货流程烦琐、异国投诉渠道缺失、跨境维权保障不足	

（续上表）

研究对象	核心范畴	主范畴	副范畴	代表性初始概念	文献来源
风险表征	事理因素	政府监管失灵	质量标准迥异	国际食品安全法失灵、新型跨境食品标准匮乏、国际食品标签法推行难	张玉亮和杨英甲（2018）；郝晓燕等（2021）；鄢贞等（2020）；Kang（2019）；Hu 等（2017）；Kang'ethe 等（2020）
			跨境职能交叉	跨境监管范围认定模糊、跨境监管职能界定不清晰	
			法规惩处不严	惩戒金额低、惩戒范围小、惩戒不及时、惩戒手段不合规	
			召回标准不一	跨境召回类型多样、跨境召回惩戒方式不一、跨境召回补偿机制迥异	
			线上线下监管脱节	跨境监管权力有限、跨境监管空白明显、线上线下监管难对接	
		市场约束乏力	跨境支付复杂	跨境支付流程烦琐、跨境汇率变动、跨境支付涉及中介机构多	张其林和汪旭晖（2021）；McEvoy（2016）；张顺等（2020）
			追溯体系不完善	跨境追溯制度不完善、动植物跨境追溯标准迥异、跨境追溯信息不全	
			电商平台资质问题	跨境电商平台准入门槛不一、跨境电商平台资质认定冲突	
		社会监督困难	质检技术滞后	检测技术更新缓慢、危害成分辨识度低、新型检测技术推广难	詹承豫（2019）；张其林和汪旭晖（2021）；张蓓等（2019）
			清关过程烦琐	国际海关等清关主体多、报检验货等清关手续差异大	
			纠纷裁决问题	跨境侵权等纠纷类型多、退运销毁等裁决执行难	
			网络谣言扩散	谣言数量庞大、谣言传播面广、谣言传播迅速、谣言甄别困难	

（续上表）

研究对象	核心范畴	主范畴	副范畴	代表性初始概念	文献来源
风险表征	人理因素	跨境电商平台违规	虚假营销	在线虚假交易、在线水军控评、夸大营销宣传、溯源标识伪造	张其林和汪旭晖（2021）；张顺等（2020）；Barendsz（1998）
			票证不全	资金收支票据缺失、跨境检疫票证缺失、食品认证证书缺失	
			交付违规	虚标境外发货地址、卖方发货延迟、运输货物数量有误	
		跨境食品企业逐利	私屠乱宰	屠宰场所隐蔽、屠宰环境恶劣、屠宰种类违规	鄢贞等（2020）；郝晓燕等（2021）；Qian 等（2020）
			跨境走私	违禁食品跨境贩卖、病死畜禽跨境收购、走私集团等利益联结对象多	
			违规掺假	虚标食品保质期、虚标食品产地、虚标食品质量等级	
		第三方机构失信	虚假认证	认证渠道少、认证机构虚假、认证结果虚假、核验过程虚假	邓衡山和孔丽萍（2022）；Qian 等（2020）
			抽检失真	抽检频率低、抽检资源稀缺、抽检结果不真实	
		政府部门失职	危机预警匮乏	风险数据不全、风险监测能力弱、风险评估能力弱	Semenza 等（2019）；Meyer 等（2015）；鄢贞等（2020）；张玉亮和杨英甲（2018）
			监管人员渎职	危机应对速度慢、食品安全问题诊断能力弱、监管责任推诿	
			监管资源有限	口岸检疫资源少、监管人员专业水平低、监测技术匹配度低	
			规制信息鸿沟	跨境电商诚信系统缺失、政府治理进展更新慢	
			追责问责困难	问责对象模糊、质量考核机制不健全、问责结果核验难	

（续上表）

研究对象	核心范畴	主范畴	副范畴	代表性初始概念	文献来源
风险表征	人理因素	海关总署疏漏	跨境备案问题	跨境食品企业数据录入错误、跨境食品企业注册信息登记错误	赵峪含和潘勇（2021）；李秋正等（2020）
			货物通关漏洞	国际海关衔接度低、单据重复审核、货物重复查验、审核环节冗余	
		科研机构失责	经费分配问题	科研平台搭建数量少、重点研究资金投入少、科研人员薪酬分配不合理	詹承豫（2019）；Lupien（2007）
			履责意识缺失	食安研究自主性低、食安研究创新不足、国际产学研联动性差	
		媒体报道失真	信息真实性低	信息披露滞后、监管措施信息不对称、报道不准确、评论不真实	Meyer 等（2015）；邓衡山和孔丽萍（2022）
			食安宣传不力	科普范围有限、科普内容单一、科普内容复杂、科普渠道少	
		消费者食安素养低	存储方式不当	食品存放温度不适宜、食品储存环境差、食品保鲜方式有误	Qian 等（2020）；McEvoy（2016）；李研等（2018）
			食用方式有误	食品烹调不科学、食品搭配不合理、食品食用过量	
			消费偏好扭曲	过度追求低价、过度追求外观、过度追求口感、过度追求原产地	
	环境因素	政治法律不一	政策环境不稳定	国际食品贸易摩擦、“一带一路”响应能力弱、跨境关税波动	Tian 等（2019）
			网购法规漏洞多	消费数据等隐私泄露、跨境金融诈骗、跨境电商行业恶性竞争	
			食安战略推进难	区域监管资源不平衡、风险防控政策落实难、海外代工厂等违规主体涌现	

（续上表）

研究对象	核心范畴	主范畴	副范畴	代表性初始概念	文献来源
风险表征	环境因素	产业经济波动	消费结构转型明显	高糖高脂高油食品消费热潮、跨境生鲜食品需求扩大、跨境品牌多样化寻求	慕静等（2021）；Naeem（2021）
			新型营销问题凸显	新零售产业分布不均、新电商食品品类过多、新电商资源整合能力弱	
		社会文化差异	饮食习惯不一	宗教认证食品抵制、鲱鱼等口味差异	Ma（2015）；张其林和汪旭晖(2021)；Savelli 等（2021）
			语言沟通差异	文字表述不规范、英语等全球普及率差异、转基因等新型食品信息难理解	
			疫情疫病传播	新冠肺炎疫情涉及范围广、疯牛病等疫病伤害程度深、口蹄疫等病毒类型多	
		技术设备更迭	新型技术更新快	精准导购等算法应用难、区块链等数字技术普及难、5G 等信息技术推广难	慕静等（2021）；Naeem（2021）
			新型设施管理问题	海外仓等建设标准差异、保税仓等管理模式差异、食品智能分拣设备难推进	

三、 食品安全风险表征测度体系开发

基于扎根理论研究的原始资料及食品安全风险表征各级指标，运用归纳分析研究方法开发食品安全风险表征测度体系，为后续研究消费者食品安全风险认知与风险响应提供研究模型和逻辑线索。

（一）初始量表生成

运用归纳分析研究方法，借鉴已有文献及上述扎根理论编码结果，构建食品安全风险表征初始题项库。首先，本章依据各维度内涵，追溯至原始数据资料及初始概念，开发出食品安全风险表征物理因素、事理因素、人理因素和环境因素维度下"种植养殖风险、政府监管失灵、跨境电商平台违规、政治法律不一"等19个变量的测量题项，共获得38个语义明确的测量条目。其次，为确保量表内容信度，参照裴嘉良等（2021）的研究，严格遵循简明扼要、清晰明确和避免歧义的原则，评估各题项表达的准确度、清晰度及与主题的相关度，删除具有歧义或模糊不清的题项后达成一致，保障内容效度具有一定可靠性，经过修订、合并和删减题项后得到70个题项。最后，本章邀请4位食品安全风险管理领域权威专家对量表的可读性、准确性进行评价，并总结各方讨论结果，最终确定了包含65个题项的测量量表。

（二）测量量表优化

运用因子分析研究方法，对食品安全风险表征测量量表进行优化，并对其各个维度进行检验。首先，采用李克特5级量表，将上述题项组成的量表整理成问卷，运用问卷调查法，选取在淘宝这一跨境电商平台有过网购经历的消费者为调研对象，展开预调研和正式调研，共发放问卷780份，在剔除填写不认真、缺填和漏填的问卷后，最终获得有效问卷714份，回收率为91.5%，并运用SPSS 28.0软件对量表进行探索性因子分析。样本人口统计学特征表现为女性被试多于男性被试，具有稳定收入和较高教育程度。可见，样本人群较易理解本问卷各个题项的内容。其次，采取*Cronbach's* α 系数对合格的问卷进行信度检验，以评价量表内部一致性，并进一步分析样本数据*KMO*值、*Bartlett*值，为展开探索性因子分析提供基础。再次，运用主成分分析法、最大方差正交旋转法展开探索性因子分析，以优化测量题项，筛选出适用于食品安全风险表征测度的题项，最终得到包含63个题项的测量量表（见表5－3）。最后，采用AMOS 28.0进行验证性因子分析，检验各维度的区别效度、*AVE*和组合信度，以确保本章构建的研究模型结构合理，已有量表各维度聚敛效度和区别效度良好，得到食品安全风险表征测度体系。

表 5-3 食品安全风险表征初始量表

维度	变量	测度项
物理因素（WF）	种植养殖风险（PBR）	PBR_1跨境电商食品存在原料投入问题
		PBR_2跨境电商食品存在重金属超标
		PBR_3跨境电商食品有农兽药残留
		PBR_4跨境电商食品受到异国病菌入侵
		PBR_5跨境电商食品产地来源不明
		PBR_6跨境电商食品技术运用不当
	生产加工风险（PPR）	PPR_1跨境电商食品违规使用添加剂
		PPR_2跨境电商食品受到有害投入品危害
		PPR_3跨境电商食品加工流程违规
		PPR_4跨境电商食品包装不合格
		PPR_5跨境电商食品遭到异物掺杂污染
	跨境流通风险（CLR）	CLR_1跨境电商食品有微生物滋生
		CLR_2跨境电商食品相关冷链设施缺乏
		CLR_3跨境电商食品运输时间较长
		CLR_4跨境电商食品检验检疫存在漏洞
	电商销售风险（PSR）	PSR_1跨境电商食品假冒伪劣突出
		PSR_2跨境电商食品存在生产日期问题
		PSR_3跨境电商食品标签内容不当
		PSR_4跨境电商食品退货维权困难
事理因素（SF）	政府监管失灵（GRF）	GRF_1跨境电商食品相关质量标准迥异
		GRF_2跨境电商食品监管主体职能交叉
		GRF_3跨境电商食品相关法规惩处不严
		GRF_4跨境电商食品的召回标准不一
		GRF_5跨境电商食品线上线下监管脱节
	市场约束乏力（MCW）	MCW_1跨境电商食品的跨境支付过程复杂
		MCW_2跨境电商食品的追溯体系不完善
		MCW_3跨境电商食品的跨境电商资质存在问题
	社会监督困难（DSS）	DSS_1跨境电商食品质检技术滞后
		DSS_2跨境电商食品清关过程烦琐
		DSS_3跨境电商食品纠纷裁决问题
		DSS_4跨境电商食品网络谣言扩散

（续上表）

维度	变量	测度项
人理因素（RF）	跨境电商平台违规（CEPV）	$CEPV_1$跨境电商食品虚假营销
		$CEPV_2$跨境电商食品票证不全
		$CEPV_3$跨境电商食品交付违规
	跨境食品企业逐利（CFCP）	$CFCP_1$跨境电商食品源自私屠乱宰
		$CFCP_2$跨境电商食品存在跨境走私
		$CFCP_3$跨境电商食品存在违规掺假
	第三方机构失信（TOF）	TOF_1跨境电商食品存在虚假认证
		TOF_2跨境电商食品存在抽检失真
	政府部门失职（GDD）	GDD_1跨境电商食品危机预警匮乏
		GDD_2跨境电商食品监管人员渎职
		GDD_3跨境电商食品监管资源有限
		GDD_4跨境电商食品规制信息鸿沟
		GDD_5跨境电商食品追责问责困难
	海关总署疏漏（CO）	CO_1跨境电商食品存在跨境备案问题
		CO_2跨境电商食品存在货物通关漏洞
	科研机构失责（RII）	RII_1跨境电商食品科研主体经费分配问题
		RII_2跨境电商食品科研主体履责意识缺失
	媒体报道失真（MCD）	MCD_1跨境电商食品信息真实性低
		MCD_2跨境电商食品食安宣传不力
	消费者食安素养低（CFLL）	$CFLL_1$跨境电商食品存储方式不当
		$CFLL_2$跨境电商食品食用方式有误
		$CFLL_3$跨境电商食品消费偏好扭曲
环境因素（EF）	政治法律不一（PLD）	PLD_1跨境电商食品政策环境不稳定
		PLD_2跨境电商食品网购法规漏洞多
		PLD_3跨境电商食品食安战略推进难
	产业经济波动（IEF）	IEF_1跨境电商食品消费结构转型明显
		IEF_2跨境电商食品新型营销问题突显
	社会文化差异（SCD）	SCD_1跨境电商食品相关饮食习惯不一
		SCD_2跨境电商食品存在语言沟通问题
		SCD_3跨境电商食品遭受疫情疫病感染
	技术设备更迭（TEC）	TEC_1跨境电商食品相关新型技术更新快
		TEC_2跨境电商食品相关新型设施存在管理问题

四、 本章小结

本章立足食品安全风险表征数据，开发科学的食品安全风险表征测度体系。首先分析扎根理论开放编码、主轴编码、选择性编码和理论饱和度检验等研究过程。其次将扎根理论研究方法与 WSR 系统方法论、系统论结合，将第四章中由 18349 例食品安全风险通报文本数据汇集成的食品安全风险表征数据作为原始资料，遵循扎根理论归纳出“异国病菌入侵”“冷链设施缺乏”等 63 个副范畴，“种植养殖风险”“政府监管失灵”等 19 个主范畴及“物理因素”“事理因素”“人理因素”“环境因素”4 个核心范畴，最终拟定食品安全风险表征各级指标。最后结合归纳分析研究方法构建食品安全风险表征初始题项库，并运用因子分析法优化食品安全风险表征测度量表，开发食品安全风险表征测度体系，为后续研究消费者食品安全风险认知与风险响应提供研究模型和逻辑线索。

第六章　食品安全风险表征综合评估

一、食品安全风险表征评估文献回顾

风险评估是重要的公共政策工具，其多为监管和技术决策提供信息进而衡量监管政策的成本和收益（National Research Council，2009）。起源于1983年美国国家研究委员会（NRC）的风险评估管理过程，其确定了正式的风险评估步骤（National Research Council，1993）。食品安全风险表征评估是指度量食品供应链中危害的发生概率、破坏严重性等，并确定食品安全风险表征等级，以制定食品安全风险表征防控措施（Jannadi，Almishari，2003）。如今，风险评估已被广泛运用于自然灾害测算、网络舆情监控及突发公共事件预警等研究领域。Lyu等（2019）开发多准则分析方法等区域洪水风险评估方法。张鑫等（2020）构建面向反复性事件的网络舆情风险表征评估指标体系。Chakraborty和Ghosh（2020）明确受新冠肺炎疫情影响严重的国家的疾病特征。在食品安全风险研究领域，Ma等（2020）基于层次分析法开发食品安全风险矩阵、明确食品安全风险等级。徐国冲（2021）将风险评估引入食品安全监管并设计食品安全监管风险表征评估机制。现有食品安全风险表征综合评估相关研究，多从风险监管手段、风险评估主体、风险评估机制等单一视角探讨食品安全风险表征度量及控制方式，较少从风险本身特性出发开展风险表征评估，以探明食品安全风险表征关键因素。基于此，本章运用风险矩阵研究方法，基于食品安全风险表征数据，科学评估我国食品安全风险表征等级，明确我国食品安全风险表征关键因素，为推进食品安全风险治理提供决策依据。

二、食品安全风险表征评估矩阵构建

（一）风险矩阵方法

风险矩阵是1995年由美国空军电子系统中心采购工程团队设计的以明确风险在规划中的影响的评估方法。具体操作如下：首先，挑选领域内权威专家，基于权威专家丰富的专业经验，综合考虑风险概率（P）和风险影响（S）来对风险等级进行度量，其运用的数学表达式可以表示为：

$$R = F(P, S) \tag{6.1}$$

其中，R 表示风险等级；P 表示风险因素发生的可能性，即风险发生的概率；S 表示风险因素的严重性，即风险影响。

其次，由权威专家判断风险概率（P）和风险影响（S）等级。最后，运用Borda 计数法对各风险因素的重要程度排序以评估项目风险（Garvey，Lansdowne，1998）。原始的风险矩阵包含风险栏、风险发生概率栏、风险影响栏、风险等级栏、风险管理栏和 Borda 序值栏（Garvey，Lansdowne，1998）。风险栏表示某种风险，风险发生概率栏代表某种风险发生的可能性，风险影响栏表示某种风险发生对项目产生的影响，风险等级栏由风险发生概率栏和风险影响栏共同决定，风险管理栏表示控制某种风险所采取的措施，Borda 序值栏表示通过Borda 序值法测算出来的各风险事件的 Borda 序值。

食品同一风险表征等级的多个风险表征因素的重要程度可能不相同，需对多个风险表征因素进行重要性排序。由此，可运用风险矩阵方法中的 Borda 序值法对各食品安全风险表征因素的重要性程度进行排序，其具体测算方法如下：

设 N 为食品安全风险表征总个数，即等于风险矩阵中的行数；设 i 为某个特定食品安全风险表征，k 为某一准则。风险矩阵包含两个准则：$k=1$ 时代表食品安全风险表征发生概率 P；$k=2$ 时代表食品安全风险表征影响程度 S。若 r_{ik}代表食品安全风险表征 i 在准则 k 下的食品安全风险表征等级，在风险矩阵中，比食品安全风险表征 i 的风险表征影响程度大或风险表征发生概率大的食品安全风险表征因素的个数，则作为在准则 k 下的风险表征等级。

综上，食品安全风险表征 i 的 Borda 值可由以下数学公式代表：

$$b_i = \Sigma(N - r_{ik}) \tag{6.2}$$

将 Borda 值按从大到小顺序排列可得到 Borda 序值，Borda 序值表示各风险表征因素的重要性。Borda 序值越小，食品安全风险表征因素重要性越高，反之则食品安全风险表征因素重要性越低。

（二）食品安全风险表征矩阵指标体系构建

本章将风险矩阵方法应用于食品安全风险表征评估，以识别出最为关键的食品安全风险表征因素。基于第四章采集的 18349 例食品安全风险通报文本数据汇集而成的食品安全风险表征数据，结合食品安全风险研究背景，借鉴 Garvey 和 Lansdowne（1998）及 Ma 等（2020）研究中的风险矩阵设计方法，并将其应用于食品安全风险表征矩阵设计，得出食品安全风险表征发生概率等级划分表（见表 6 - 1）和食品安全风险表征影响程度等级划分表（见表 6 - 2）；最后，依据《澳大利亚/新西兰风险管理标准》中的风险等级评定方法（Keey，1998），结合张红霞等（2013）设计的食品安全风险矩阵，并与 4 位食品安全研究领域的资深学者、2 位食品安全研究领域博士研究生讨论，确定食品安全风险表征等级对照表（见表 6 - 3）。在表 6 - 3 中，字母“E”（Extreme）表示“极高风险：需要立即采取防控措施”；字母“H”（High）表示“高风险：需要高层管理部门注意防控”；字母“M”（Medium）表示“中等风险：风险程度较轻，需规定管理责任”；字母“L”（Low）表示“低风险：可接受”。

表 6 - 1　食品安全风险表征发生概率等级划分

等级	赋值	描述词	可能性的量化衡量
较低	1	很少发生	样本中所占比重小于 1%
低	2	很低可能发生	样本中所占比重大于 1% 小于 5%
中等	3	可能发生	样本中所占比重大于 5% 小于 10%
高	4	很可能发生	样本中所占比重大于 10% 小于 20%
极高	5	时常发生	样本中所占比重大于 20%

资料来源：张红霞，安玉发，张文胜．我国食品安全风险识别、评估与管理：基于食品安全事件的实证分析［J］．经济问题探索，2013（6）：135 - 141.

表 6 - 2　食品安全风险表征影响程度等级划分

等级	赋值	描述词	具体描述
较小	1	无伤害	不会造成任何伤害或伤害程度可忽略
小	2	较小伤害	无显性伤害，但长期食用可危害健康
中等	3	中等伤害	导致轻度食物中毒，引发身体不适
大	4	严重伤害	导致重度或大面积食物中毒，引发严重疾病
极大	5	灾难性伤害	直接导致死亡，或导致大面积严重中毒和疾病

资料来源：张红霞，安玉发，张文胜．我国食品安全风险识别、评估与管理：基于食品安全事件的实证分析［J］．经济问题探索，2013（6）：135 - 141.

表6－3　食品安全风险表征等级对照

风险概率	风险影响				
	1（较小）	2（小）	3（中等）	4（大）	5（极大）
1（较低）	L	L	M	H	H
2（低）	L	L	M	H	E
3（中等）	L	M	H	E	E
4（高）	M	H	H	E	E
5（极高）	H	H	E	E	E

资料来源：Keey R. Australia/New Zealand risk management standard [J]. Owning the future：integrated risk management in practice，1998，7（1）：91－97；张红霞，安玉发，张文胜. 我国食品安全风险识别、评估与管理：基于食品安全事件的实证分析 [J]. 经济问题探索，2013（6）：135－141.

三、食品安全风险表征评估权重确定

（一）食品安全风险表征发生概率等级确定

在生产环节中，由表4－3可知各食品安全风险表征因素所占比例，如“检验检疫不合格”发生概率为52.93%，代入表6－1中“可能性的量化衡量”列，属于“样本中所占比重大于20%”，其对应赋值为“5”，代表该食品安全风险表征发生概率等级“极高”。在加工环节中，由表4－3可知，“标签不合格”发生概率为15.63%，代入表6－1中“可能性的量化衡量”列，属于“样本中所占比重大于10%小于20%”，其对应赋值为“4”，代表该食品安全风险表征发生概率等级“高”。在流通环节中，由表4－3可知，“超过保质期”发生概率为45.00%，代入表6－1中“可能性的量化衡量”列，属于“样本中所占比重大于20%”，其对应赋值为“5”，代表该食品安全风险表征发生概率等级“极高”。在餐饮/消费环节中，由表4－3可知，“感官检验不合格”发生概率为8.97%，代入表6－1中“可能性的量化衡量”列，属于“样本中所占比重大于5%小于10%”，其对应赋值为“3”，代表该食品安全风险表征发生概率等级“中等”。

综上，食品供应链各环节的食品安全风险表征发生概率等级及其赋值具体如下（见表6－4）：

表6－4 食品安全风险表征发生概率等级及其赋值

环节	风险表征因素	风险表征发生概率等级	风险表征发生概率等级赋值
生产环节	检验检疫不合格	极高	5
	营养物质含量不符合国家标准要求	高	4
	检出动物疫病	高	4
	携带有害生物	中等	3
加工环节	标签不合格	高	4
	超范围使用食品添加剂或营养强化剂	高	4
	货证不符	高	4
	包装不合格	中等	3
	违规添加	低	2
流通环节	超过保质期	极高	5
	核酸检测阳性	高	4
	货物污染或损毁	较低	1
餐饮/消费环节	感官检验不合格	中等	3
	腐败	中等	3
	霉变	低	2

注：“难以判断”风险表征占比较小且难以分析其风险表征来源和后果，因此表中不再分析其违规通报事实。

资料来源：本书整理。

（二）食品安全风险表征影响程度等级确定

在生产环节中，由表4－3可知各食品安全风险表征因素风险后果，如“检验检疫不合格”风险表征因素引发疾病或死亡，代入表6－2“描述词”和“具体描述”列，代表该食品安全风险表征影响程度等级“大”，其对应赋值为“4”。在加工环节中，由表4－3可知，“标签不合格”风险表征因素造成消费者无法获取食品食用信息，代入表6－2“描述词”和“具体描述”列，代表该食品安全风险表征影响程度等级“小”，其对应赋值为“2”。在流通环节中，由表4－3可知，“超过保质期”风险表征因素造成消费者食物中毒，代入表6－2“描述词”和“具体描述”列，代表该食品安全风险表征影响程度等级

"中等"，其对应赋值为"3"。在餐饮/消费环节中，由表4－3可知，"感官检验不合格"风险表征因素可致食物中毒，引发身体不适，代入表6－2"描述词"和"具体描述"列，代表该食品安全风险表征影响程度等级"中等"，其对应赋值为"3"。

综上，食品供应链各环节食品安全风险表征影响程度等级及其赋值具体如下（见表6－5）：

表6－5 食品安全风险表征影响程度等级及其赋值

环节	风险表征因素	风险表征影响程度等级	风险表征影响程度等级赋值
生产环节	检验检疫不合格	大	4
	营养物质含量不符合国家标准要求	中等	3
	检出动物疫病	大	4
	携带有害生物	大	4
加工环节	标签不合格	小	2
	超范围使用食品添加剂或营养强化剂	中等	3
	货证不符	小	2
	包装不合格	小	2
	违规添加	中等	3
流通环节	超过保质期	中等	3
	核酸检测阳性	极大	5
	货物污染或损毁	较小	1
餐饮/消费环节	感官检验不合格	中等	3
	腐败	大	4
	霉变	极大	5

注："难以判断"风险表征占比较小且难以分析其风险表征来源和后果，因此表中不再分析其违规通报事实。

资料来源：本书整理。

（三）食品安全风险表征等级评估

将表6－4和表6－5中食品安全风险表征的发生概率和影响程度的等级赋值代入表6－3，各食品安全风险表征等级评估具体见表6－6：

表 6-6　食品安全风险表征等级评估

环节	风险表征因素	风险表征发生概率等级赋值	风险表征影响程度等级赋值	风险表征等级
生产环节	检验检疫不合格	5	4	E
	营养物质含量不符合国家标准要求	4	3	H
	检出动物疫病	4	4	E
	携带有害生物	3	4	E
加工环节	标签不合格	4	2	H
	超范围使用食品添加剂或营养强化剂	4	3	H
	货证不符	4	2	H
	包装不合格	3	2	M
	违规添加	2	3	M
流通环节	超过保质期	5	3	E
	核酸检测阳性	4	5	E
	货物污染或损毁	1	1	L
餐饮/消费环节	感官检验不合格	3	3	H
	腐败	3	4	E
	霉变	2	5	E

注：“难以判断”风险表征占比较小且难以分析其风险表征来源和后果，因此表中不再分析其违规通报事实。

资料来源：本书整理。

由表 6-6 可知，首先，生产环节中“检验检疫不合格”“检出动物疫病”“携带有害生物”，流通环节中“超过保质期”“核酸检测阳性”，餐饮/消费环节中“腐败”“霉变”，食品安全风险表征评估等级为“极高风险”（E），有关部门需加强防控力度；其次，生产环节中“营养物质含量不符合国家标准要求”，加工环节中“标签不合格”“超范围使用食品添加剂或营养强化剂”“货证不符”，餐饮/消费环节中“感官检测不合格”，食品安全风险表征评估等级为“高风险”（H），需要引起高度警惕；最后，加工环节中“包装不合格”“违规添加”，食品安全风险表征评估等级为“中等风险”（M），其程度较轻，需规定管理责任。

（四）食品安全风险表征关键因素识别

可由 Borda 序值表示食品供应链中生产环节、加工环节、流通环节、餐饮/消费环节对应各食品安全风险表征因素重要性程度，Borda 序值表示 Borda 值由大到小的排列顺序，其计算过程如下：

1. Borda 值

在生产环节中，当食品安全风险表征因素为“检验检疫不合格”，比“检验检疫不合格”风险表征发生概率高的因素个数为 0，比该风险表征的影响程度高的因素个数为 2，再代入公式（6.2）可计算出“检验检疫不合格”的 Borda 值为：$b_i=(15-0)+(15-2)=28$。同理，“营养物质含量不符合国家标准要求”的 Borda 值为：$b_i=(15-2)+(15-6)=22$；“检出动物疫病”的 Borda 值为：$b_i=(15-2)+(15-2)=26$；“携带有害生物”的 Borda 值为：$b_i=(15-8)+(15-2)=20$。

在加工环节中，“标签不合格”的 Borda 值为：$b_i=(15-2)+(15-11)=17$；“超范围使用食品添加剂或营养强化剂”的 Borda 值为：$b_i=(15-2)+(15-6)=22$；“货证不符”的 Borda 值为：$b_i=(15-2)+(15-11)=17$；“包装不合格”的 Borda 值为：$b_i=(15-8)+(15-11)=11$；“违规添加”的 Borda 值为：$b_i=(15-12)+(15-6)=12$。

在流通环节中，超过保质期”的 Borda 值为：$b_i=(15-0)+(15-6)=24$；“核酸检测阳性”的 Borda 值为：$b_i=(15-2)+(15-0)=28$；“货物污染或损毁”的 Borda 值为：$b_i=(15-14)+(15-14)=2$。

在餐饮/消费环节中，“感官检验不合格”的 Borda 值为：$b_i=(15-8)+(15-6)=16$；“腐败”的 Borda 值为：$b_i=(15-8)+(15-2)=20$；“霉变”的 Borda 值为：$b_i=(15-12)+(15-0)=18$。

2. Borda 序值

将上述计算出的各食品安全风险表征因素根据其 Borda 值的大小由大到小排列，其中，居于第一的 Borda 值为“28”，对应的食品安全风险表征因素是“检验检疫不合格”“核酸检测阳性”，则其 Borda 序值为“1”；居于第二的 Borda 值为“26”，对应的食品安全风险表征因素是“检出动物疫病”，则其 Borda 序值为“2”；居于第三的 Borda 值为“24”，对应的食品安全风险表征因素是“超过保质期”，则其 Borda 序值为“3”；居于第四的 Borda 值为“22”，对应的食品安全风险表征因素是“营养物质含量不符合国家标准要求”“超范围使用食品添加剂或营养强化剂”，则其 Borda 序值为“4”；居于第五的 Borda 值为“20”，对应的食品安全风险表征因素是“携带有害生物”“腐败”，则其 Borda 序值为“5”；居于第六的 Borda 值为“18”，对应的食品安全风险表征因素是“霉变”，则其 Borda 序值为“6”；居于第七的 Borda 值为“17”，对应的食品安全风险表征因素是“标签不合格”“货证不符”，则其 Borda 序值为“7”；居于第八的 Borda 值为“16”，对应的食品安全风险表征因素是“感官检验不合格”，则其 Borda 序值为“8”；居于第九的 Borda 值为“12”，对应的食品安全风险表征因素是“违规添加”，则其 Borda 序值为“9”；居于第十的 Borda 值为“11”，对应的食品安全风险表征因素是“包装不合格”，则其 Borda 序值为“10”。居于第十一的 Borda 值为“2”，对应的食品安全风险表征因素是“货物污染或损毁”，则 Borda 序值为“11”。

综上所述，得出食品安全各风险表征因素 Borda 值及其 Borda 序值如表 6－7 所示。由表 6－7 可知，首先，加工环节是食品安全风险表征因素最多的环节。生产环节中“检验检疫不合格”、加工环节中“超范围使用食品添加剂或营养强化剂”、流通环节中“核酸检测阳性”、餐饮/消费环节中“腐败”是最为关键的风险表征因素。其次，生产环节中“检验检疫不合格”和流通环节中“核酸检测阳性”是最严重的风险表征因素。相关政府部门需立即集中精力和资源采取相应的防控措施，优先防范最严重的关键食品安全风险表征因素。

表 6－7　食品安全各风险表征因素 Borda 值及其 Borda 序值

环节	风险表征因素	风险表征发生概率等级赋值	风险表征影响程度等级赋值	Borda 值	Borda 序值
生产环节	检验检疫不合格	5	4	28	1
	营养物质含量不符合国家标准要求	4	3	22	4
	检出动物疫病	4	4	26	2
	携带有害生物	3	4	20	5
加工环节	标签不合格	4	2	17	7
	超范围使用食品添加剂或营养强化剂	4	3	22	4
	货证不符	4	2	17	7
	包装不合格	3	2	11	10
	违规添加	2	3	12	9

（续上表）

环节	风险表征因素	风险表征发生概率等级赋值	风险表征影响程度等级赋值	Borda 值	Borda 序值
流通环节	超过保质期	5	3	24	3
	核酸检测阳性	4	5	28	1
	货物污染或损毁	1	1	2	11
餐饮/消费环节	感官检验不合格	3	3	16	8
	腐败	3	4	20	5
	霉变	2	5	18	6

注："难以判断"风险表征占比较小且难以分析其风险表征来源和后果，因此表中不再分析其违规通报事实。

资料来源：本书整理。

四、本章小结

本章基于食品安全风险表征数据，开展食品安全风险表征综合评估。运用风险矩阵研究方法，基于食品安全风险表征数据，从食品安全风险表征发生概率和影响程度两个角度科学设立食品安全风险表征发生概率等级划分表、食品安全风险表征影响程度等级划分表及食品安全风险表征等级对照表，从而构建食品安全风险表征矩阵指标体系。进一步结合食品安全风险表征数据中食品安全风险表征因素所占的比例，从生产环节、加工环节、流通环节和餐饮/消费环节确定食品安全风险表征发生概率等级与食品安全风险表征影响程度等级，并评估各食品安全风险表征对应的等级，最终运用 Borda 序值明晰食品安全风险表征因素的重要程度，以识别出食品供应链环节中食品安全风险表征的关键因素，为开展食品安全风险表征管理实践提供理论参考和研究依据。

第七章 食品安全风险表征管理实践

一、食品安全风险表征管理制度设立

（一）开展风险表征跨界治理，构建食品安全产地溯源制度

着力打造食品安全放心工程，积极构建现代化“互联网+”食品安全风险表征治理体系，联合食品来源国、产地监管机构实行跨国监管治理，严格食品线上营销资质核验，完善食品安全产地溯源体系及其配套制度。首先，针对食品安全风险表征源头特征，评估食品来源国或地区的食品安全风险表征管理等级，明确食品来源国或地区的相关政府和生产企业责任，优化食品官方认证制度和第三方认证机制，保障食品源头优质安全。其次，健全食品准入管理体系，优化境外生产企业注册管理、进境动植物源性食品检疫审批管理等，保证食品标签信息的完整性、全面性和真实性，着力提升食品产地标准管理、食品加工指标检测等食品溯源信息电子化、信息化水平。最后，完善食品安全风险追溯体系和风险表征预警体系，精准召回问题食品，并对负责其质量安全的电商平台等食品经营主体进行警示和惩处，将问题食品相关企业列入风险表征预警通告，及时约谈食品销售平台责任人，强化食品安全风险表征信息监测和管理，进一步提升食品安全风险事件应对能力和综合水平。

（二）加强风险表征信息共享，推行食品安全加工标准制度

扩大境外食品通关“绿色通道”范围，优化“一带一路”国家食品准入制度，推动食品安全风险表征信息共享，设立国际化食品安全加工标准，增强消费者食品安全信心。一方面，设立食品安全风险表征信息共享平台，构建食品生产商、加工商、跨境电商平台等企业信用体系，在权威政府网站上设置食品安全风险表征信息通报栏，实时通报问题食品产品名称、产地信息、生产企业资质及海关检验检疫编号等食品安全相关详细信息，提升食品企业自律意识，对于屡次通报仍不整改的食品企业，现有罚款、拒绝准入等惩戒措施。另一方

面，推动食品安全加工标准制度国际共认共享，以有效应对加工环节中最关键的风险表征因素“超范围使用食品添加剂或营养强化剂”，完善食品添加剂、营养强化剂等在食品加工过程中的使用规范，同时确定食品添加剂或营养强化剂使用范围及使用量的标准要求，并与贸易国等签订互认的食品安全加工标准，向食品加工商、销售商等主体提供食品中文标签标准、卫生检查标准报告样例、货物申报单标准示例等，提升食品安全风险表征信息共享能力。

（三）推进风险表征部门联动，规范食品安全流通准入制度

推进风险表征部门联动，严格规范食品流通过程消毒、检验检疫、准入许可等方面规章制度。一方面，推动海关总署、农业农村部、市场监督管理总局等多部门联动，协同治理食品安全风险表征，严把食品检验检疫关和质量关，提升食品安全风险表征监管效率。此外，加强冷链食品、生鲜食品等重点食品的检验检疫监管，提升食品安全风险表征预警能力和防控能力。另一方面，落实食品流通准入制度，重点聚焦食品流通环节中的最关键风险表征因素“核酸检测阳性”，严控疫情输入风险，以“三证一追溯”规范境外食品准入资格，即食品需配备检验检疫合格证明、核酸检测证明、消毒证明和追溯二维码才可以在国内销售。此外，强化流通环节环境监测，明确食品流通过程中集装箱保护、电子监察、温度湿度调控等规范要求，并对其展开定期巡查。

（四）提升风险表征防范意识，实施食品安全社会共治制度

着力提升消费者健康素养，引导消费者对食品安全风险表征产生科学、理性的认知，在政府统筹监管食品安全风险表征的基础上，激励消费者、媒体、第三方机构和跨境电商平台等多方主体共同参与食品安全风险表征治理，实现食品安全社会共治。一方面，精准打击食品安全风险网络谣言，推动政府、第三方机构和媒体等发布食品安全风险表征权威信息，并且运用“物联网”“大数据”等前沿数字技术，对谣言展开实时抓取、分析研判和精准打击，依法依规处罚不法分子散布谣言行为，强化食品安全风险表征谣言治理能力，引导消费者正确认知和购买食品。另一方面，推动国际食品安全风险表征交流，政府部门定期召开食品安全风险表征交流会和国际生物入侵风险表征预警发布会，畅通食品安全风险表征信息交流渠道、消费者维权渠道，并鼓励相关食品经营主体实时答疑，提升消费者投诉处理效率，为消费者提供全面、优质的食品售前售后服务保障，提升消费者食品安全风险表征防范意识。

二、 食品安全风险表征管理实践启示

（一） 加强顶层设计， 提供食品安全风险表征管理政策支撑

2021年发布的《中华人民共和国国民经济和社会发展第十四个五年规划和2035年远景目标纲要》（简称《“十四五”规划纲要》）提出应严格食品安全监管、加强和改进食品安全监管制度、完善食品安全法律法规和标准体系，以深入实施食品安全战略。对此，为有效管理食品安全风险表征，需加强食品安全风险表征管理顶层设计。一是坚决执行《中华人民共和国进出境动植物检疫法》《中华人民共和国进出境动植物检疫法实施条例》等法律法规，且根据国际环境变动修正食品生产检验检疫相关政策。二是落实《出入境检验检疫风险预警及快速反应管理规定》，采用“区块链”“云计算”等技术及时监测国际有害生物、动物疫病传播状况等，并对食品可能携带的潜在疫病和有害生物进行及时预警，研究并出台我国食品安全风险联防联控检验检疫政策，提升食品安全风险表征应对能力。三是落实《进口食品安全管理办法》《进口食品境外生产企业注册管理规定》等部门规章，倒逼食品企业提升食品营养含量、标签规范、保鲜程度能力，并对问题食品企业实施警告、罚款等惩戒措施。

（二） 加速数字赋能， 提供食品安全风险表征管理科技支撑

基于我国“互联网+”行动计划，推动移动云计算、大数据等数字技术与食品安全风险表征管理相结合，为开展食品安全风险表征管理提供科技支撑。首先，打造数字溯源系统，优化食品供应体系，实现食品供应链全环节数字化、可视化透明监控，以食品生产环节为起点，推广传感器核心技术、射频识别技术、电子标签技术等在食品生产加工、物流配送中的运用，构建生产加工、贮藏运输、流通销售一体化的食品安全风险监管体系。其次，健全食品冷链物流智能配送体系，完善跨境集装箱配备快速冷却装置、低温冷藏仓库和恒温控制设备等设施设备，进一步健全冷链技术运用标准规范，严格冷链技术操作流程和服务保障，实施加工包装、冷冻贮藏、电商配送、零售购买等环节的食品安全风险表征全程控制。最后，在食品安全风险表征监测过程中，完善食品安全风险表征评估标准，构建科学高效的食品安全检验检疫机制，着力应用风险表征评估模型开展食品安全风险表征评估分级，并依据分级结果展开差异化食品

安全风险表征管理，确保食品安全风险表征监管的科学性、严密性和透明性，聚焦算法推荐、深度挖掘等前沿信息技术完善电商平台食品安全管理机制，规范平台等经营主体食品营销行为，共建良好的食品营销环境。

（三）推进产学研合作，提供食品安全风险表征管理人才支撑

聚焦我国人才市场存在巨大的食品安全风险表征管理人才缺口，以及食品安全风险表征管理人才专业能力和专业水平要求较高等现状，应着力推动高校与企业、企业与科研院所、科研院所与高校在产学研方面深化合作，解决人才资源供需不平衡问题。在高校与企业合作方面，应重点考查高校理论基础和实践技术水平，引导其深入了解食品安全风险表征发展趋势和企业实际的人才需求特征，并针对食品检验、质量安全管理、营养指导等方面的现实需求，设置专业的学习课程，此外，鼓励企业从食品品质控制、食品安全质量检测、食品卫生监督管理等实际工作的基本能力角度出发，对招聘人才展开全方位联合考查，提升食品安全风险表征管理人才的综合素养和能力。在企业与科研院所合作方面，将科研院所研发的食品安全检测专业设备、技术等知识产权转化为食品企业实用生产加工设置，实现科研技术成果向市场生产力的转变，食品企业生产加工的现实需求再反馈则推进科研院所的技术更新。在科研院所与高校合作方面，应着力创新“高校＋科研院所”人才联合培养模式，通过交换培养项目、开展学术讲座、举办主题讨论会等多样化形式，引导人才对提升食品安全风险表征管理效率等内容展开深入交流，着力培育适应食品安全风险表征管理的科研型人才。

（四）设立专项资金，提供食品安全风险表征管理财政支撑

强化各地海关、市场监督管理局食品安全风险表征管理能力，保障食品安全风险表征管理财政支撑，推进我国食品安全治理体系和治理能力现代化。首先，优先设立财政专项资金开展动植物疫病防控，开设食品消毒、检验检疫等日常安全监管经费快速申报绿色通道，着力化解食品可能携带的潜在生物安全隐患，统筹推进食品安全风险表征管理。其次，政府部门支持各地市场监管局针对进口生鲜市场、跨境冷冻食品批发市场等食品经营主体，出台并落实风险表征隐患排查等相关的财政政策，全力支持跨境冷链食品追溯平台建设等工作，严防疯牛病等外来疫情疫病输入。最后，设置专项奖励资金，对举报违规跨境走私食品等重大食品安全风险事件的消费者或企业经营人员给予奖励和表彰，

并针对食品经营主体推出违规食品无害化处理损失保险，有效降低食品进口商等销毁违规食品后可能产生的财务风险。

（五）开展食品安全宣传，提供食品安全风险表征管理科普支撑

积极践行食品安全风险表征科学监管理念，通过开展食品安全宣传教育活动，深入普及食品安全法律知识和科普知识，提升公众食品安全风险表征管理参与度。一方面，以政府支持、媒体宣传的方式积极开展预防跨境冷链食品携带病毒等食品安全风险表征科普教育，提升消费者食品安全风险表征应对能力。推动食品权威监管部门与食品专业机构成立食品安全科普联盟，共同制作食品潜在生物风险表征防范手册，协同开展知识问答、主题讨论会等活动，提升食品安全风险表征知识科普范围和科普效果。另一方面，结合“5G”等智能技术实现跨境生物预警信息云传播、云推广，积极利用社交媒体传播范围广、传播力度大及传播时间迅速等特点，以微信、微博、小红书及各类短视频平台为媒介，向消费者精准科普食品安全风险表征政策动向、监管过程、效果展示等信息，提升消费者食品安全风险表征规避意识和规避能力。

三、本章小结

本章提出食品安全风险表征管理实践。基于第三章至第六章的研究结论和分析结果，从食品安全风险表征管理制度设立和食品安全风险表征管理实践启示两个方面提出食品安全风险表征管理实践。一方面，通过开展风险表征跨界治理、加强风险表征信息共享、推进风险表征部门联动和提升风险表征防范意识，构建食品安全产地溯源制度、推行食品安全加工标准制度、规范食品安全流通准入制度和实施食品安全社会共治制度，明确食品安全风险表征管理制度设立。另一方面，通过加强顶层设计、加速数字赋能、推进产学研合作、设立专项资金和开展食品安全宣传，提供食品安全风险表征管理政策支撑、科技支撑、人才支撑、财政支撑和科普支撑，明确食品安全风险表征管理实践启示，为研究消费者食品安全风险认知和风险响应，厘清消费者食品安全风险响应引导机制与保障工程提供决策依据。

第二编

消费者食品安全风险认知

第八章　消费者食品安全风险认知理论基础

一、 社会认知理论与风险认知理论

（一）社会认知理论

社会认知理论（Social Cognitive Theory，SCT）认为，个体行为（B）、个体因素（P）及环境因素（E）三者之间存在交互作用（Bandura，1991），即个体所处外在环境、个体自身的认知因素及行为三者之间存在互动关系，并在不同环境、个体认知和行为作用下改变。认知是社会认知理论核心要素，是指个体对客观事物进行认识的过程中经历的心理活动（Lazear，2005）。在面对认知资源时，人们会接受信息并形成态度和评价，还会根据自身知觉对认知资源赋予抽象含义。由此，社会认知理论系统揭示了个体在目标驱动下如何通过产生特定行为适应外界环境的内在逻辑（Bandura，2001）。Bandura（1986）强调，在不同社会文化情境下社会认知理论研究丰富性。

目前，社会认知理论已被广泛运用于疫病防范、危机应对、用户行为等领域，在探究风险认知形成（Prati et al.，2011）、健康信息采纳意愿（韩世曦、曾粤亮，2021）、在线媒体使用（LaRose，Eastin，2004）等方面发挥重要作用。在重大突发公共卫生事件背景下，社会组织会对危机事件风险产生恐慌，这种群体性恐慌认知会激发恐惧情绪并使公众产生非理性行为，增加危机事件响应难度，甚至出现“风险的社会放大效应”。金帅岐等（2020）基于社会认知理论构建健康信息搜寻行为研究模型，探究健康素养、感知有用性、风险认知等因素对用户的健康信息搜寻行为的影响机制。在食品安全领域，社会认知理论多用于探究食品标签认知过程（Seth，2022）、疫情下网购行为改变（Kursan，2021）和食品安全信任形成（Chen，2008）等内在机制。由于食品安全行为主体自身素质和技能有限，需要学习食品安全风险信息，以对食品安全风险产生深层次认知（闫贝贝等，2022）。韩杨等（2014）研究表明，在风险情境下，年龄越大的消费者越有可能依靠食品安全信息属性作出理性购买决策。由此，可从社会认知理论视角出发分析消费者食品安全风险认知，为明确消费者食品安全风险认知形成机制提供理论基础。

（二）风险认知理论

风险社会背景下风险的“蝴蝶效应”日益明显，且风险不仅难以受到时空约束，更无法按照既定逻辑、因果关系和过失认定来追责（乌尔里希，2004），公众面临风险复杂性时会期望拥有风险应对主动性，并有着强烈认知风险的愿望。风险认知理论最早由 Bauer（1960）提出，是社会认知理论在风险情境下的拓展，强调消费者在购买过程中面临不确定性而无法判断产品或服务是否满足自身需求，进而担忧因错误选择造成损失。Sitkin 和 Weingart（1995）提出，风险认知是个体对风险情境存在风险水平的主观判断。Lim（2003）认为风险认知是指消费者感知消费决策不确定性和错误决策后果的严重性，其能够影响消费者购买决策（Featherman，Pavlou，2003）。随着风险认知研究拓展，学者们提出风险认知是指个体对某种决策和损失的各种不确定因素的感受，或者对重大不确定性感知的反应方式（Stone，Grønhaug，1993）。个体在对风险进行评估时需要考虑风险严重程度和易感性等客观特征（De Vocht et al.，2015）。风险认知也会受个体因素和外在环境影响，个体在作出决策时会尽量降低风险认知（Yu et al.，2018）。在风险认知的测度方面，Cunningham（1967）采用询问法度量消费者风险认知。Peter 和 Ryan（1976）运用模型测度法将风险损失未知性与损失负面程度的乘积作为消费者风险认知衡量标准。Brady（2012）运用量表测度法测度风险认知，经济、安全、产品、时间、社会和心理风险是消费者食品安全风险认知的重要测度项。可见直接询问法更主观，模型测度法更侧重结果精准性，而量表测度法具有客观全面等特点。

现有研究从灾害风险管理（程赛琰、牛春华，2022）、环境社会治理（龚文娟、杜兆雨，2022）和公共危机治理（郑思尧、孟天广，2022）等视角对风险认知展开深入探索。面对灾害等风险事件，源自同一地区的公众会因有共同利益认知、价值观和人际关系网络等，在风险预警、转移、响应和恢复过程中，容易在灾害目标确定、灾害风险认知等方面达成共识，进而提升自身风险认知能力，并通过公众共同参与有效响应灾害风险（周永根、李瑞龙，2017）。风险情境会驱动消费者增进对自我行为的规制，且伴随消费者风险认知不断增加，其自我规制程度会逐渐提升（Senior，Marteau，2007）。在突发公共危机治理中，由于风险治理决策机关容易忽略不同主体风险认知差异，并产生负面舆论扩张等问题，应着力构建双向互动的食品安全风险沟通模式，化解专家与公众之间的风险认知差异（肖梦黎、陈肇新，2021）。在食品安全领域，风险认知已被应用于探究食品谣言下购买意愿恢复（于晓华等，2022）、食品召回危机下消费者响应特征（Liao et al.，2020）等研究情境。消费者食品安全风险认知通常来源于个人思维习惯，对食品安全风险信息的理解也倾向于支持已有的观点，消费者食品安全风险认知会受到其对风险信息主体信任、风险信息质量等因素影响（展进涛，2015）。食品安全风险认知将驱动个体产生自我规制等响应方式，即提升对自我食品消费行为活动的规划性与控制性，其中，规划性是指消费者食品安全风险认知将使个体合理规划食品消费行为，识别出购买食品可能遭遇的风险，并采取风险规避措施；控制性是指食品安全风险认知将使个体调节对食品安全信息线索的关注度、对风险食品消费进行抑制性控制等（周萍等，2020）。可见，风险认知理论为厘清消费者产生的食品安全风险认知的内在机制提供了良好的理论基础和研究依据。

二、 消费者食品安全风险认知构成维度

个体对风险伤害性、严重性和可能性等进行判断并形成主观认知（Slovic，1987）。学者们对风险认知的构成维度进行分析，个体根据风险认知形成风险规避、风险中立和风险寻求等风险态度，最终形成风险避免、风险转移和风险接受等风险响应（Weber et al.，2002）。风险特征是影响风险认知的关键因素。Fischhoff 等（1978）通过对灾难性、致命性、可控性、恐惧性和新奇性等 9 种风险特征进行分析，发现恐惧性和新奇性是风险认知的关键维度。在疫情疫病等突发危机事件中，Slovic（1987）从可控性与可能性探讨风险认知中的恐惧风险和未知风险；Masuda 和 Garvin（2006）将风险未知性拓展为风险可预见性、熟悉度和滞后性等，将风险恐惧性分为风险可控性、后果致命性和潜在灾难性。Leppin 和 Aro（2009）提出公众的风险认知影响其对风险响应的收益预期，从而作出保护措施等。Taglioni 等（2013）将风险认知细化为严重性、伤害性、可预防性和自我效能四个维度，分析公众风险认知如何产生风险响应。

在消费情境中，消费者对购买决策结果导致可能损失的不确定性进行主观评价，即风险认知是对购买决策不确定性的感知（Bauer，1960）。现有研究运用健康信念模型、保护动机理论、理性行动理论对风险认知进行研究，并将其作为消费者消费行为变化的解释变量，由此明确风险认知会通过影响人们的风

险态度影响其风险响应方式（Brewer et al.，2007；Carvalho et al.，2008）。基于消费者购买过程，Cox（1967）率先将风险认知归纳为财务风险与社会风险。随着研究的不断拓展，风险认知可划分为功能风险、财务风险、社会风险、身体风险和心理风险（Jacoby，Kaplan，1972）。Peter 和 Ryan（1976）进一步将风险认知拓展为产品风险、财务风险、身体风险、心理风险、社会风险和时间风险六因子。Lim（2003）对风险认知的维度进行创新，增加个人风险、供应来源风险等维度。在线消费背景下，产品或服务在消费前无法进行实体感知或触碰，提升在线交易的不确定性（Ganguly et al.，2010），电商平台信息不对称、消费者有限理性和逆向选择等致使消费者在网络交易中遭受风险损失（Keil et al.，2000）。Stone 和 Grønhaug（1993）提出，风险认知可从供应风险、功能风险、身体风险、财务风险、心理风险、社会风险、信息风险和服务风险等维度进行考量。Yang 等（2016）认为风险认知对消费者购买意愿有重要影响。

在风险情境下，为使自身不因缺乏控制感而遭受食品安全风险危害，消费者会增进自我对风险控制感的寻求并量化消费行为（张宇东等，2019）。此外，风险认知也可以被划分为产品风险、一般风险和伤害风险三种类型。其中，产品风险强调对消费特定产品存在风险的评估；一般风险是指消费者对产品风险的整体判断；伤害风险是指消费者对其使用产品而暴露于特定危害的风险的评估（Ha et al.，2019）。学者们将食品安全风险认知概括为功能型风险认知与情感型风险认知，前者指消费者对食品是否达到预期质量水平的担忧，后者指消费者预判食品带来损失的可能性（王建华、高子秋，2020）。从功能型风险认知的角度分析，产品风险是风险认知的核心维度之一，是指消费者担心所购食品是否符合预期，食用食品后所带来的额外损失（崔剑峰，2019）。网络平台交易过程区别于实体店消费，消费者无法直接接触食品，也不能通过触摸、试用和体验等得知真实的感受，故产生产品风险。供应风险是指食品经营主体在食品质量和食品安全标准等方面管理能力不足，导致消费者产生忧虑的心理反应。食品供应链较长，供应链各环节信息交流、标准衔接等过程烦琐，尤其是在食品生产、储存和销售环节容易出现交叉感染的食品安全问题。且食品在跨国跨域物流运输过程中涉及多种物流模式，容易受地震、台风和洪水等自然灾害和政治、法律、文化等社会环境影响，而使消费者产生不确定性认知（高帆，2020）。此外，食品交易过程在成本、时效和损耗方面存在风险隐患。服务风险是指因食品经营主体缺乏职业素质和管理规范，而导致食品交易过程服务质量低下等的可能性，如产生交易过程低效、售后维权缺位等现实问题（Fuchs，

Reichel，2011）。从情感型风险认知的角度分析，社会风险是指消费者所购产品无法被他人认同从而产生紧张、不安和失落等内部心理感受（Featherman，Pavlou，2003），以及担心因购买决策失误而可能受到他人嘲笑、疏远。信任风险是指空间距离和文化差异等引发的消费者对食品产生质疑态度（张梦霞、原梦琪，2020），缺乏信任将导致消费者在食品交易过程中的消极行为。文化风险是指消费者认知到因各国和各地区在政治、经济和制度等方面存在差异，而产生食品相关文化不相容等跨文化问题（田广、刘瑜，2021）。在新冠肺炎疫情防控常态化背景下，消费者对食品安全风险严重性和风险伤害程度等产生心理判断（张蓓等，2021），造成食品安全问题的根本原因是信息不对称。食品安全风险主要表现为供应质量风险、标签信息风险和物流服务风险。供应质量风险是指在产品销售过程中，各环节质量管控不严格，导致产品品质下降，具有不确定性、危害性和相对性的特征（陈钰芬，2019）。标签信息风险是指标签信息量大、所获信息并非自己所需、信息解码知识的缺乏导致消费者曲解信息（Hellerstein et al.，2013）。物流服务质量是指顾客期望与其实际感知到服务间的差距（Parasuraman，Zeithaml，1988）。食品安全风险认知对消费者行为具有显著影响。以健康信念模型出发，食品安全风险认知能够促进健康保护行为和健康促进行为意向，如保持社交距离、戴口罩以最小化健康风险（Bae，Chang，2021）。

三、消费者食品安全风险认知理论内涵

基于风险认知理论的恐惧风险与未知风险归纳消费者食品安全风险认知类型、内涵和情境，明确消费者食品安全风险认知理论内涵（见表8－1）。

表8－1　消费者食品安全风险认知理论内涵

风险认知	类型	内涵	情境
恐惧风险	风险伤害性	食品安全风险对消费者身心、财产等伤害的程度（Siomkos，Kurzbard，1994）	消费者通过电商平台购买美国美赞臣假冒奶粉，导致婴儿食用该产品后出现身体水肿等不适现象
	风险持续性	食品安全风险对消费者产生威胁的时间长度（Schoon et al.，2002）	食品外包装感染病毒风险持续威胁消费者生命安全，并使消费者处于恐慌、担忧等心理状态

（续上表）

风险认知	类型	内涵	情境
未知风险	风险涌现性	食品生产、加工及销售过程中新的、难预测的风险（Martin，Hau，2004）	2021年、2022年我国青岛等地频繁检出进口冷链食品携带新冠病毒，引发消费者焦虑、不安的心理反应
	风险隐匿性	食品安全风险不易被观察和检测，使消费者难准确认知（Moreira，2004）	电商平台将跨境非婴幼儿奶粉翻译为婴幼儿奶粉，而消费者在消费和使用的过程中难以察觉，婴儿因摄入营养不够而身体发育不良

在恐惧风险方面，一方面，消费者在食品消费过程中最为看重食品质量安全性。Grunert（2005）的研究表明，消费者对优质食品的认知体现为：味道、健康、方便和生产过程。其中，生产过程涵盖有机生产、自然生产、动物福利等。例如在食品生产过程中，若饲料添加剂等农业投入品的使用操作不当等，会对人类健康、生态环境等造成影响，使消费者产生食品安全风险认知（Damalas，Eleftherohorinos，2011）。可见，食品安全风险表征对消费者食品安全风险认知有重要影响。消费者食品安全风险认知强调个体在食用某一食品后，对其伤害健康的后果的可能性和严重性产生担忧等认知心理（Schroeder et al.，2007）。由此，风险伤害性是消费者食品安全风险认知中恐惧风险的重要因素，风险伤害性是指食品安全风险对消费者身心、财产等伤害的程度（Siomkos，Kurzbard，1994）。另一方面，风险决定论早期研究提出，风险持续性特征影响消费者风险认知差异（Cox，1967）。随着全球种植养殖数量增加，农药、化肥等投入量不断提升，其逐渐成为最重要的污染源，提升食品安全风险持续性（Zhang et al.，2015）。新冠肺炎疫情背景下，食品安全不确定性强，风险的时空界限难以精准度量，这容易引发消费者忧虑、恐惧等认知心理。由此，风险持续性是消费者食品安全风险认知中恐惧风险的重要因素，风险持续性是指食品安全风险对消费者产生威胁的时间长度（Schoon et al.，2002）。

在未知风险方面，首先，随着食品安全监测技术发展，新型食品安全风险逐渐凸显，食品安全风险类型也不断增多（Kendall et al.，2018）。加之网络交易过程具有远程性等特征，食品从异国供应、跨境流通到电商销售全程涉及诸多主体，异国食品可能遭受面源污染、生物性污染、化学性污染等食品安全风险类型影响，使食品安全风险多期叠加共振（王可山、苏昕，2018）。由此，风险涌现性是消费者食品安全风险认知中未知风险的重要因素，风险涌现性是指食品生产、加工及销售过程中新的、难预测的风险（Martin，Hau，2004）。其次，食品安全风险具有潜伏性明显等特征，如消费者难以明确蔬菜是否有农药残留、牛奶是否含三聚氰胺等，提高了食品安全风险被人类直接认知或察觉的难度。线上消费过程中，食品安全风险具有隐蔽性强、追踪难度大等特征（王妍、唐滢，2020），加深了食品安全风险的未知程度。由此，风险隐匿性是消费者食品安全风险认知中未知风险的重要因素，具体是指食品安全风险不易被观察和检测，使消费者难以对其准确认知（Moreira，2004）。

四、消费者食品安全风险认知影响因素

消费者食品安全风险认知受风险表征的综合影响。首先是物理因素，风险认知源于全球种植养殖、生产加工、跨境流通和电商销售等食品供应链环节（Howden et al.，2007）。生产加工过程中细菌污染等食品安全危机加深消费者食品安全风险认知（Yeung，Morri，2001）；生产环节可能使用的肉类替代品、色素等原料等会影响消费者食品安全风险认知（Liu et al.，2022）；生产环节异国食源性疾病、加工环节食品交叉污染和消费环节食品食用方式不当等加剧消费者食品安全风险认知（Fein et al.，2011）。Gomez-Herrera等（2014）发现跨境贸易、全球物流和在线支付系统等平台功能影响电商销售环节消费者食品安全风险认知。品牌认知度、折扣礼品、产品质量、产品广告等是降低消费者食品安全风险认知的有效方式（简予繁，2016）。其次是事理因素，政府法规标准体系建设、违法行为打击力度、安全信息公开情况对消费者食品安全风险认知均有显著影响（呼军艳，2019）。统一、集中的食品安全监管方式和完善的食品安全监管政策能够降低消费者食品安全风险认知（Maestas et al.，2020）；且消费者对政府食品安全风险监管绩效评价也会强化其食品安全风险认知（Slovic，1993）；食品欺诈、食品网络谣言等加剧食品安全信息不对称，市场失灵和社会监管缺失增加消费者焦虑，增强消费者食品安全风险认知（Mathews，Healy，2007）。再次是人理因素，消费者获取食品安全风险信息的来源、数量，以及媒体报道方式等均显著影响消费者食品安全风险认知（Rotter，1980）；Han 等（2018）发现跨境电商平台服务质量显著增强消费者食品安全风险认知，降低消费者购买跨境电商食品的意愿。跨境电商平台完整全面的信息、运行顺畅的购物系统会提升消费者对

电商平台的感知有用性和感知易用性，进而降低其对食品安全的风险认知（Hsieh，Tsao，2014）。Cardona等（2015）发现，跨境企业为谋取利益的不正当行为影响消费者的风险判断。风险中介投射论认为在风险事件的外生情境中，媒体传播、平台信号、公共服务等发布的透明信息影响个体的风险认知水平（Rotter，1980）。完备的食品安全信息制度能够破解消费者在食品消费过程中可能存在的信息不对称窘境（Mojduszka，Caswell，2000），例如，第三方认证的产品标识通过强化食品安全信息供给，能够将食品的信任品特性或体验品特性转化为搜寻品特性，向消费者传递食品品质信息，降低消费者食品安全风险认知。政府机构、医疗人员、科研工作者和社交媒体是消费者食品安全风险认知的主要信息来源。消费者对微博等社交媒体的使用及其自身的食品安全知识也会影响消费者食品安全风险认知（Mou，Lin，2014）。然而，社交媒体中存在虚假信息会降低消费者对其的信任，并提升食品安全风险认知（Thomas，Feng，2021）。此外，情感和信任等心理反应也是影响消费者食品安全风险认知的重要因素（Visschers，Siegrist，2008）。最后是环境因素，现有研究表明，食品产业所处宏观环境中的社会因素、政治因素、经济因素与技术因素等之间会发生相互作用，影响消费者食品安全风险认知（Dosman et al.，2001）。部分跨境电商平台生产经营不受我国制度监管和法律约束，导致较难实施统一的跨电商食品检测，消费者食品安全风险认知度较高（费威，2019）。文化观念与社会价值观、新技术带来的不确定性显著影响个体风险认知（Wildavsky，Dake，1990）。不确定性规避程度高和具有集体主义价值观的消费者会形成更高的食品安全风险认知（Rosillo-Díaz et al.，2019）。家庭收入、子女数量、性别、年龄、受教育程度和心理特征等个体特征因素也会影响消费者食品安全风险认知。例如，性别是最能决定消费者个人对食品安全健康问题风险认知的因素，且女性风险认知较男性高，年轻消费者比年长消费者更可能忽视食品安全风险，受教育程度高的消费者风险信息整合能力较强，更可能客观地评价风险事件（Slovic，1997；Liu，Ma，2016）。此外，风险认知受心理特征特质影响，积极情绪降低个体风险认知度，使个体能更稳定地面对危险（Slovic，2002）。

五、 本章小结

本章立足社会认知理论和风险认知理论，明确消费者食品安全风险认知理论基础。首先，明确消费者食品安全风险认知构成维度，对消费情境下消费者食品安全风险认知的内涵和划分展开深入分析，并在风险情境下和新冠肺炎疫情防控常态化背景下对消费者食品安全风险认知进行讨论。其次，基于风险认知理论的恐惧风险与未知风险复合视角，归纳消费者食品安全风险认知类型、内涵和情境，构建消费者食品安全风险认知体系，明确消费者食品安全风险认知理论内涵。最后，从物理因素、事理因素、人理因素和环境因素的综合视角，对消费者食品安全风险认知影响因素进行剖析，为后续推进消费者食品安全风险认知田野实验提供理论模型和研究基础。

第九章 消费者食品安全风险认知：来自田野实验的证据

一、研究模型与研究假设

可基于社会表征理论深入探讨消费者食品安全风险认知的形成机制。根据以往研究成果，本章将风险表征划分为表征主体（如政府监管部门）、表征客体（如风险伤害性）、表征渠道（如微博）及表征情境（如食品安全战略背景）四个维度。消费者易采用常识等对消费中产品易腐性、服务全球性、交易虚拟性等因素导致的质量不达标、监管不到位、信息不对称等食品安全风险表征进行判断，并产生风险认知。可见社会表征理论适用于消费者食品安全风险认知研究。一方面，食品安全风险事件引发社会恐慌，面对冷链食品变质腐坏等食品安全风险，消费者会产生不确定感等食品安全风险认知；另一方面，主流媒体报道失实、抖音等新媒体谣言传播等现象频现，食品安全风险交流质量低致使消费者难以分辨食品安全风险真相，加剧食品安全风险伤害性。而在食品安全风险表征中，表征客体、表征渠道分别体现风险伤害特征和风险信息交流，其与消费者所处信息环境联系最紧密，更能影响消费者食品安全风险认知。可见，引导消费者形成科学的食品安全风险认知有利于市场需求端倒逼食品供应端，夯实大食物观，优化我国居民食品结构、推进食品高质量供给体系建设，提升食品安全风险治理效能。因此本章基于社会表征理论，聚焦食品安全风险表征客体、表征渠道两个维度，展开消费者食品安全风险认知相关研究。

（一）风险表征对消费者食品安全风险认知的影响

风险表征对消费者食品安全风险认知形成有重要影响。鲁良（2021）基于突发公共安全事件视角审视个体风险认知生成机理，一方面，个体依照社会经验对风险事件进行人际传播；另一方面，在风险信息瞬息抵达的风险表征环境中，行为主体风险认知会被放大。可见，表征客体、表征渠道作为风险表征具体体现，会影响消费者食品安全风险认知。平台经济背景下，食品服务跨国性等特征提升供应链复杂性易引发恐惧情绪（费威，2019；张顺等，2020），食品安全风险表征客体具有伤害全球性、扩散快速性等特点，易使消费者对食品经营主体形成怀疑态度。此外，权威主体通报食品安全风险事件、媒体舆论传播等易造成消费者不安。渠道多元化和内容参差性导致食品安全风险表征渠道传播质量差异（吕挺等，2017）。食品携带疫病等风险事件频发更提升消费者食品安全风险认知。由此表征客体、表征渠道可作为消费者食品安全风险认知前因。

Kasperson 等（1988）提出的风险社会放大框架理论涉及风险事件性质、风险信息、风险交流渠道、社会环境等多维度，强调风险放大是风险信息源特征与相关风险信息由风险交流渠道传递后的结果，最终增强或减弱公众风险认知。面对跨境供应假冒伪劣产品事件频发等食品安全风险伤害刺激，消费者基于常识和观念，通过多元风险交流渠道接收信息，并在与不同群体观念交互等影响下，对风险进行解读后传递风险信息与自身观念，在此过程中消费者所认知到的风险会被无形放大。可见相较于食品安全风险表征客体下消费者风险认知，在历经风险的社会放大过程后，消费者认知到的食品安全风险严重程度等已经加深。信息技术发展使消费者愈息于整合并处理食品安全风险信息，小红书等新媒体发展推动食品安全风险信息传播呈现自主化特征（佘硕等，2016）。渠道多元化和内容参差性导致食品安全风险交流质量差异，消费者是食品安全风险潜在受害者，也是风险生产者和传播者，且媒体评论、专家解读及个人见解等风险信息容易借助报纸、抖音等渠道广泛传播，消费者更关注消极的风险事件，也更相信其风险信息来源（Slovic，2000）。然而，部分消费者难以正确认知食品安全风险生成原因及危害，相较食品安全风险本身，更易因误读误信引发群体恐慌、影响社会稳定，其食品安全风险认知也更易受到媒体等表征渠道影响（李明德、朱妍，2021）。可据此推测，基于消费者心理特征及新环境下各类媒体对风险信息的解读加工，消费者易忽视风险真实内容，对食品安全风险进行自主加工并形成紧张心理和恐慌情绪。由此提出以下假设：

H_1：较之表征客体危害，消费者食品安全风险认知更易受到食品安全风险表征渠道质量的影响。

（二）食品安全关注度的中介效应

面对重大食品伤害危机等风险事件，学者们常以关注度描述这些社会现象演进过程。食品安全关注度指消费者对食品是否含化学残留物、是否含添加剂，以及质量是否合格等的重视程度（Wang，Tsai，2019）。王建华和钭露露（2021）认为食品安全关注度是指消费者对食品的健康营养、质量安全等的重视程度，其能够反映消费者受食品安全信息影响后产生的信息搜索行为。食品安全关注度能反映消费者对食品安全的关心和响应力度。以往研究成果多从消费者教育水平、年龄及风险影响程度等层面研究消费者食品安全关注度。就教育水平而言，Worsley 和 Scott（2000）发现消费者的教育水平越高，其对食品安全的关注度越弱。就年龄而言，Williams 和 Keynes（2004）指出年龄越大的消费者对食品安全的关注度越高。在风险影响程度方面，备受消费者关注的食品安全风险事件会对食品行业等产生影响（De et al.，2007），如食品安全风险事件会使消费者关注并怀疑企业食品安全保障能力（应瑞瑶等，2016）。消费者利用跨境电商平台等渠道购买跨境食品时可能会面临更多风险。由此推测，食品安全关注度将影响消费者购买食品时产生的风险认知。

首先，风险表征刺激会提升消费者食品安全关注度。在食品安全风险频发等背景下消费者食品安全关注度不断提升。风险表征客体的危害程度越严重，与消费者利益相关度越强，消费者食品安全关注度也越高（De et al.，2007）。在网络环境下消费者借助各类社交媒体获取食品安全风险信息，其食品安全关注度随新闻媒体、社交媒体等表征渠道对该风险事件的报道而提升。同时食品安全谣言等伤害程度高的风险更易引发社会公众关注，消费者食品安全关注度会受转发影响而提升（Peng et al.，2015）。由此，提出以下假设：

H_2：风险表征对食品安全关注度有显著正向影响。

其次，食品安全关注度会提升消费者食品安全风险认知。在食品安全风险情境下，消费者食品安全关注度会影响其对食品选择的风险认知并减少风险行为（Yeung et al.，2010）。具体来说，消费者食品安全关注度正向影响其对食品添加剂的风险认知（山丽杰等，2016）。尤其是面对进口食品，消费者食品安全关注度对食品安全风险认知有显著正向影响，即消费者食品安全关注度越高，其风险态度越谨慎，对进口食品安全担忧程度越强。消费者对食品安全越重视，其食品安全意识越强烈，线上挑选食品时也会更谨慎，食品安全风险认知也越高。由此，提出以下假设：

H_3：食品安全关注度对消费者食品安全风险认知有显著正向影响。

最后，风险表征通过食品安全关注度影响消费者食品安全风险认知。食品安全关注度是消费者个体特征，在探究风险认知形成过程中起重要作用。在表征客体方面，风险扩散性与长期性可提升消费者风险防范意识。面对产地污染等食品安全风险，消费者越易感到威胁，对食品供应复杂性等风险认知就越敏感。在表征渠道方面，媒体对食品安全信息的关注程度、报道信息可信度等显著影响消费者食品安全风险认知（冯强、石义彬，2017）。在食品安全风险情境下，面对风险预警信息等情境，消费者越发依赖权威媒体等风险表征渠道，并强化自身食品安全关注意识，进而搜寻官方食品安全风险信息，获得知识科普。可见，消费者受到食品安全风险表征客体危害、表征渠道质量影响后，会对食品安全风险信息产生更多关注并提升其风险认知水平。因此面对食品安全风险表征，消费者会通过食品安全关注度改变其食品安全风险认知水平。由此，提出以下假设：

H_4：食品安全关注度在风险表征与消费者食品安全风险认知因果关系间具有中介效应。

（三）平台情境的调节效应

平台情境指电商平台为消费者提供的体验、互动等个性化服务环境（Wen et al.，2019）。以往研究基于在线评论、平台声誉、信息质量等维度探讨平台情境对消费者食品安全风险认知的影响。如平台情境中评论客观性等会影响在线评论可信度（孙瑾等，2020）。Wang 等（2016）认为平台声誉会对消费者产品认知产生影响。此外，平台信息质量（Wells et al.，2011）、食品标签信息丰富度（Carneiro et al.，2005）也会影响消费者食品安全风险认知。

学者们将平台情境划分为互动和支持两个维度（Voorveld et al.，2011），主要表现为线上促销、社交评论、平台声誉和食品标签丰富度（Kotler，2009）。线上促销指平台运用诱因鼓励消费。社交评论指平台设置消费者评价功能（曾慧等，2018）。首先，平台情境下平台价格折扣等线上促销情境越强，越能刺激消费者产生逐利心理而忽视食品安全风险；其次，图文评价等社交评论情境越强，消费者风险控制感越强，其食品安全关注度越低。商品销量、品牌形象体现平台声誉和平台情境，较于声誉低的平台，消费者更容易青睐声誉高的平台并减少食品安全关注度；最后，难以获取风险信息会使消费者希望了解平台是否有虚假评论等食品安全风险，其食品安全关注度越高（汪旭晖、张其林，2017）。此外，食品标签信息丰富度会影响消费者食品安全关注度。详尽完善的食品标签信息能强化平台情境、提升消费者信任（Carneiro et al.，2005）。相对于平台情境弱而言，平台情境强时食品安全风险表征渠道质量对消费者食品安全关注度影响更显著，且丰富的图文展示等能降低消费者食品安全风险警惕感和食品安全关注度。由此，提出以下假设：

H_5：平台情境在风险表征与食品安全关注度因果关系间具有调节效应。

综上所述，本章从社会表征理论出发，以风险表征（表征客体和表征渠道）为前因变量，食品安全关注度为中介变量，平台情境为调节变量，风险认知为结果变量，构建消费者食品安全风险认知研究模型（见图9－1）。

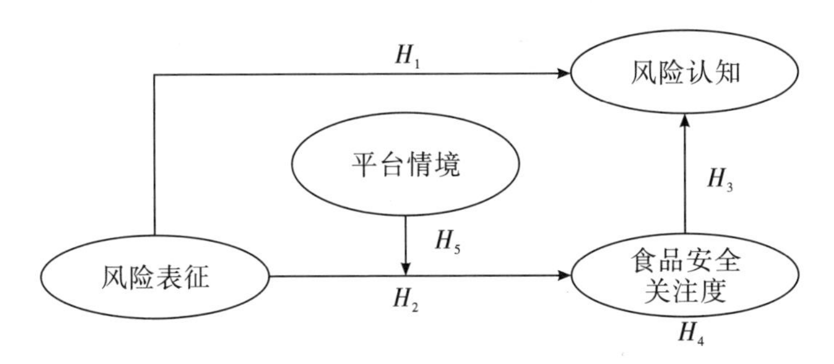

图9－1 消费者食品安全风险认知研究模型

二、以进口白虾为例的田野实验设计

（一）消费者食品安全风险认知田野实验

本章运用田野实验研究方法验证研究假设，田野实验是指立足于现实社会，将真实的人和环境纳入研究过程，探究自变量与因变量间因果关系的实验类型。田野实验法由Smith（1962）发展的实验室实验法演变而来，主要包括人为田野实验、自然田野实验和框架田野实验三种类型。相较于实验室实验，田野实验因强调在真实环境中进行，且被试不知道自己正在参与实验，能够通过较少干预观察到消费者真实感知及行为，所以其更适合消费者领域研究（Kasperson et al.，1988）。以往研究成果基于田野实验探究消费者认知形成机制等为本章提供新的思路。Wu等（2017）采用田野实验法探究消费者对卫生纸的审美感知。Wang等（2018）采用田野实验法探讨解释水平与等待时间认知间关系。由此，田野实验作为一种较为成熟的实验方法，适用于检验食品安全风险表征对消费者食品安全风险认知影响的模型研究。

（二）实验设计

借鉴以往田野实验的研究成果，本章的实验设计具体如下：

1. 实验对象选择

中国互联网络信息中心（CNNIC）发布的《中国互联网络发展状况统计报告》显示，截至2021年6月，我国网民规模达10.11亿。我国网民中20～49岁的人群占56.4%，高中以上学历网民占40.4%。跨境电商食品消费群体呈现高学历、年轻化等趋势。2020年广东省跨境电商零售进出口规模居全国首位，广州市作为广东省省会，经济发达、食品产业发展领先、跨境电商平台数量多，跨境电商食品消费群体基数大、素质较高，在全国范围内具有代表性。故本章面向广东省广州市某高校大学生群体招募实验被试，大学生群体不仅是跨境电商食品市场的购买主体，也是未来进口厄瓜多尔白虾的潜在消费主体，且对跨境电商食品购物流程较熟悉，能较好地反映消费者食品安全风险认知。

2. 实验平台选择

淘宝是我国最大的电商平台，在跨境电商平台中具有代表性，主要提供生鲜食品、休闲食品等跨境食品，其消费者食品网购经验相对丰富。为模拟真实购物环境，本章以淘宝为原型模拟跨境电商平台A，并选取平台情境强弱不同的两个进口厄瓜多尔白虾的购物链接，以推进平台情境的调节效应等实验。

3. 实验时间选择

实验选择在周末上午进行。因为休息日能招募更多被试，也能减少被试因时间紧迫而随意实验等可能性。实验时不向被试透露真实目的，以充分体现田野环境，保证数据具有随机性、可靠性，强化实验结论的有效性及推广性。

4. 实验案例选择

我国是厄瓜多尔白虾最大进口国，该白虾因个头大、肉质紧实、口感鲜甜等特点成为跨境电商“网红虾”。2020年新冠肺炎疫情全球蔓延，同年7月10日我国海关总署发布通报，进口厄瓜多尔白虾集装箱环境、货物外包装样本检出新冠病毒。由此，选择跨境电商平台A销售的进口厄瓜多尔白虾作为实验情境，能尽量模拟真实情境，具有较强代表性。

5. 研究量表设计

结合以往研究成果，本章风险认知和食品安全关注度量表题项采用李克特5级量表（见表9－1）。

表 9-1 变量测度项与文献来源

变量	题项	文献来源
风险认知（RC）	RC_1 我对跨境电商食品安全风险感到害怕	Slovic（1987）；Sparks 和 Shepherd（1994）
	RC_2 我认为跨境电商食品安全风险影响范围广	
	RC_3 我认为跨境电商食品安全风险会变得更严重	
	RC_4 我认为跨境电商食品安全风险会对后代产生影响	
	RC_5 我认为跨境电商食品安全风险会导致食品中毒等严重后果	
食品安全关注度（FSC）	FSC_1 我对跨境电商食品安全风险话题感兴趣	Fleming 等（2006）
	FSC_2 我经常与亲朋好友讨论跨境电商食品安全问题	
	FSC_3 我重视跨境电商食品安全风险报道的真实准确	
	FSC_4 我经常通过微博等媒体了解跨境电商食品安全风险信息	
风险表征（操纵）	操纵 1：我认为我所接触的材料倾向于描述风险的影响程度	
	操纵 2：我认为我所接触的材料倾向于描述风险的传播媒介	
平台情境（操纵）	操纵 1：我认为我打开的淘宝链接促销力度大，商家与消费者互动交流多，平台氛围好	
	操纵 2：我认为我打开的淘宝链接促销力度小，商家与消费者互动交流少，平台氛围差	

三、田野实验操作过程及数据检验

本章将开展三个实验以验证研究假设。实验一的目的是探究食品安全风险表征中表征客体、表征渠道对消费者食品安全风险认知的影响。实验二在证实上述影响基础上，探讨食品安全关注度的中介效应。实验三在上述研究基础上，进一步检验平台情境（平台情境强和平台情境弱）的调节效应。

（一）实验一：表征客体与表征渠道对消费者食品安全风险认知的影响

（1）实验设计。实验一采用 2（风险表征：表征客体和表征渠道）简单组间因子实验设计，以探究食品安全风险表征客体、表征渠道对消费者食品安全风险认知的影响效应。实验面向广东省广州市某高校大学生群体招募被试，选择跨境电商平台 A 进口厄瓜多尔白虾作为实验素材。我国是厄瓜多尔白虾最大进口国，厄瓜多尔白虾因个头大、肉质紧实、口感鲜甜等特点成为跨境电商“网红虾”。2020 年新冠肺炎疫情在全球蔓延，同年 7 月 10 日我国海关总署发布通报，进口厄瓜多尔白虾集装箱环境、货物外包装样本检出新冠病毒，引起社会广泛关注，因此选取其作为实验材料能够尽可能模拟真实风险情境，有较强代表性。该实验对表征客体和表征渠道的操纵主要是让被试阅读一段关于进口厄瓜多尔白虾外包装检出新冠病毒的材料。实验材料以新冠肺炎疫情背景下，跨境电商平台 A 出售的进口厄瓜多尔白虾外包装检出新冠病毒的负面新闻报道为基础而改编，从食品安全风险表征客体、表征渠道两个维度编写两组实验材料。两组实验材料均配有相应图文标题，尽可能保证两组材料所传递信息量一致。阅读结束后让被试对消费者食品安全风险认知进行评价。

表征客体材料设计如下：2020 年 7 月 10 日至 21 日期间，厄瓜多尔冻虾外包装被检出新冠病毒，海关总署紧急暂停该类产品进口，该事件危害程度高、扩散性强，易引发食品安全网络谣言，引起社会恐慌，加深消费者食品安全风险认知。该事件的发生反映出跨境电商平台存在众多问题，如跨境电商平台商家准入门槛低、跨境电商食品产地不明、食品标签信息不对称、检验检疫能力有限、跨境电商平台服务质量低、消费者退货换货难及投诉维权难等。

表征渠道材料设计如下：2020 年 7 月 10 日至 21 日期间，中央电视台、《中国日报》等权威媒体深入报道“厄瓜多尔冻虾包装有新冠病毒”事件，聚焦进口冷链食品是否作为新冠病毒感染源等热点话题。微博、抖音等社交媒介多次发布“厄瓜多尔白虾外包装检出新冠病毒”等话题，引发社会热议，其中微博话题阅读量突破 7 亿次，31 万人参与转发评论，网友围绕“进口海鲜能不吃就不吃”“海鲜不标注进口或生产来源国”等内容展开热烈讨论；抖音短视频播放量超 11 亿。

（2）实验流程。实验一提前设计包含实验文字材料、图片、真实跨境电商进口厄瓜多尔白虾购物链接及调查问卷的实验网页链接，邀请 97 名在校大学生作为被试参加实验（包括 53 名女生，年龄介于 20 ~ 26 岁）。同时告知被试实验前提：小王曾为某高校经济管理学院毕业生，现是淘宝平台某跨境电商食品店店主。本次实验是为帮助其了解跨境电商食品市场需求，扩大跨境电商食品经营规模，以更好制定经营策略的市场调研活动。本章实验不透露实验真实目的以充分体现田野环境。

首先，被试打开实验网页链接，随机点击页面上抽签方块，通过抽签方式将被试随机分配到表征客体组与表征渠道组。然后被试阅读所在组别的实验文字材料及图片，即表征客体组看到的是表征客体材料，表征渠道组看到的是表征渠道材料，并让他们对上述风险情境作出选择。之后，被试填写消费者食品安全风险认知量表。根据 Slovic（1987）、Sparks 和 Shepherd（1994）的研究，结合食品安全风险情境改编，实验一采用“我对跨境电商食品安全风险感到害怕”等5个题项测量消费者食品安全风险认知，题项采用李克特5级量表。为隐藏真实目的，被试在页面指示下选择是否愿意购买该进口厄瓜多尔白虾及自己喜欢的食品，并让被试猜测实验一目的以保证田野实验真实性。最后被试填写人口统计信息，实验结束时研究人员向每位被试表示感谢。

（3）数据分析。

①操纵性检验。实验一设置选择题“我认为我所接触的材料倾向于描述风险的：A. 影响程度；B. 传播媒介”以检验操纵是否成功，并根据这一题项剔除回答错误样本，剩余样本均符合实验要求。其中，剔除不符合实验要求的样本28份，剩余有效样本69份（30位女性，年龄介于20~26岁）。

②信度检验。实验一借助 SPSS 26.0 数据分析软件的可靠性分析处理实验数据，运用 *Cronbach*'s α 值检验消费者食品安全风险认知量表信度。结果显示，消费者食品安全风险认知的 *Cronbach*'s $\alpha = 0.818$，大于0.7，表明量表内部一致性很好，即消费者食品安全风险认知量表具有较高的信度。

③假设检验。实验一通过单因素方差分析对消费者食品安全风险认知进行检验分析。结果表明，食品安全风险表征的主效应显著。表征渠道组被试的食品安全风险认知均值远高于表征客体组被试［$M_{表征渠道组} = 3.449$，$SD = 0.566$；$M_{表征客体组} = 3.150$，$SD = 0.622$；$F(1, 67) = 4.320$，$p = 0.042 < 0.05$］，即相较于食品安全风险表征客体，表征渠道导致消费者具有更高的食品风险认知，假设 H_1 得到验证。

（二）实验二：食品安全关注度的中介效应

（1）实验设计。实验二采用2（风险表征：表征客体和表征渠道）简单组间因子实验设计检验假设，在实验一的基础上，深入考察食品安全关注度的中介作用。对表征客体和表征渠道的操纵与实验一相同。阅读结束后让被试填写食品安全关注度和消费者食品安全风险认知的评价。

（2）实验流程。实验二邀请95名在校大学生作为被试参加实验（包括42

名女生，年龄介于20~26岁）。实验二的实验网页链接设计和实验一的基本相同，实验二的不同之处在于调查问卷中加入食品安全关注度的测度量表。首先，被试打开实验网页链接，随机点击页面上的抽签方块，通过抽签将被试随机分配到表征客体组和表征渠道组。然后，被试阅读所在组别的实验文字材料及图片，并让他们对上述风险情境作出选择。最后，被试在网页指引下对其食品安全关注度和风险认知进行评价。根据Fleming等（2006）的研究，结合食品安全风险情境进行改编，实验二采用“我对跨境电商食品安全风险话题感兴趣”等4个题项测度食品安全关注度，题项采用李克特5级量表。为隐藏实验真实目的，被试会在页面指示下选择是否愿意购买该进口厄瓜多尔白虾以及自己喜欢的食品，并让其猜测实验二的目的，以保证田野实验真实性。最后，被试填写人口统计信息，实验结束时研究人员向每位被试表示感谢。

（3）数据分析。

①操纵性检验。实验二设置选择题“我认为我所接触的材料倾向于描述风险的：A. 影响程度；B. 传播媒介”以检验操纵是否成功，并根据该题项剔除回答错误样本，剩余样本均符合实验要求。其中，剔除不符合实验要求的样本23份，剩余有效样本72份（包括31位女性，年龄介于20~26岁）。

②信度检验。实验二运用*Cronbach*'s α值检验食品安全关注度、消费者食品安全风险认知量表信度。结果显示食品安全关注度、消费者食品安全风险认知的*Cronbach*'s α分别为0.715和0.732，均大于0.7，该量表内部一致性较好。即食品安全关注度和消费者食品安全风险认知量表信度较好。

③假设检验。实验二通过单因素方差分析对消费者食品安全风险认知进行检验。结果表明，食品安全风险表征主效应显著。表征渠道组被试的食品安全风险认知均值高于表征客体组被试［$M_{表征渠道组}=3.789$，$SD=0.448$；$M_{表征客体组}=3.500$，$SD=0.626$；$F(1, 70)=5.066$，$p=0.028<0.05$］，即相较食品安全风险表征客体，表征渠道导致消费者有更高的食品安全风险认知，因此，假设H_1再次得到验证。此外，以风险表征为自变量，食品安全关注度为中介变量，消费者食品安全风险认知为因变量，参照Hayes的Process程序对食品安全关注度的中介效应进行检验，并通过Bootstrap方法选择模型4（Model 4为简单的中介模型），重复抽样5000次，在95%置信区间下检验中介效应（见表9－2）。结果表明（见表9－3），风险表征对食品安全风险认知有显著正向影响，$B=0.2880$，95% $C.I.=[0.0093, 0.5667]$（不包含0），$SE=0.1394$，$t=2.0659$，$p=0.0430<0.05$。风险表征对食品安全关注度有显著正向影响，$B=0.3887$，

95% C. I. =[0.1537, 0.6238](不包含0), SE=0.117 6, t=3.3059, p=0.0016<0.05，即风险表征促进食品安全关注度的形成，假设 H_2 成立。食品安全关注度对食品安全风险认知有显著负向影响，B=−0.3275，95% C. I. =[−0.6193, −0.0358](不包含0)，SE=0.1459，t=−2.2452，p=0.0284<0.05，即食品安全关注度对消费者食品安全风险认知的形成有显著削弱作用，假设 H_3 不成立。当控制食品安全关注度后，风险表征对食品安全风险认知的直接影响仍显著，B=0.4153，95% C. I. =[0.1224, 0.7083]（不包含0），SE=0.1649，t=2.8350，p=0.0062<0.05。

表9−2　食品安全关注度的中介效应检验

	风险表征		风险认知		食品安全关注度	
	t	p	t	p	t	p
性别	−0.9113	0.3657	−0.2515	0.8023	−2.4351	0.0178
是否有未成年人或高于60岁的老人	1.6808	0.0979	1.5074	0.1368	0.448	0.6557
4000元以下	−1.1254	0.2648	−1.5936	0.1161	1.7273	0.0891
4000~6000元	−0.0307	0.9756	−0.4573	0.649	1.5456	0.1273
6000~8000元	−1.1881	0.2394	−1.4774	0.1446	1.1375	0.2597
8000~12000元	−0.0904	0.9283	−0.8745	0.3852	2.8285	0.0063
R^2	0.2348		0.1715		0.3394	
F	1.8713		1.4262		3.5397	

表9−3　总效应、直接效应、中介（遮掩）效应分解表

	Effect	*BootSE*	*LLCI*	*ULCI*	效应占比（%）
总效应	0.2880	0.1394	0.0093	0.5667	
直接效应	0.4153	0.1465	0.1224	0.7083	
中介（遮掩）效应	−0.1273	0.0654	−0.2964	−0.0320	30.64

由表9−3可见，直接效应（c'）与间接效应（ab）符号相反，总和变小，总效应被遮掩。温忠麟和叶宝娟（2014）将这种现象称为“遮掩效应”(Suppressing Effect)，结合本章研究情境，表现为食品安全风险表征对消费者食品安全风险认知的直接效应为正，而通过食品安全关注度影响消费者食品安全风险认知的间接效应为负（见图9−2）。此时遮掩效应占总效应比例为 $|ab/c'| = |-0.39\times0.33/0.42|\times100\% = 30.64\%$，故假设 H_4 不成立。

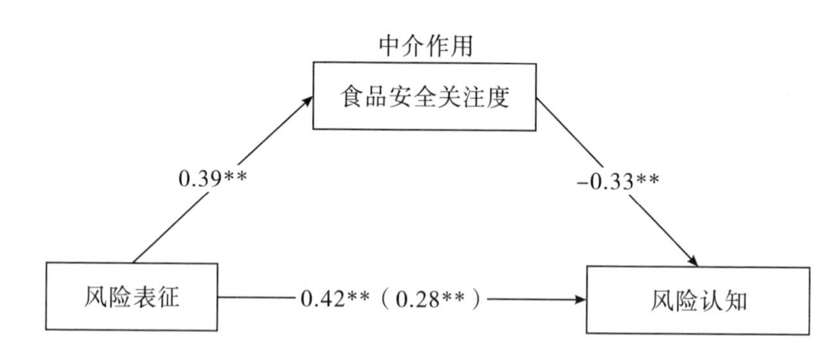

图9-2 食品安全关注度的中介效应检验路径系数图

（三）实验三：平台情境的调节效应

（1）实验准备。借鉴跨境电商平台商家信息和Koufaris与Hampton-Sosa（2004）的研究结论，实验三从平台声誉、线上促销、社交评论等维度在淘宝天猫国际平台选取两个平台情境强弱不同的进口厄瓜多尔白虾购物链接。淘宝是我国最大电商平台，在跨境电商平台中有代表性，其跨境食品种类有生鲜食品、休闲食品等，其食品消费者网购经验丰富。为模拟购物环境，本章选择淘宝这一实验平台。

平台情境强材料设计如下：A为知名的跨境电商食品平台，拥有非常好的平台口碑和市场占有率。该平台在购物页面不仅设置图文评价、问答、店铺推荐和商品详情等栏目以展示消费者对进口厄瓜多尔白虾质量好坏、物流快慢、服务优劣等的评价，且通过"买家秀"激励消费者晒出进口厄瓜多尔白虾的新鲜状态以及制成美食后的图片和视频，以分享其购物体验，此外，该平台开展互动点赞、专业点评以及邀请消费者加入购物交流群等活动，平台气氛积极活跃。

平台情境弱材料设计如下：A为不知名的跨境电商食品平台，平台口碑一般，市场占有率较低。该平台在购物页面设置的图文评价、问答、店铺推荐和商品详情等内容形式较为单一，消费者缺乏社交互动渠道，消费者对进口厄瓜多尔白虾的评价数量、评价角度较少，消费者的评论活跃度不高，评论内容多以文字呈现，缺乏产品配图、追评和答复，消费者的购物体验分享点赞少，且该平台未提供消费者购物交流群等互动服务，平台气氛较为沉闷。

（2）实验设计。实验三采用2（风险表征：表征客体和表征渠道）×2（平台情境：平台情境强和平台情境弱）组间设计，在上述研究基础上检验平台情境（平台情境强和平台情境弱）的调节效应，实验三对风险表征的操纵设计和实验一、实验二一致。

（3）实验流程。实验三邀请178名在校大学生作为被试参加实验（包括92名女生，年龄介于20~26岁）。实验三基于实验一、实验二的实验网页链接，在实验文字材料后插入淘宝平台进口厄瓜多尔白虾购物链接，并在调查问卷中加入食品安全关注度测度量表。首先，被试打开实验网页链接，随机点击页面上抽签方块，通过抽签将被试随机分配到表征客体×平台情境强、表征客体×平台情境弱、表征渠道×平台情境强、表征渠道×平台情境弱四个实验组。然后，被试阅读所在组别的实验文字材料及图片，并对上述风险情境作出判断。在页面指引下，被试打开淘宝平台真实的进口厄瓜多尔白虾购物链接，浏览该食品的产品图片或视频展示、社交评论、宝贝详情等信息。之后，被试在页面指引下对平台情境、食品安全关注度和风险认知进行判断。为保证田野实验真实性，被试在页面指示下选择是否愿意购买该进口厄瓜多尔白虾以及自己喜欢的食品，并让被试猜测实验三的目的。最后被试填写人口统计信息，实验结束时研究人员向每位被试表示感谢。

（4）数据分析。

①操纵性检验。实验三设置风险表征操纵题“我认为我所接触的材料倾向于描述风险的：A. 影响程度；B. 传播媒介”，及平台情境操纵题“我认为我打开的淘宝链接：A. 促销力度大，商家与消费者互动交流多，平台氛围好；B. 促销力度小，商家与消费者互动交流少，平台氛围差”，以检验操纵是否成功，并根据这两个题项剔除回答错误样本，剩余样本均符合实验要求。其中，剔除不符合实验要求的样本40份，剩余有效样本138份（包括63位女性，年龄介于20~26岁）。

②信度检验。实验三运用*Cronbach's* α值检验食品安全关注度、消费者食品安全风险认知量表信度。结果显示，食品安全关注度和消费者食品安全风险认知的*Cronbach's* α值分别为0.766和0.855，大于0.7，即食品安全关注度和消费者食品安全风险认知量表信度较好。

③假设检验。实验三通过单因素方差分析检验消费者食品安全风险认知。结果表明，食品安全风险表征主效应显著。表征渠道组被试的食品安全风险认知均值远高于表征客体组被试［$M_{表征渠道组}=3.682$，$SD=0.570$；$M_{表征客体组}=3.463$，$SD=0.721$；$F(1, 136)=3.938$，$p=0.04<0.05$］，即相较食品安全风险表征客体，表征渠道使消费者有更高食品安全风险认知，假设H_1再次得到

验证。此外，以风险表征为自变量，平台情境为中介变量，食品安全关注度为因变量，参照 Hayes 的检验方法，本章将表征客体组编码为1、表征渠道组编码为0、平台情境强组编码为1、平台情境弱组编码为0，利用 PROCESS 程序检验平台情境的调节效应，并通过 Bootstrap 方法选择模型1，重复抽样5000次，在95%置信区间下检验调节效应。结果表明（见表9－4），风险表征、平台情境的交互项有统计学意义（系数为－0.5086；置信区间［－0.9132，－0.1040］，不包含0；$p=0.0141<0.05$）。因此，风险表征与食品安全关注度间的关系受到平台情境影响，且平台情境起负向的调节效应，表示作为自变量的风险表征与作为因变量的食品安全关注度之间的正向。对于平台情境强组，平台情境的负向调节效应显著（置信区间［－0.7043，－0.0921］，不包含0）；对于平台情境弱组，平台情境的负向调节效应不显著（置信区间［－0.1542，0.3749］，包含0）。表明相较平台情境弱，平台情境强时风险表征对食品安全关注度的影响更显著，即平台情境有显著负向调节效应，假设 H_5 得到验证。

表9－4 调节效应检验

	系数	标准误差	t 值	显著性	区间下限	区间上限
常量	0.0774	0.0831	0.9322	0.3529	－0.0869	0.2417
平台情境	－0.3349	0.1275	－2.6262	0.0096***	－0.5872	－0.0827
风险表征	0.1104	0.1338	0.8252	0.4107	－0.1542	0.3749
风险表征×平台情境	－0.5086	0.2046	－2.4862	0.0141**	－0.9132	－0.1040
R		0.0490				
R^2		0.2440				
F		11.9638				

注：**表示 $p<0.05$，***表示 $p<0.01$（双尾）。

（四）讨论

本章采用田野实验研究方法探究食品安全风险表征对消费者食品安全风险认知的影响，分别设计三个子实验检验前因变量风险表征（表征客体和表征渠道）、中介变量食品安全关注度、调节变量平台情境与结果变量消费者食品安全风险认知之间的关系，并进一步得出实验结果。本章研究结果讨论如下：

实验一研究发现，食品安全风险表征的主效应显著，食品安全风险表征对消费者食品安全风险认知有显著影响，消费者对食品安全风险表征渠道的风险认知评价较表征客体更高。这一结论与赖泽栋和曹佛宝（2016）从风险传播渠道出发探究公众食品安全风险认知的研究结果一致，说明不同风险表征对消费者食品安全风险认知的影响存在差异，社会环境中的食品安全风险信息庞杂，表征渠道传播更能强化消费者对食品安全风险的危机感。表征客体对消费者食品安全风险认知的影响不如表征渠道，可能是因为随着我国国内疫情逐渐平稳，消费者对疫情下食品安全风险事件认知逐渐淡化，但表征客体也能对消费者食品安全风险认知产生影响。

实验二检验发现，食品安全风险表征对食品安全关注度有正向显著影响，食品安全关注度对消费者食品安全风险认知有负向显著影响。食品安全关注度在食品安全风险表征影响消费者食品安全风险认知的过程中发挥“遮掩效应”，即食品安全风险表征通过食品安全关注度影响消费者食品安全风险认知的间接路径削弱了食品安全风险表征对消费者食品安全风险认知的直接影响路径。当出现“遮掩效应”时，中介模型的建模逻辑应从传统中介模型“*X* 如何影响 *Y*”转变为“*X* 为何不影响 *Y*”（温忠麟、叶宝娟，2014）。结合本章研究情境，在食品安全关注度的影响下，食品安全风险表征不影响消费者食品安全风险认知的原因可能是：一方面，信息不对称性的减少。新零售新电商的发展疏通了信息传播渠道，逐步改善食品安全风险信息不对称情境。消费者对食品安全关注的程度越高，其掌握的食品安全风险信息越全面科学，会增强风险控制感并降低风险恐惧感（杨鸿雁等，2020），使食品安全关注度“遮掩”了食品安全风险表征对消费者食品安全风险认知的影响。另一方面，我国食品安全风险的治理取得有效进展。政府采取积极措施防控如智利车厘子等食品外包装存留病毒等风险，央视等权威媒体及时披露相关信息，使消费者在持续保持食品安全关注度时出现“脱敏”现象，即消费者对食品安全风险的负面影响不再敏感，对政府等主体开展食品安全风险的治理持乐观态度，由此使食品安全关注度在食品安全风险表征与消费者食品安全风险认知关系间发挥“遮掩效应”。

实验三结果表明，平台情境在风险表征与食品安全关注度的关系间发挥负向调节效应，说明较之平台情境弱，平台情境强时，风险表征会使消费者食品安全关注度越来越低。这与李健生等（2015）、汪旭晖和郭一凡（2020）等探讨商家声誉、在线评论等平台情境对消费者食品安全风险认知的影响的研究结果一致。即当消费者在促销力度较大及内容丰富的评论信息等强烈的平台情境下，消费者食品安全风险认知不确定性降低，其食品安全关注度会减弱。反之，平台内食品促销力度较小、互动稀少会引起消费者对该食品质量的怀疑。

四、研究结论与管理启示

（一）研究结论

消费者食品安全风险认知对促进食品产业可持续发展尤为重要。本章对食品安全风险表征与消费者食品安全风险认知之间的关系展开深入探讨，检验前因变量风险表征（表征客体和表征渠道）、中介变量食品安全关注度及调节变量平台情境间的关系，并基于进口厄瓜多尔白虾外包装样本检出新冠病毒的真实案例制作实验材料，设计田野实验以获取实验数据。具体结论如下：①食品安全风险表征对消费者食品安全风险认知具有直接影响作用，食品安全风险表征渠道较表征客体，对消费者食品安全风险认知的影响作用更显著。②食品安全风险表征对食品安全关注度有正向显著影响，食品安全关注度对消费者食品安全风险认知有负向显著影响。食品安全关注度在食品安全风险表征与消费者食品安全风险认知关系中发挥“遮掩效应”，即食品安全风险表征通过食品安全关注度对消费者食品安全风险认知的间接影响削弱了风险表征对消费者食品安全风险认知的直接影响。③平台情境在风险表征与食品安全关注度的关系间起负向调节效应，即相较于平台情境弱，平台情境强时，食品安全风险表征对食品安全关注度的影响更弱。

（二）理论贡献

基于上述研究结论，本章的理论贡献如下：①划分了表征客体、表征渠道两种食品安全风险表征类型。已有研究成果主要从企业、政府等单一视角，围绕产地环境、投入品等探究食品安全风险认知。本章采用社会表征理论，将风险表征归纳为表征主体、表征客体、表征渠道和表征情境四个类型，并借助田野实验研究方法开展线上实验。针对我国食品安全风险现状，侧重探究了表征客体、表征渠道对消费者食品安全风险认知的影响，弥补了研究空白，对拓展食品安全风险相关研究有一定的补充及推动作用。②探索了表征客体、表征渠道两种食品安全风险表征对消费者食品安全风险认知的作用机制和边界条件。本章发现食品安全关注度在食品安全风险表征对消费者食品安全风险认知的影响过程中发挥“遮掩效应”。针对此现象，本章进一步解释了在疫情防控常态化背景下，消费者对食品安全风险事件的风险认知减弱的原因，并从强、弱两个方面考察了平台情境的调节效应，为消费者食品安全风险认知研究提供理论借鉴，是对食品安全风险治理的有力补充。③创新性地采用了田野实验研究方法，设计实验网页及问卷开展消费者食品安全风险认知研究，以保证研究数据具有随机性与可靠性，为开展消费者食品安全风险认知等心理特征的相关研究提供实践经验。

（三）管理启示

引导消费者形成科学的食品安全风险认知是食品安全风险管理的重要目标。基于上述理论分析和实证结果，得出以下四点管理启示：①畅通风险传播渠道，促进食品安全信息共享。一是畅通风险信息传播渠道。推动媒体与政府部门、跨境电商平台等主体联动，实时更新国内外食品安全事件信息，创新食品安全风险信息联合辟谣机制，提升谣言治理能力。二是搭建风险信息共享平台。运用权威媒体、社交媒体等多元平台，借助物联网等信息技术，助力食品安全风险信息交流及时，提升消费者食品安全风险辨识度。此外，注重培养社交媒体、大众媒体等传播渠道的责任意识与媒介素质。三是增强风险舆论监管能力。督促政府监管部门及时公示信息、精准报道，提高食品安全风险信息公开性和透明度，鼓励消费者互动参与，及时举报食品经营主体虚假宣传等违法行为，提升食品安全风险舆论监督效能。②落实平台主体责任，优化食品消费情境建设。一是主动担责，践行优良经营理念，履行维护食品安全的职能，及时开展风险沟通、披露质量信息，协同强化品控、跨境物流及服务等体系建设。二是着力优化平台情境，提升消费者网购体验。注重优化线上促销、在线评论等功能，有效传递平台食品优良质量信号及促销信号，营造和谐有序的平台情境。如健全平台自媒体运营体系，发布食品相关图文或视频，借助激励手段，引导消费者对食品属性特征进行真实评论、点赞或转发，多途径多维度提升平台情境。三是完善食品信息展示，保障风险信息对称。在购物页面展示食品物流动态等信息，向消费者明示食品来源、生产日期等标签信息，并履行提醒和告知义务，缓解消费者食品安全风险认知。③加强宣传科普知识，增强消费者食品安全风险意识。一是提升食品安全知识科普合作力度。政府等多方主体积极推动食品安全宣传公益化和制度化，强化食品安全知识全民科普。线上引导权威媒体、社交媒体定期更新食品安全知识等科普文章或视频，举办知识竞答等活动；线下推广食品安全风险维权热线，面向社区、学校等重点场所发放宣传单等读物，营造良好食品安全知识学习氛围。二是促进消费者互动，提升其食品安全风险规避意识，并引导其通过权威媒介关注全面科学的食品安全风险信息，增强风险辨识能力。④健全社会共治机制，推动风险多方联动治理。推动跨境电商食品平台及相关企业、政府、第三方机构、媒体和消费者等多方主体参与食品安全风险治理，缓解消费者食品安全风险认知。就跨境电商平台及相关企业等食品经营主体而言，应明确食品供应主体的治理地位，增强社会责任意识，严控食品质量，注重优化平台情境。就政府而言，应加强食品安全规范化管理，严厉打击食品安全违法行为，国家市场监督管理局、海关总署等部门应建立食品入关检疫、跨境流通、平台销售等全环节可追溯体系，实施风险全程监管。就第三方机构而言，应积极为食品安全检验检测提供所需的专业知识和技术支持，发挥食品安全风险预警、风险评估和风险监测等职能。就媒体而言，应通过科学的防疫解读、风险解读引导消费者食品安全风险认知。此外消费者应自觉关注食品安全知识，增强食品安全风险辨识及防控能力。

五、 本章小结

本章开展消费者食品安全风险认知田野实验，明确消费者食品安全风险认知形成机制。基于社会表征理论，以厄瓜多尔进口白虾为实验材料，以食品安全风险表征（表征客体和表征渠道）为前因变量，食品安全关注度为中介变量，平台情境为调节变量，消费者食品安全风险认知为结果变量，构建消费者食品安全风险认知研究模型，通过风险表征分组实验和平台情境分组实验，揭示消费者食品安全风险认知形成机理。研究结果表明，食品安全风险表征直接影响消费者食品安全风险认知，消费者对食品安全风险表征渠道质量的风险认知评价较表征客体危害更高；食品安全关注度在食品安全风险表征与消费者食品安全风险认知的关系间发挥“遮掩效应”；平台情境在食品安全风险表征与食品安全关注度的因果关系间有负向调节效应。由此提出畅通风险传播渠道、落实平台主体责任、加强宣传科普知识、健全社会共治机制等管理启示。

第三编

消费者食品安全风险响应

第十章　消费者食品安全风险响应理论基础

一、“认知—态度—行为”理论与消费者响应理论

（一）“认知—态度—行为”理论

“认知—态度—行为”理论源于计划行为理论，该理论认为行为意图是影响亲环境行为的关键变量，并指出多种因素影响个体的行为意图（Mehrabian，Russell，1974）。由此，“认知—态度—行为”理论认为，人们对于某一行动的态度取决于其对起因和影响的认知，而态度对于行为意愿具有很强的预测作用（Han，Xu，2020）。在消费情境中，消费者在客观风险下形成的认知深刻影响其态度及行为。“认知—态度—行为”理论将个体内部认知活动与外部行为相联系，目前已被广泛运用于信息行为、危机应对、在线消费等领域，在探究在线用户追评信息使用行为（邓卫华等，2018）、恐慌性购买行为（Ma，Liao，2021）、持续购买意愿（Ghouri et al.，2021）等方面发挥重要作用。此外，Qiu等（2021）从生态环境保护视角研究剖析了“认知—态度—行为”理论的逻辑内涵，研究表明，生态环境保护认知和保护态度对保护行为有显著正向影响，态度在认知影响行为的路径中起中介作用。在消费情境下，消费者在产品交易的购前、购中和购后阶段，均会产生不同的风险认知和内在态度，并据此形成订单支付、确认收货和好评回购决策（Wang et al.，2022）。在食品安全领域，“认知—态度—行为”理论多用于探究绿色食品购买意愿（Nguyen et al.，2019）、食品安全投诉行为（王志刚等，2020）等形成的内在机制。此外，食品安全的信息传播及沟通对公众食品安全认知、态度和行为等均会产生重要影响，当新闻媒体对食品安全风险事件进行重点报道和披露时，消费者会认知到食品安全风险的危害性并降低自身食品安全感，最终提升应对风险的积极性（马亮，2015）。从消费心理视角出发，消费者健康意识觉醒和从众行为会通过影响其原有杂粮消费态度，驱动消费者追求更加健康的饮食结构和更高的生活品质，进而促进杂粮消费决策（黄毅祥等，2022）。由此，可基于“认知—态

度—行为”理论，对消费者食品安全风险响应展开深入分析，为明确消费者食品安全风险响应提供理论基础。

（二）消费者响应理论

消费者响应是消费者行为学领域中十分重要的概念，消费者响应理论强调企业营销过程中的零售环境、产品特性等因素对消费者所产生的影响（Robert，John，1982）。Davis（1994）以态度和行为的综合视角厘清消费者响应的内涵，并探究企业环保类广告对消费者企业态度及产品购买行为等消费者响应的作用机制。Laroche 等（2003）探究企业营销中“优惠券”和“买一送一”两种促销方式对消费者响应的差异化影响。Steenis 等（2017）基于线索利用理论，研究产品包装材料和图案对产品评价等消费者响应的作用。郑思尧和孟天广（2022）将消费者响应理论应用于危机情境，提出在公共危机背景下，政府及时公开信息可通过改变风险认知来提升民众风险响应的能力。现有研究在消费者行为、风险评估、产品营销等领域对消费者响应理论展开深入探索，以探究产品消费意愿（Liu，Zheng，2019）、产品风险应对方式（Cox et al.，2010）、产品差异化促销活动效果（Lowe，2010）。进一步说，面对品牌和企业的负面信息，消费者可能对其风险认知进行诊断，并采取态度矛盾的风险响应方式，最终影响其食品重复购买行为（Ahluwalia et al.，2000）。在产品召回危机的影响下，消费者会深度参与风险事件的讨论以开展风险响应（Choi，Lin，2009）。在食品安全领域，消费者响应理论多用于探究消费者在疫病食品召回情境下的食品安全风险信息搜寻行为（Shepherd，Saghaian，2008），酸奶标签影响下的信息搜索行为及食品理性选择行为（Ares et al.，2014），食品食用风险—收益评估信息影响下的消费者多脂鱼食用意愿形成机制（Hoek et al.，2017），健康信息影响下海产品消费频率和海产品可持续购买频率的形成机制（Jacobs et al.，2018），环境污染情境下的食品购买行为（Cembalo et al.，2019），对转基因食品的态度和接受程度（Jin et al.，2022）。随着消费者对食源性疾病的食品安全风险容忍度不断提升，他们会产生降低食品支付意愿的风险响应方式，而对于最初食品安全风险认知程度较高的消费者来说，他们的食品支付意愿反而会随着风险容忍度的增加而增加（Brown et al.，2005）。面对遭到大肠杆菌污染的菠菜，消费者会提升对食用菠菜健康风险的评估，并采取降低新鲜菠菜消费量，转而消费生菜等蔬菜的食品安全风险响应方式（Arnade et al.，2009）。

可见，消费者响应理论以整体视角探究消费者对食品安全风险产生的内部心理态度和外部行为反应，这既是在“认知—态度—行为”理论基础上，对消费者面对食品安全风险所形成的态度和行为的合理归纳，也为厘清消费者对食品安全风险所产生的综合反应提供理论基础。

二、 消费者食品安全风险响应构成维度

（一） 食品安全风险事件下的消费者响应

消费结构转型背景下消费者响应是消费者态度与行动意愿的综合表现（Bucklin et al.，1998）。在食品召回事件中消费者响应表现为对风险信息认知后产生的情绪、态度与行为意愿。消费者面临基因工程等新型食品安全技术风险，为保护健康而可能停止购买（Baker，2003）；消费者食品安全风险认知导致其产生不同的风险响应方式，消费者可能产生继续购买并承受风险等内部心理反应，也可能产生停止购买、降低购买频率或数量、消费替代品等外部行为反应。面对滥用甜味剂等食品添加剂事件，消费者响应主要体现为提升食品安全素养、主动选购安全食品等行为（Wu et al.，2013）；受微生物病原体中毒事件威胁，消费者响应主要表现为风险控制感及口碑评论等（Ha et al.，2019）。信息实时互动、食品可视化展示等新零售营销方式推动消费者信息搜寻、体验分享等行为（刘洪伟等，2018）。受新冠肺炎疫情影响，消费者响应体现为增加生鲜电商平台支付意愿等（Marinković，Lazarević，2021）。此外，在泰国进口虾滥用抗生素、孟加拉国冷冻鱼违规添加甲醛防腐剂等食品安全风险情境下，消费者停止购买并产生食品安全信息搜寻、食品标签学习等健康促进行为（Hoque，Myrland，2022）。

（二） 消费者食品安全风险响应维度划分

消费者响应是消费者对产品和服务形成整体认知后相应产生的态度、意愿和行为（Bloch，1995）。态度（Attitude）—情境（Context）—行为（Behavior）理论（以下简称“ACB 理论”）认为，消费者从态度到行为的转变过程中受外部情境因素影响，即个体行为发生是个体态度与其所处情境相互作用的结果（Hou et al.，2021）。食品安全风险情境下消费者响应表现为相关的态度与行

为。Folkman 和 Lazarus（1980）将风险情境下的消费者响应分为问题聚焦型响应与情绪聚焦型响应；Carver 等（1989）将消费者响应分为消极响应与积极响应。Martin（2002）认为，消费者对产品伤害危机产生焦虑、愤怒等消极心理，形成转移购买、负面口碑等行为风险响应。面对动物饲料中违规添加硝基酚农药，以及食品中的丙烯酰胺超标等食品安全风险事件，消费者会降低食品安全信心，并产生信息搜寻、品牌选择、替换食品及减少消费等行为响应（De Vocht et al.，2015）。在黄瓜大肠杆菌污染食品安全事件中，消费者因缺乏食品安全风险应对能力而产生恐惧、焦虑与自我怀疑等消极情绪及负面口碑、逃避问题等消费者响应；反之，如果消费者感知有能力应对风险，则产生乐观态度、搜寻信息等风险响应（Gaspar et al.，2016）。问题食品召回事件中，消费者对及时主动沟通和道歉等企业危机应对策略会产生继续购买等积极响应；反之，消费者对企业道德失范会产生负面口碑及停止购买等消极响应（Brunner et al.，2019）。安全认证猪肉特征等消费情境促进消费者对猪肉的消费信心向购买意愿转变（王建华、王缘，2021）。新冠肺炎疫情情境下，受到经济衰退、服务限制和媒体信息等影响，消费者食品安全风险响应表现为恐惧、厌倦等负面态度，以及增加必需品购买频率、冲动购买及囤积消费等外部行为响应（Güngördü，2022）。由此，风险情境下的消费者响应可理解为消费者为规避食品安全风险所采取一系列理性或情感响应措施。消费者风险响应是指个体在风险威胁下所产生的心理反应与行为措施，即体现为基于消费者风险认知，积极或消极的情感、情绪、态度等内部心理反应，以及由此产生的信息搜寻等外部行为。消费者风险响应可归纳为内部响应与外部响应两个维度，采用态度和意识度量消费者内部响应等心理状态；用购买意愿、信息参与等测度消费者外部响应，明确消费者行为倾向等现实反应（Kim et al.，2013）。

三、消费者食品安全风险响应理论内涵

将消费者响应研究成果应用到食品安全风险情境，明确消费者食品安全风险响应理论内涵（见表 10－1）及消费者食品安全风险内部响应与外部响应内涵、类型与情境，为消费者食品安全风险响应决策分析提供理论依据。

表 10－1　消费者食品安全风险响应理论内涵

风险响应	类型	内涵	情境
内部响应	风险卷入度	消费者认为食品安全风险与自身相关的程度（Krugman，1965）	消费者通过天猫国际等电商平台购买进口冷链食品等，外包装污染等食品安全风险对消费者人身安全的影响程度
	风险控制感	消费者对食品安全风险事件把握程度和对遭遇不确定性的控制能力感知（Wolfinbarger，Gilly，2001）	消费者通过在线评论、图片展示、文字描述等食品信息，形成对购买食品面临潜在威胁的感知
	风险责任感	消费者面对食品安全风险时关心和维护自身与他人健康（Burmann et al.，2009）	我国推广“豫冷链”等冷链追溯平台，消费者购买进口冷链食品需实名登记，并承担社会责任
外部响应	信息参与	消费者通过权威媒体、社交媒体等搜寻、分享并讨论食品安全风险信息（Lindell，Perry，2012）	消费者在唯品会智检口岸查询食品安全可追溯信息，在中国互联网联合辟谣平台求证“星巴克咖啡致癌”等网络谣言，并将信息转发至微信等社交媒体上
	转移购买	消费者在食品安全风险情境下，降低对某食品的购买意愿，并选择替代食品（Zeng et al.，2018）	消费者知晓越南火龙果新冠病毒核酸检测呈阳性后，停止购买火龙果转而购买草莓等替代水果
	健康促进	消费者为保证身心健康，产生挑选优质安全食品、提升膳食均衡水平并监控自我健康等行为（Eertmans et al.，2001）	消费者在学习强国、微博、微信等媒体传播的风险信息影响下，产生挑选优质食品、保证营养均衡和自查健康情况等行为

食品安全风险背景下，消费者食品安全风险内部响应可能表现为评估风险与自身相关性，产生强烈抵制、回避等内部心理反应，以及产生应对风险的动机等；消费者食品安全风险外部响应可能表现为风险信息搜寻与理解、减少购买或转向购买更高价格的知名品牌产品等替代品、客观评价与传播风险并改善

自身行为等。具体来说，在内部响应方面，首先，消费者风险卷入度是消费者心理的一种态度，是指消费者对某种产品的兴趣程度或某种产品对消费者的重要性（Petty，Cacioppo，1981），其受到与消费者相关的刺激影响，并基于消费者的内在需求、价值观和利益所形成，能够帮助消费者克服特定情境或达到特定目标（Juhl，Poulsen，2000）。在食品安全风险情境下，消费者受到食品安全风险刺激影响，会产生食品安全风险与自身相关性和重要性等认知。由此，风险卷入度是消费者食品安全风险响应中内部响应的重要因素，风险卷入度是指消费者认为食品安全风险与自身相关的程度（Krugman，1965）。其次，风险控制感是指个体对自己控制事件能力的感知，以及他们感觉受到外部约束的程度（Skinner，1996）。补偿控制理论认为，控制感是一种基本的个体需求，有助于使个体认为所处的环境是稳定和安全的（Kay et al.，2009）。然而，在现实情境中，消费者经常面临动态的外在情境，他们通过寻求结构化、秩序性来恢复控制感（Yang et al.，2022）。在食品安全风险情境下，消费者面对不确定性，会主动寻求风险控制感以适应食品安全危机的变化，且较高的风险控制感可以预测促进身心健康的行为（Cheng et al.，2013）。由此，风险控制感是消费者食品安全风险响应中内部响应的重要因素，风险控制感是指消费者对食品安全风险事件把握程度和对遭遇不确定性的控制能力感知（Wolfinbarger，Gilly，2001）。最后，消费者社会责任是指消费者基于个人道德信仰而作出的消费决策（Eteokleous et al.，2016）。消费者社会责任不仅驱动消费者在消费过程中注重避免对社会可能造成的伤害，而且注重在消费的各个阶段主动为集体利益行动（Sneddon et al.，2014），此外，它也包括对品牌的利益相关者、消费宏观环境等方面的责任（Bogueva et al.，2017）。在食品安全风险情境下，消费者风险责任感驱动其采取应对措施以维护自己或他人的食品安全。由此，风险责任感是消费者食品安全风险响应中内部响应的重要因素，风险责任感是指消费者面对食品安全风险时关心和维护自身与他人健康（Burmann et al.，2009）。

在外部响应方面，首先，参与行为源于消费者的自我概念、社会需要等内部因素驱动（喻昕、许正良，2017），在消费者参与的过程中，会提升自我展示程度和群体关注水平，并强化控制感以获取内在满足（Silpakit，Fisk，1985）。“互联网+”的迅猛发展营造了丰富、多元的信息环境，消费者参与主要表现为主动搜寻、分享和讨论信息（Lloyd，Luk，2013）。消费者食品安全风险认知越强烈，越倾向于通过各种渠道或者媒介获取食品安全风险信息，即风险认知会影响消费者对个体所需信息的判断，并产生信息需要和信息获取的动机及行为（佘硕等，2016）。食品安全风险情境促进消费者产生信息参与，通过转发、评论食品安全风险相关信息参与食品安全风险交流。由此，信息参与是消费者食品安全风险响应中外部响应的重要因素，信息参与是指消费者通过权威媒体、社交媒体等搜寻、分享并讨论食品安全风险信息（Lindell，Perry，2012）。其次，在风险事件影响下，消费者购买行为会发生转变，包括通过品牌转换、寻找替代品等来满足产品消费需求。食品安全风险情境促进消费者产生转移购买等食品消费行为，通过理性购买替代品等规避风险。由此，转移购买是消费者食品安全风险响应中外部响应的重要因素，转移购买是指消费者在食品安全风险情境下，降低对某食品的购买意愿，并选择替代食品（Zeng et al.，2018）。最后，健康促进强调通过戒烟、减少酒精和药物摄入、控制压力、改变不健康的饮食习惯和增加锻炼，提升自身健康水平（Perry，Jessor，1985）。随着研究的不断深入，健康促进指增进人们控制和改善其健康的过程，旨在通过处理和预防风险来保障个人的健康与生活质量（王虎峰，2019）。食品安全风险情境下，健康促进表现为消费者通过改善饮食习惯等改善健康水平。由此，健康促进是消费者食品安全风险响应中外部响应的重要因素，健康促进是指消费者为保证身心健康，产生挑选优质安全食品、提升膳食均衡水平并监控自我健康等行为（Eertmans et al.，2001）。

四、消费者食品安全风险响应影响因素

首先，消费者食品安全风险响应受供应链因素影响。食品性价比、原产地等能够对其产生显著影响（王可山，2020），肉类食品含有生物防腐剂，在消费者了解生物防腐剂技术后，其消费者响应从担忧技术不稳定而影响购买意愿转为产生积极态度和购买意愿（Van et al.，2011）。其次，消费者食品安全风险响应受风险防控政策因素影响。口蹄疫疫情暴发，政府采取焚烧患病动物等政策让消费者产生风险控制感等心理响应（Poortinga et al.，2004）；在福岛核电站核泄漏事件后，消费者对福岛食品受核辐射污染的网络谣言仍敏感，产生减少购买或购买替代品等行为响应（Aruga，2017）。全球食品安全风险危机下，食品安全领域全基因组测序技术、追溯技术等数字技术渐次涌现，缓解了食品安全风险信息不对称窘境，并促进消费者形成食品安全风险响应（King et al.，2017）。弯曲杆菌等食品微生物污染，二噁英等食品化学污染及玻璃等异物混

入等食品安全风险因素也驱动消费者产生信息搜寻、风险规避等食品安全风险响应（Kuttschreuter，2006）。此外，食品经营主体提供的食品信息质量、服务质量、送货质量（王克喜、戴安娜，2017），以及食品购买氛围和便利程度是消费者食品安全风险响应重要影响因素。消费者食品安全风险响应受媒体报道等因素影响。媒体能够为消费者提供食品安全研究新进展及食品安全事件最新内容等（Ward et al.，2012）。当疯牛病暴发时，媒体对牛肉可能含有健康风险的报道强化了消费者对牛肉食品安全的恐惧，并产生降低牛肉消费、购买替代品等外部响应（Verbeke，Ward，2006）。再次，消费者食品安全风险响应受社会文化因素影响。保护行为理论指出，风险情境下环境线索、社会线索和警示信息等促进消费者产生食品安全风险认知，进而形成信息搜寻与决策制定等消费者食品安全风险响应（范春梅等，2019）。最后，消费者食品安全风险响应还受个体特征因素影响。消费者感知食品安全风险发生可能性较高时，会产生食品消费恐慌等消费者响应（Frewer et al.，2011）。食品召回危机情境下，消费者具有的食品安全风险知识，对食品安全风险在严重性、易感性等方面的威胁评估，以及感知响应效能、感知自我效能等感知食品安全风险应对效能，会通过影响消费者在风险环境下的保护动机，影响消费者保护行为意愿等消费者响应（Liao et al.，2020）。此外，消费者自身的社会经济地位，拥有的食品安全风险信息、食品知识水平、食品消费观念及消费过程参照群体等也会对消费者食品安全风险响应产生综合影响（徐戈等，2017）。此外，消费者响应还取决于政府公示信息、媒体来源等信息传播渠道因素。加强不合格食品批次数据信息公示力度能降低消费者的食品安全风险认知，并促使其关注食品质量信息和提高优质健康食品支付意愿等消费者响应（周洁红等，2020）。在肉类产品质量安全危机事件情境下，相较于原产国标签、可追溯性等肉类食品属性信息，美国农业部对于肉类产品的质量安全审查认证更能提升消费者对肉类食品的偏好等积极响应（Loureiro，Umberger，2007）。在食品安全谣言传播影响下，消费者受官方媒体和自媒体信息影响产生继续购买和停止购买三文鱼等风险响应（于晓华等，2022）。

五、本章小结

本章开展消费者食品安全风险响应理论分析。立足“认知—态度—行为”理论和消费者响应理论，进行消费者食品安全风险响应文献综述。首先，辨析食品安全风险事件下消费者响应的内涵。其次，探究不同食品安全风险情境下消费者风险响应的形成机制，厘清消费者食品安全风险响应构成维度。再次，将消费者响应相关研究成果应用到食品安全风险情境中，明晰消费者食品安全风险响应理论内涵，研究消费者食品安全风险内部响应与外部响应的内涵、类型与情境。最后，从供应链因素、媒体报道因素、社会文化因素、个体特征及信息传播渠道因素等出发，辨明消费者食品安全风险响应影响因素，为后续开展消费者食品安全风险响应决策实证分析提供理论基础。

第十一章 消费者食品安全风险响应：来自情境实验的证据

一、研究模型与研究假设

可基于保护动机理论深入探讨消费者食品安全风险响应形成机制。保护动机理论源于“恐惧诉求”心理学概念。风险事件严重程度、风险事件发生概率和保护性反应有效性等是引起个体恐惧诉求的关键因素，个体恐惧诉求引发认知过程，并出于保护动机而采取相应态度与行为（Rogers，1975）。其中，恐惧诉求引发的认知过程分为威胁评估和应对评估，威胁评估是影响个体是否采纳保护行为的关键（Floyd，2000）。保护动机理论主要分为信息来源、认知和应对方式三个部分。信息来源包含外界环境、自身经历和个体特征等因素。认知包含威胁评估和应对评估（Maddux，Rogers，1983），通过认知过程的威胁评估（易感性、严重性）和应对评估（响应效能、自我效能和响应代价）解释个体行为。威胁评估反映个体对危险因素的认知，应对评估反映个体应付危险的能力。应对方式包含行动或抑制的保护行为。保护动机理论为探究消费者食品安全风险认知与风险响应的形成过程提供理论依据（Anderson，Agarwal，2010），它逐渐被拓展到农业种植、疾病预防、健康行为等风险管理研究领域。个体在风险认知过程中出于保护动机而改变自身态度与响应方式（Mutaqin，2019），消费者对风险事件的响应措施对其个体态度与行为有重要影响（Floyd，2000），由此，风险威胁认知可以显著改变个体风险响应。结合保护动机理论，个体通过调节认知对预期或正在发生的威胁事件进行评估，包括严重性、概率及响应有效性，并通过改变态度形成风险响应。基于保护动机理论，消费者对风险威胁的认知促使其采取保护措施。可见，已有研究成果在保护动机理论框架下探究个体风险认知与风险响应的影响机制，为消费者风险响应决策提供理论基础。然而，现有研究未能很好地解释差异化风险认知促进不同风险响应形成的内在机制，尤其在食品安全风险情境下，面对多元风险认知类型，现有研究缺乏对于消费者风险响应形成机制的深入探讨。结合第八章和第十章相关研究，本章认为消费者食品安全风险响应既受到供应风险、产品风险和服务风险等功能型风险认知影响，又受到信任风险、社会风险和文化风险等情感型风险认知影响。因此本章基于保护动机理论、风险认知理论和消费者响应理论构建消费者食品安全风险响应决策模型，运用问卷调查法和情境实验法实证分析消费者食品安全风险认知对风险响应的综合影响。

（一）风险认知对消费者食品安全风险内部响应的影响

功能型风险认知与内部响应。世界各国质量认证体系、检疫检验标准不一，加剧食品安全风险，产品风险认知抑制消费渠道向线上转移，面对丰富的食品类型，消费者仔细认知、评估食品购买决策的利弊，并降低从众心理；食品供应风险提升了风险事件严重性，供应风险认知将降低消费者对品牌的崇拜心理；部分食品和消费者之间存在较大的空间距离，食品在物流运输中会产生追溯不准确、个人信息泄露等物流风险，导致消费者产生不满、投诉等心理反应，减少因不了解而抵触、拒绝接受风险信息的回避心理。且食品附加服务和售后服务标准不统一以及质量保障程度有限，会增加消费者服务信息搜寻意愿，减少远离负面信息的回避心理。可见，消费者功能型风险认知程度越高，其采取内部响应可能性越小。

情感型风险认知与内部响应。消费者容易因信息不对称强化对食品评论信息的信任程度，并产生崇拜心理。食品能够体现不同国家的文化价值观及企业营销方式等差异，促进消费者形成不同文化风险认知，消费者可能对食品产生冲动购买。受信任风险影响，消费者会更加谨慎地对待食品口碑推荐、人气排名等信息。周围社会环境的消费观念、消费情境等可能让消费者对食品产生社会风险的风险认知，并产生回避心理等内部反应。可见，消费者情感型风险认知程度越高，其采取内部响应的可能性越大。由此，提出以下假设：

H_1：相比功能型风险认知，情感型风险认知对内部响应影响更显著。

H_{1a}：相比功能型风险认知，情感型风险认知对崇拜行为影响更显著。

H_{1b}：相比功能型风险认知，情感型风险认知对从众行为影响更显著。

H_{1c}：相比功能型风险认知，情感型风险认知对回避行为影响更显著。

（二）风险认知对消费者食品安全风险外部响应的影响

功能型风险认知与外部响应。首先，食品供应链复杂性提高消费者食品安全风险认知水平，使消费者能更客观地搜寻、评价食品安全风险信息，并更注重质量安全性等产品特征。其次，部分食品的通关流程烦琐、物流法规地区差异等供应风险会引发消费者焦虑等心理反应，使其需经过认真思考后产生食品消费决策。再次，食品交易过程服务的无形性、远程性等特征，会增加消费者对消费过程不确定性等服务风险的认知，虚假营销、刷单评价等服务风险能够促进消费者形成理性购买及评价意愿（Mitchell，Boustani，1993）。最后，消费者可能会担心食品难以符合自身对其的预期质量与效用，相较于盲目崇拜和从众购买，消费者更倾向于冷静地搜寻产品信息，遭遇不公后也能够通过积极沟通维护自身合法权益。可见，消费者功能型风险认知程度越高，其采取外部响应可能性越大。

情感型风险认知与外部响应。食品安全风险面临各国文化环境差异，消费者对不同国家的消费者食品安全卫生知识不了解，使由文化风险认知所产生的食品安全风险搜寻行为意向的程度较小（闫岩、温婧，2020）。食品质量不确定性、物流追溯难等加剧消费者信任风险，使消费者购买决策更为理性。食品呈现的不同价值观念带来文化风险，促进消费者产生理性的购买决策。风险情境隐蔽性引发消费者形成紧张等社会风险认知，当食品缺乏正规检疫检验等证明材料时，消费者易降低维权的动机和申请退款等维权行为。可见，消费者情感型风险认知程度越高，其采取外部响应可能性越小。由此，提出以下假设：

H_2：相比情感型风险认知，功能型风险认知对外部响应影响更显著。

H_{2a}：相比情感型风险认知，功能型风险认知对搜寻行为影响更显著。

H_{2b}：相比情感型风险认知，功能型风险认知对购买行为影响更显著。

H_{2c}：相比情感型风险认知，功能型风险认知对维权行为影响更显著。

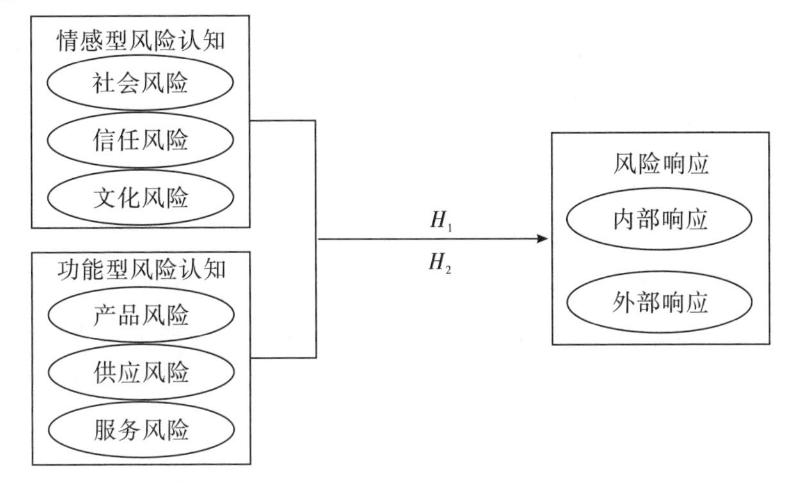

图 11-1　研究模型

综上所述，本章从风险认知理论出发，以食品安全风险认知（功能型风险认知和情感型风险认知）为前因变量，消费者食品安全风险响应（内部响应和外部响应）为结果变量，构建消费者食品安全风险响应研究模型（见图 11－1）。

二、以进口车厘子为例的情境实验设计

（一）消费者食品安全风险响应情境实验

本章运用情境实验研究方法验证研究假设。以往研究多运用问卷调查法对消费者风险认知、消费者响应等展开探索。然而，问卷调查法是由被试基于回忆填写的，所提供的信息可能失真，难以有效检验研究假设。为了尽可能保证数据真实性，本章选择情境实验研究方法，让被试在差异化风险认知的实验情境下填写问卷，避免回忆造成的信息失真，并通过随机分组排除干扰因素，以提升研究的效度。近年来，情境实验研究方法在风险领域、消费行为领域等得到广泛运用，但利用情境实验探究在风险背景下，消费者风险响应形成机制的研究较少。部分学者基于情境实验探究消费者响应形成机制等相关研究为本章提供了新的思路。任建超等（2017）运用情境实验探究食品安全危机下消费者消费决策的影响因素。崔保军和梅裔（2021）基于面子意识，运用情境实验研究方法研究自我概念对消费者绿色产品购买意愿的影响。由此，情境实验适用于探究消费者在不同风险情境下产生差异化行为反应的内在机制。

（二）实验设计

借鉴以往情境实验的研究成果，本章的实验设计具体如下：

1. 实验对象选择

分别选择广东和浙江两地某综合性高校的本科生、硕士研究生和博士研究生等作为被试。商务部《中国电子商务报告（2019）》数据显示，2019 年广东省跨境电商零售进出口额在我国跨境电商零售进出口额排名中位列第一；艾媒咨询《2019 年中国进口食品电商热销品类剖析及行业发展报告》数据显示，在我国进口食品消费者年龄分布中，19～30 岁约占 42%，31～50 岁约占 50%。由此，选择青年人群作为实验被试有较好代表性，他们是跨境电商食品的主要购买者，且对实验材料较为熟悉，能反映跨境电商平台消费者真实现状。

2. 实验平台选择

京东商城跨境电商平台上线时间长、品牌知名度高、食品种类多、顾客群体大，且操作简便、界面清晰及功能完善，为尽可能贴近消费者食品购买决策的真实购物情境，本章以京东商城为原型模拟跨境电商平台设计实验案例。

3. 实验案例选择

案例选择跨境电商食品中风险来源较多、风险强度较大的进口车厘子。贸易数据系统2018年数据显示，中国是全球车厘子主要进口国，进口量占全球53.8%。每日优鲜《2019生鲜年货消费报告》数据显示，水果类中进口车厘子的消费者购买频率最高；据中国海关总署数据统计，2020年我国车厘子进口量约为21万吨，进口额高达113亿元。消费者购买食品时面临货物来源污染、冷链运输污染、检验检疫不到位等食品安全风险。2021年1月，江苏发现首例进口车厘子新冠病毒核酸阳性，随后，河北、江西等地相继公布进口车厘子外包装或食品表面新冠病毒核酸阳性，并已流入市场。由此，在新冠肺炎疫情防控常态化的风险情境下选择进口生鲜食品车厘子作为实验案例，具有较强说服力，且保证实验案例设计具有较好的效度。

4. 研究量表设计

基于以往研究成果和消费者食品安全风险响应情境，本章的消费者食品安全风险认知量表和风险响应量表采用李克特5级量表（见表11-1）。

表11-1 变量测度项与文献来源

一级维度	二级维度	潜变量	测度项	来源
风险认知（RC）	功能型风险认知（FPC）	产品风险（PR）	PR_1跨境电商食品质量安全不可靠	Hong和Cha（2013）
			PR_2跨境电商食品外包装不完好	
			PR_3跨境电商食品规格标准不统一	
		供应风险（SCR）	SCR_1跨境电商食品供应链中断	Mitchell和Boustani（1999）
			SCR_2跨境电商食品假冒伪劣	
			SCR_3跨境电商食品价质不符	
		服务风险（SR）	SR_1跨境电商食品售前服务保障缺乏	Swinyard和Smith（2003）
			SR_2跨境电商食品退换货服务烦琐	
			SR_3跨境电商食品投诉维权渠道不力	

（续上表）

一级维度	二级维度	潜变量	测度项	来源
风险认知（RC）	情感型风险认知（EPC）	社会风险（SOR）	SOR_1购买跨境电商食品遭他人反对	Featherman 和 Pavlou（2003）
			SOR_2购买跨境电商食品引发家庭内部分歧	
			SOR_3购买跨境电商食品降低他人对我的评价	
		信任风险（TR）	TR_1忽略跨境电商食品供应商商家资质	Al-Ansi 等（2019）
			TR_2忽略跨境电商食品标签信息准确程度	
			TR_3忽略跨境电商食品口碑信息真实情况	
		文化风险（CR）	CR_1语言差异引发跨境电商食品标签理解偏差	Abdelradi（2018）
			CR_2地方习俗导致跨境电商食品食用方式差异	
			CR_3宗教信仰引发跨境电商食品消费观念不一	
风险响应（RR）	内部响应（IR）	崇拜心理（WP）	WP_1我十分热衷跨境电商食品社群维护	靳代平等（2016）
			WP_2我乐于表达跨境电商食品体验及情感	
			WP_3我愿意购买许多跨境电商食品	
			WP_4我对跨境电商食品带着固有的信念	
		从众心理（HP）	HP_1我希望通过购买跨境电商食品获他人赞赏	Kang 等（2020）
			HP_2我希望通过购买跨境电商食品寻求归属感	
			HP_3我希望通过购买跨境电商食品给他人留下印象	
		回避心理（AP）	AP_1我会远离跨境电商食品安全风险	王文韬等（2018）
			AP_2我降低对跨境电商食品安全风险关注度	
			AP_3我曲解跨境电商食品安全风险信息	
			AP_4我努力遗忘跨境电商食品安全风险信息	
	外部响应（ER）	搜寻行为（SB）	SB_1我广泛搜寻跨境电商食品安全风险信息	Lambert 和 Loiselle（2007）
			SB_2我科学搜寻跨境电商食品安全风险信息	
			SB_3我高效搜寻跨境电商食品安全风险信息	
		购买行为（PB）	PB_1我会明确跨境电商食品购买目的	石华瑀等（2018）
			PB_2我会制订跨境电商食品购买计划	
			PB_3我会审阅跨境电商食品评价	
		维权行为（AB）	AB_1我追究跨境电商食品安全风险责任	李华强等（2018）
			AB_2我要求跨境电商食品安全风险经济索赔	
			AB_3我对跨境电商食品安全风险举报投诉	
			AB_4我对跨境电商食品安全风险行政诉讼	

功能型风险认知量表（Hong，Cha，2013；Mitchell，Boustani，1999；Swinyard，Smith，2003）包括产品风险、供应风险和服务风险三个维度，如“跨境电商食品质量安全不可靠”“跨境电商食品供应链中断”“跨境电商食品售前服务保障缺乏”等，采用李克特5级量表评分（1=“非常不赞同”，2=“不赞同”，3=“中立”，4=“赞同”，5=“非常赞同”；下同）。

情感型风险认知量表（Featherman，Pavlou，2003；Abdelradi，2018；Al-Ansi et al.，2019）包括社会风险、信任风险和文化风险三个维度，如“购买跨境电商食品遭他人反对”“忽略跨境电商食品供应商商家资质”“语言差异引发跨境电商食品标签理解偏差”等，采用李克特5级量表评分。

内部响应量表（靳代平等，2016；Kang et al.，2020；王文韬等，2018）包括崇拜心理、从众心理和回避心理三个维度，如“我十分热衷跨境电商食品社群维护”“我希望通过购买跨境电商食品获他人赞赏”“我会远离跨境电商食品安全风险”等，采用李克特5级量表评分。

外部响应量表（Lambert，Loiselle，2007；石华瑀等，2018；李华强等，2018）包括搜寻行为、购买行为和维权行为三个维度，如“我广泛搜寻跨境电商食品安全风险信息”“我会明确跨境电商食品购买目的”“我追究跨境电商食品安全风险责任”等，采用李克特5级量表评分。

三、情境实验操作过程及数据检验

本章在广东省开展一个消费者食品安全风险响应线下情境实验（实验：消费者食品安全风险认知对风险响应的影响）以验证研究假设，分析消费者食品安全风险认知（功能型风险认知和情感型风险认知）对风险响应（内部响应和外部响应）的影响，以增强实验结论的有效性和推广性。

（一）情境实验操作过程

（1）实验设计。实验旨在检验假设 H_1、H_2，分析不同风险认知类型对消费者食品安全风险响应的主效应。实验采用单因素组间设计2（风险认知：功能型风险认知和情感型风险认知），比较实验组和控制组之间消费者食品安全风险响应的差异。首先，要求被试想象以下实验情境，实验情境一材料设计如下：京东生鲜是京东商城旗下提供全球生鲜食品的电商平台，目前京东生鲜包含新鲜水果、海鲜水产、精选肉类、冷饮冻食和蔬菜蛋品等食品品类，生鲜食品总数超过十万种。京东生鲜精选生鲜食品，通过建设标配快检实验室、建立生鲜食品专项标准体系的严格质检程序保证供应食品优质安全。2020 年京东商城上线进口生鲜馆，通过海外直采的方式与全球多个生鲜品牌及生鲜商家建立合作关系。京东生鲜不断完善跨境冷链物流，建立区块链溯源平台严格把控采购、加工、检测全程链条，为消费者提供新鲜优质的进口生鲜食品。

实验情境二材料设计如下：车厘子也称樱桃，特指产自智利、美国、新西兰等地的进口车厘子，具有个大、皮厚、肉甜的特征，品种有宾莹（Bing）等知名品种，按字母 J 的数量划分不同等级。中国海关总署数据显示 2020 年车厘子进口量约 21 万吨，进口额达 113 亿元，是进口水果中的网红水果。

实验情境三材料设计如下：新冠肺炎是指 2020 年新型冠状病毒感染导致的肺炎，主要通过直接传播、气溶胶传播和接触传播进行扩散，是全球大流行的疫情。截至 2021 年 2 月，新冠肺炎病例超 1 亿例，已有 21 个国家超过 100 万确诊病例。2021 年 1 月起，新冠病毒核酸阳性的进口车厘子在江苏、河北、江西、浙江等地发现并流通，导致其市场价格大幅下降。

其次，根据不同分组介绍不同类型的风险情境，引导被试在不同风险情境下产生不同类型风险认知。阐述风险情境，保证不同类型风险情境的描述字数、维度和内容基本一致以排除无关因素干扰。

功能型风险认知材料设计如下：假设您非常喜欢进口车厘子，常通过线下渠道购买，现打算在京东生鲜跨境电商平台购买并分享给亲友。最近您在该平台上浏览进口车厘子时，担心在购买过程中遇到以下问题：车厘子可能被污染，品质较差，不新鲜，易腐烂变质（产品风险）；包装简陋，车厘子被挤压变形，原产地及供应商等标签信息缺失，原产国疫情严重影响供应（供应风险）；客服态度差，退换货等售后服务难兑现（服务风险）。

情感型风险认知材料设计如下：假设您非常喜欢进口车厘子，常通过线下渠道购买，现打算在京东生鲜跨境电商平台购买并分享给亲友。最近您在该平台上浏览进口车厘子时，担心在购买过程中遇到以下问题：实物与线上展示图片文字不符，虚假宣传（信任风险）；口感较差，甜度和水分不足，不合口味（信任风险、文化风险）；亲友认为不值得购买，反对购买（文化风险、社会风险）。

再次，要求被试填写风险响应（内部响应和外部响应）李克特 5 级量表（见表 11－1）。同时，每份实验资料均要求被试对资料进行情境判断，且最后需填写功能型风险认知量表和情感型风险认知量表，本章进一步运用方差分析法，以验证各组被试的风险认知是否存在明显差异。

（2）实验流程。实验需提前开展预实验。预实验检验实验情境、实验产品和实验方法等刺激物有效性及修正量表信效度。拟在广东某高校随机选择本科生、研究生共50人作为被试参与正式实验前预实验，确保正式实验材料有效性和易读性。首先，向被试介绍功能型风险认知（产品风险、供应风险和服务风险）、情感型风险认知（社会风险、信任风险和文化风险）等相关定义，以及实验流程和实验要求。然后，随机将被试分为两组进行30分钟的独立实验，被试要求开展风险认知操纵性检验。最后，请被试填写人口统计信息，询问其是否了解实验目的，致谢并发放实验参与奖励。通过方差分析法，对比各组是否有明显差异，检验材料有效性后，完善实验材料、实验量表和实验流程，进行正式实验。在开展正式实验前，为了保证实验数据采集可操作性、丰富性与实验结论推广性，正式实验选取广东省某综合性高校的本科生、硕士研究生和博士研究生作为被试，共操纵2个实验组，每个实验组和控制组随机安排69人。每个被试随机阅读2个实验情境之一的实验材料，并相应回答量表问题。

在开展正式实验时，首先，各被试到达实验场地后为其安排座位，由实验员随机发放纸质版实验材料，说明实验要求。被试将阅读一份实验说明和实验情境介绍，要求被试独立并按照个人真实感受如实作答，回答没有正误之分。第一部分，根据不同情境，向被试发放功能型风险认知和情感型风险认知的材料。第二部分，在要求被试思考1分钟后填写李克特5点量表，测试其对于内部响应和外部响应的选择。第三部分，请被试填写实验操纵材料风险认知量表，测试风险认知是否操纵成功。第四部分，要求被试填写人口统计信息，包括性别、年龄和文化程度等。实验结束后，询问被试是否猜测到实验目的，并向被试答谢，最后由实验员进行实验材料回收汇总。

（二）情境实验数据检验

（1）问卷统计结果。共收回问卷138份，根据甄别题项、时间限制等剔除19份无效问卷，得到有效问卷119份，问卷有效率达到86.2%。其中功能型风险认知组、情感型风险认知组样本数分别为58份和61份。

（2）操纵性检验。本章通过单因素方差分析检验风险认知分组是否操纵成功，结果显示（见表11－2）被试两组风险认知存在明显差异（其中功能型风险认知组 $M_{功能型风险认知}=4.26$，$SD=0.480$，$p<0.01$；情感型风险认知组

$M_{情感型风险认知}=4.36$，$SD=0.484$，$p<0.01$），说明本章对风险认知的分组操纵成功。同时，为了验证被试分组情况，本章采用独立样本 t 对被试的风险认知操纵进行检验，功能型风险认知组和情感型风险认知组差异显著（$p<0.01$），其中功能型风险认知组被试认知的功能型风险（$t=30.876$，$p<0.05$）显著高于情感型风险认知组被试认知的功能型风险（$t=-27.760$，$p<0.1$）。通过以上数据可知，实验中风险认知的操纵让两组被试的风险认知出现显著差异。

表 11－2　消费者食品安全风险认知独立样本 t 检验

风险认知组别	样本量	均值	标准差	标准误差均值
功能型风险认知	58	4.26	0.480	0.063
情感型风险认知	61	4.36	0.484	0.062

（3）假设检验。在假设检验阶段，本章采用单因素方差分析进行主效应检验。为了验证消费者食品安全风险认知对风险响应的影响，首先对所有消费者中被试样本进行单因素方差分析，检验结果如表 11－3 所示。功能型风险认知实验组和情感型风险认知实验组中的样本量分别为58 和61。首先，对内部响应中的崇拜心理［$M_{功能型风险认知}=2.40$，$M_{情感型风险认知}=2.39$，$F(1, 118)=0.004$，$p=0.952>0.01$］和从众心理［$M_{功能型风险认知}=2.41$，$M_{情感型风险认知}=2.36$，$F(1, 118)=0.126$，$p=0.724>0.01$］进行检验，结果发现在风险认知的刺激下，被试的崇拜心理和从众心理并未明显增强，H_{1a} 和 H_{1b} 未被证实。其次，对内部响应中的回避心理进行检验［$M_{功能型风险认知}=2.36$，$M_{情感型风险认知}=2.91$，$F(1, 118)=24.994$，$p=0.000<0.01$］，证明情感型风险认知对回避心理影响更大，H_{1c} 被证实。接着，对外部响应中的搜寻行为进行检验［$M_{功能型风险认知}=3.77$，$M_{情感型风险认知}=3.52$，$F(1, 118)=5.875$，$p=0.017<0.05$］，证明功能型风险认知对搜寻行为影响更大，H_{2a} 被证实。再次，对外部响应中的购买行为进行检验［$M_{功能型风险认知}=3.41$，$M_{情感型风险认知}=3.60$，$F(1, 118)=4.989$，$p=0.027<0.05$］，证明情感型风险认知对购买行为影响更大，H_{2b} 未被证实。最后，对外部响应中的维权行为进行检验［$M_{功能型风险认知}=3.98$，$M_{情感型风险认知}=3.67$，$F(1, 118)=7.422$，$p=0.007<0.01$］，证明功能型风险认知对维权行为影响更大，H_{2c} 被证实。基于此，以上检验结果证明在两种不同的风险认知刺激下，消费者的搜寻行为、购买行为、维权行为和回避心理呈现显著差异，H_1

和 H_2 部分得到证实。

表 11-3 消费者食品安全风险认知对风险响应的 ANOVA 检验

分组	崇拜心理		从众心理		回避心理		搜寻行为		购买行为		维权行为	
	M	*SD*	*M*	*SD*	*M*	*SD*	*M*	*SD*	*M*	*SD*	*M*	*SD*
功能型风险认知	2.397	0.611	2.405	0.662	2.356	0.642	3.772	0.414	3.409	0.506	3.978	0.505
情感型风险认知	2.389	0.700	2.361	0.706	2.907	0.558	3.520	0.677	3.598	0.414	3.672	0.701
F	0.004		0.126		24.994		5.875		4.989		7.422	

（三）讨论

本章采用情境实验研究方法探究消费者食品安全风险认知对风险响应的影响，通过设计一个实验检验前因变量消费者食品安全风险认知（功能型风险认知与情感型风险认知）与结果变量消费者食品安全风险响应（内部响应与外部响应）间的关系并得出实验结果。对本章研究结果讨论如下：实验研究发现，功能型风险认知对风险响应中搜寻行为和维权行为影响更显著，情感型风险认知对风险响应中购买行为和回避心理影响更显著。可能的原因是，一方面，在产品风险、供应风险及服务风险等显性风险影响下，消费者会收集风险相关信息，掌握风险发展进程，增强风险控制感。同时，消费者在功能型风险认知强化下更注重消费服务保障，在作出购买决策前更慎重考虑食品经营主体维权服务。另一方面，在社会风险、信任风险和文化风险等隐性风险下消费者更加注重各食品来源国文化风俗、饮食习惯差异等。此外，消费者在情感型风险认知的作用下更难作出理性决定，可能选择通过回避当下风险发生的情境从而更好地梳理风险发生脉络，增强风险回避心理的内部响应。

四、研究结论与管理启示

（一）研究结论

开展消费者食品安全风险响应引导对促进食品产业高质量发展尤为重要。本章深入探讨消费者食品安全风险认知与风险响应间内在关系，检验前因变量消费者食品安全风险认知（功能型风险认知与情感型风险认知）与消费者食品安全风险响应（内部响应与外部响应）之间的关系，并基于进口车厘子外包装或食品表面新冠病毒核酸阳性的真实案例，设计情境实验以获取实验数据。具体结论如下：①功能型风险认知对风险响应中的搜寻行为和维权行为影响更显著，即与情感型风险认知组相比，受功能型风险认知刺激的被试在搜寻行为和维权行为方面更为积极。②情感型风险认知对风险响应中的购买行为和回避心理影响更显著，即与功能型风险认知组相比，受情感型风险认知刺激的被试在购买行为和回避心理方面更为积极。

（二）理论贡献

基于上述研究结论，本章理论贡献如下：①从消费者风险认知视角出发，基于功能型风险认知和情感型风险认知两个方面划分了产品风险、供应风险、服务风险、社会风险、信任风险和文化风险六种消费者食品安全风险认知类型。已有研究成果主要围绕疾病预防、健康行为和自然灾害等领域，从食品谣言下购买意愿恢复（于晓华等，2022）、食品召回危机下消费者响应特征（Liao et al.，2020）等视角探究消费者食品安全风险认知。本章采用保护动机理论和风险认知理论，将消费者食品安全功能型风险认知归纳为产品风险、供应风险和服务风险三种类型，将情感型风险认知归纳为社会风险、信任风险和文化风险三种类型，并借助情境实验研究方法开展研究，弥补了研究空白。②从消费者风险响应理论视角，基于内部响应和外部响应两个方面，划分了崇拜心理、从众心理、回避心理、搜寻行为、购买行为和维权行为六种消费者食品安全风险响应类型。已有研究成果主要围绕环境污染情境下食品购买行为（Cembalo et al.，2019）、疫病食品召回情境下食品安全风险信息搜寻行为（Shepherd，Saghaian，2008）、对转基因食品的态度和接受程度（Jin et al.，2022）等视角探究消费者食品安全风险响应。本章拓展消费者风险响应理论，将消费者食品安全风险内部响应归纳为崇拜心理、从众心理和回避心理三种类型，将外部响应归纳为搜寻行为、购买行为和维权行为三种类型，拓展了消费者风险响应的理论内涵及维度，弥补了研究空白。③探索了功能型风险认知和情感型风险认知两种食品安全风险认知对消费者食品安全风险响应的作用机制。本章发现功能型风险认知对风险响应中的搜寻行为和维权行为影响更显著，情感型风险认知对风险响应中的购买行为和回避心理影响更显著。本章弥补了消费者食品安全风险认知对风险响应研究的不足，为今后消费者食品安全风险响应相关研究提供理论基础，也是对消费者食品安全风险响应引导路径研究的有力补充。④创新性地采用了情境实验研究方法，设计差异化风险情境，开展消费者食品安全风险响应研究，以保证研究数据具有真实性与推广性，同时对情境实验流程进行优化，为开展消费者食品安全风险响应决策机制相关研究提供实践经验。

（三）管理启示

引导消费者形成科学、正确的食品安全风险响应是推进食品安全风险管理的重要方式。基于上述理论分析和实证结果，得出以下三点管理启示：①完善食品安全监管制度，严控跨境功能型风险。明确交易主体和监管主体职责，健全食品安全监管体系。对食品供应商、物流运输企业、跨境电商平台及相关企业、消费者等食品利益相关主体的责任进行明确划分。例如，明确物流运输主体保障运输期间食品安全，跨境电商平台内的食品经营主体具有履行规范的责任，在发生食品安全问题时消费者具有监督、反馈等责任。厘清食品安全问题责任归属，提升功能型风险的监管效率。加快完善跨国追溯制度，落实食品经营主体黑名单公示制度，建立事前、事中、事后综合监管体系，明确各主体法律责任。此外，提高食品安全风险大数据获取和分析功能，探索食品安全风险智慧监管模式，保证食品经营主体交易可监管和可追溯。②构筑平台危机管理机制，响应跨境情感型风险。通过开展食品安全风险沟通，引导消费者形成合理的情感型风险认知，引导电商平台及相关食品企业在面对食品安全风险时，应积极保持与消费者高效、全面的沟通，采取迅速的事件响应缓解消费者的情感型风险认知，通过便捷的服务建立良好的平台声誉，提升危机管理成效，时刻关注消费者情绪反应，并开展心理情绪疏导，减少情感型风险认知对消费者食品安全风险响应的负面影响。着力改善人际信任和平台信任，在共识、互惠的基础上减少食品因各国文化差异导致的冲突和矛盾。建立一套情感型风险评估系统和预警指标体系，识别情感型风险等级，定期进行情感型风险认知评估和趋势分析。③疏导消费者负面情绪，倡导理性风险响应。畅通消费者表达渠道，科学把控潜在风险。政府、跨境电商平台及相关企业、第三方机构等主体结合线上线下渠道表达对消费者的关切，针对消费者的问题及求助及时回应，消费者选择合理方式表达食品安全相关利益诉求，有效减少消费者焦虑、烦闷等负面情绪。推动风险信息高效传递、风险精准预警，政府及时出台相关政策措施引导消费者产生正确的食品安全风险响应方式，呼吁消费者关注食品安全风险进展，提升食品安全科学素养及风险响应能力，积极配合政府、跨境电商平台及相关企业等展开调查，提升整体食品安全风险治理效率。

五、 本章小结

本章开展消费者食品安全风险响应情境实验，明确消费者食品安全风险响应决策形成机制。基于保护动机理论，以进口车厘子为实验材料，以消费者食品安全风险认知（功能型风险认知与情感型风险认知）为前因变量，消费者食品安全风险响应（内部响应与外部响应）为结果变量，构建消费者食品安全风险响应研究模型，通过风险认知情境分组实验，揭示消费者食品安全风险认知对风险响应的作用路径。研究结果表明，功能型风险认知对风险响应中的搜寻行为和维权行为影响更显著，情感型风险认知对风险响应中的购买行为和回避心理影响更显著。由此形成完善食品安全监管制度、严控跨境功能型风险，构筑平台危机管理机制、响应跨境情感型风险，疏导消费者负面情绪、倡导理性风险响应等管理启示。

第十二章　消费者食品安全风险响应：以理性购买为例

一、研究模型与研究假设

本章基于风险认知理论对消费者食品安全风险响应展开深层次探讨，明确消费者食品安全风险认知对理性购买的影响机制。新冠肺炎疫情全球扩散背景下，食品安全风险更加错综复杂，消费者产生恐慌、不安等情绪，并产生停止购买、盲目抵制等非理性行为，不利于消费者形成科学的食品安全风险响应（沈国兵、徐源晗，2020）。由此，可通过促进消费者在面临食品安全风险时产生理性购买等食品安全风险响应，推动食品安全风险治理，推进我国食品行业高质量发展。理性购买是指消费者在既定条件的约束前提下，为获得最大化效用所产生的消费行为，也是消费者在食品安全风险情境下产生风险响应的表现方式（王秀宏、孙静，2017）。首先，可基于风险认知理论，从供应质量风险、标签信息风险、跨境物流风险的角度出发，研究消费者食品安全风险认知对理性购买的影响。其次，可基于风险态度研究消费者食品安全风险认知与理性购买间的中介因素。在面对风险时，消费者食品安全风险认知会显著降低其购买意愿（Hashim et al.，2019），即消费者面对风险威胁时会产生积极或消极的风险态度（Van Winsen et al.，2016），而风险态度在很大程度上影响着消费者的购买意愿和行为。由此推测，风险态度可能在消费者食品安全风险认知与理性购买因果关系间产生中介效应。最后，可基于品牌声誉探究消费者食品理性购买形成的深层次规律。品牌声誉是指社会公众及消费者对品牌信任度的评价，也是消费者间沟通交流时所形成的口碑（Kim，Lennon，2013）。品牌声誉同样表现为消费者对品牌服务质量的感知（Agmeka et al.，2019）。当消费者面对风险时，企业良好的品牌声誉可以在消费者心中形成“缓冲区”以降低风险认知的负面反应。由此推测，品牌声誉可能在消费者食品安全风险认知与风险态度因果关系间产生调节效应。因此，本章基于以往风险认知理论相关研究成果，将风险认知分为供应质量风险、标签信息风险、跨境物流风险三个维度，构建消费者食品安全风险认知对理性购买影响研究模型，运用问卷调查法实证分析消费者食品安全风险认知对理性购买的影响机制。

（一）供应质量风险对理性购买的影响

供应质量风险是指食品供应过程中发生的风险事件对消费者需求产生的威胁（Lim，2003）。食品的供应质量是其价值最直观的表现形式，食品供应质量越好，消费者的购买意愿越强；食品供应质量越差，则会促进消费者对食品质量进行认真评估和综合判断，并影响其理性购买决策。可见，供应质量风险越高越能促进消费者产生理性购买。由此，提出以下假设：

H_1：供应质量风险对理性购买有显著正向影响。

（二）标签信息风险对理性购买的影响

标签信息风险是指产品无法满足消费者最初预期的产品标准、性能与质量的可能性（Ariffin et al.，2018）。标签信息是指食品包装上的文字、图案及一切说明物所传达的信息，它是消费者评估食品质量等信息的重要渠道，并对其购买决策造成影响（Osei et al.，2013）。标签信息风险即消费者因信息不对称，在购买食品时对标签信息产生的风险认知（Jaafar et al.，2012）。在食品消费过程中，标签信息的充分性和信息源的可信性等标签信息风险对消费者理性购买有较大影响，同时，食品的标签信息能够帮助消费者搜寻、评估信息并依此做出合理的购买决策。可见，标签信息风险越高，越能够促进消费者形成理性购买决策。由此，提出以下假设：

H_2：标签信息风险对理性购买有显著正向影响。

（三）跨境物流风险对理性购买的影响

跨境物流风险是指物流服务质量在顾客期望与其实际认知到服务之间的差距（易舒心，2020）。在物流运输环节，由于部分食品运输周期相对较长，跨境物流信息健全水平、食品物流人员的操作规范等在很大程度上决定了其食品安全水平（张顺等，2020）。跨境物流满意度直接影响食品经营主体健康发展，物流效率低、流通成本高、运送周期长和服务水平低等都会使消费者对消费决策产生思考，进而形成理性购买决策（Gessner，Snodgrass，2015）。可见，跨境物流风险越高，越能促进消费者进行理性购买。由此，提出以下假设：

H_3：跨境物流风险对理性购买有显著正向影响。

（四）风险态度的中介效应

人对风险所采取的态度即风险态度，这是基于对目标有正面或负面影响的不确定性所产生的心智状态，消费者的风险态度会随外在环境变化而改变（Yang，Goddard，2011）。

首先，有不同风险态度的个体对风险认知的反应会存在差异（Nosić，Weber，2010）。网络购买环境的虚拟性会增加消费者对产品的风险认知，相对于传统购物方式，消费者在网络环境中对于食品供应质量、标签信息及跨境物流等方面的风险会产生更强烈的认知与反应，并产生不同的风险态度。风险偏好型消费者更加偏好高风险的在线消费活动；反之，风险规避型消费者更加偏好回避风险的在线消费活动（李元旭、罗佳，2017）。Abdelkader（2015）提出风险认知、风险态度与购买意愿三者间存在相互关系。可见，在食品安全风险情境下，消费者对食品的风险认知能够影响其风险态度。由此，提出以下假设：

H_4：供应质量风险对风险态度有显著正向影响。

H_5：标签信息风险对风险态度有显著正向影响。

H_6：跨境物流风险对风险态度有显著正向影响。

其次，风险态度能促进消费者理性购买。风险态度会使消费者产生有机食品购买计划（Ashraf，2021）。消费者对待食品安全风险态度的差异影响其食品评估过程及理性消费决策（Teng，Wang，2015）。风险态度较谨慎的消费者理解食品信息的过程更严格，会对食品营养信息、口味等因素给予更多关注，仔细思考和选择后才会产生购买决策。由此，提出以下假设：

H_7：风险态度对理性购买有显著正向影响。

最后，消费者的购买决策通常是以目标为导向，且通过权衡其利得和利失后作出的决定，该权衡的过程即消费者对产品或服务的认知过程（Parasuraman，Zeithaml，1988）。现有研究指出，消费者增加目标产品相关知识将有利于其改善风险态度，消费者对目标产品和其所处市场的了解程度越深，在购买产品时所持有的风险态度也会越强，参与消费活动的主观能动性也会越强，进而影响消费者的购买和参与行为（赵青，2018）。由此，当消费者购买食品时，在同样风险认知水平上，不同风险偏好使得消费者理性购买决策存在明显差异，风险态度越谨慎，越会促进消费者在思考和评估食品安全风险后产生理性购买决策。由此，提出以下假设：

H_8：风险态度在风险认知与理性购买因果关系间具有中介效应。

H_{8a}：风险态度在供应质量风险与理性购买因果关系间具有中介效应。

H_{8b}：风险态度在标签信息风险与理性购买因果关系间具有中介效应。

H_{8c}：风险态度在跨境物流风险与理性购买因果关系间具有中介效应。

（五）品牌声誉的调节效应

品牌声誉是指公众及消费者对某品牌认可度的看法（Kim，Lennon，2013）。平台声誉在消费者感知系统风险对在线冲动购买意愿影响中有负向调节效应，平台声誉越高，感知系统风险对在线冲动购买意愿的负向影响越小（崔剑峰，2019）。对于品牌声誉较高的平台来说，消费者会更易信任平台上的产品，并通过行为意向和消费满意度建立在线品牌关系（Afzal et al.，2010）。可见，相对于品牌声誉较低的平台而言，面对品牌声誉较高的平台，消费者在购买食品时，其食品安全风险认知会产生较强的风险态度。即当品牌声誉较高时，风险认知对风险态度的正向作用更明显。由此，提出以下假设：

H_9：品牌声誉在风险认知与风险态度因果关系间具有调节效应。

H_{9a}：品牌声誉在供应质量风险与风险态度因果关系间具有调节效应。

H_{9b}：品牌声誉在标签信息风险与风险态度因果关系间具有调节效应。

H_{9c}：品牌声誉在跨境物流风险与风险态度因果关系间具有调节效应。

综上所述，本章从风险认知理论出发，以消费者食品安全风险认知中的供应质量风险、标签信息风险和跨境物流风险为前因变量，风险态度为中介变量，品牌声誉为调节变量，理性购买为结果变量，构建消费者食品安全风险认知对理性购买影响研究模型（见图12-1）。

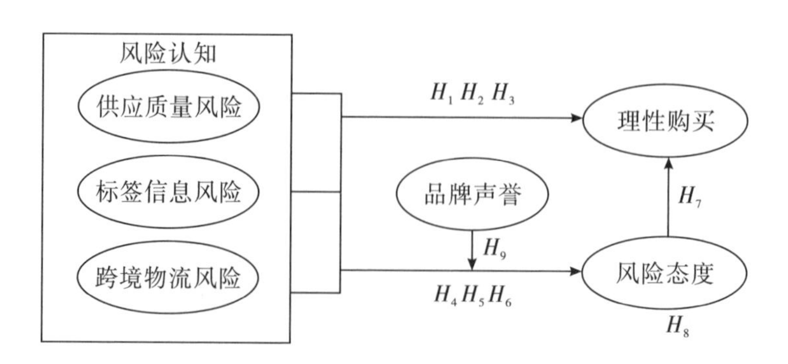

图12-1 研究模型

二、 量表开发与样本采集

采用问卷调查法展开研究，调查问卷以消费者通过盒马鲜生（以下简称“盒马”）平台和大润发优鲜平台购买三文鱼鱼肉与三文鱼扒为背景，调查消费者食品安全风险认知对理性购买影响机制。盒马是阿里巴巴新零售新电商业态的代表，消费者可在盒马 App 购买挪威三文鱼等各类跨境电商食品。2020 年，盒马入选“福布斯中国最具创新力企业榜”。大润发优鲜于 2017 年 7 月在大润发杨浦店上线，通过大润发优鲜 App 和线下门店为顾客提供智利三文鱼扒等优质跨境电商食品。2020 年 3 月中国生鲜电商平台月活排名中，盒马月活达 892.7 万人，排名第二，大润发优鲜月活为 168.0 万人，排名第五。基于此，以盒马“帝皇鲜”品牌三文鱼鱼肉（原料产地为挪威，规格为 200g，定价为 59.9 元，满一件可换购超值商品）和大润发优鲜“蓝雪”品牌智利三文鱼扒（原料产地为智利，规格为 300g/袋，实际销售价为 56.9 元）为例，通过消费者在品牌声誉高低不同的两个平台购买跨境电商食品作为调研情境，具有较强代表性。

（一） 量表开发

本章变量测度项均参照以往研究并结合研究情境修改。通过预调研获取 28 份有效问卷，分析初始数据后优化问卷内容，最终确定为涵盖 24 个题项的正式问卷。调查问卷参照李克特 5 级量表（见表 12 - 1）。

表 12 - 1 变量测度项与文献来源

变量		题项	来源
风险认知（RC）	供应质量风险（SQR）	SQR_1 我担心该跨境电商食品质量好坏难以判断	Forsythe 和 Shi（2003）；李元旭和罗佳（2017）
		SQR_2 我担心该跨境电商食品安全问题难以保障	
		SQR_3 我担心该跨境电商食品不符合国内食品安全标准	
		SQR_4 我担心该跨境电商食品不适合国内消费	
		SQR_5 我担心该跨境电商食品供应商资质等不足	

（续上表）

变量		题项	来源
风险认知（RC）	标签信息风险（LIR）	LIR_1 我担心该跨境电商食品因说明不当导致营养等被曲解	Nrgaard 和 Bruns（2009）
		LIR_2 我担心不能准确理解该跨境电商食品标签信息	
		LIR_3 我担心该跨境电商食品标签信息被篡改	
		LIR_4 我担心该跨境电商食品标签信息不完整	
		LIR_5 我担心该跨境电商食品标签信息不符合自身需求	
	跨境物流风险（CBLR）	$CBLR_1$ 我担心该跨境电商食品运输包装破损	李元旭和罗佳（2017）；易舒心（2020）
		$CBLR_2$ 我担心该跨境电商食品在配送过程中丢失	
		$CBLR_3$ 我担心该跨境电商食品配送不及时	
		$CBLR_4$ 我担心该跨境电商食品溯源信息不完整	
		$CBLR_5$ 我担心该跨境电商食品运费或退换货成本高	
风险态度（RA）		RA_1 我会关注该跨境电商食品以降低风险概率	李元旭和罗佳（2017）
		RA_2 我会花较多时间考虑该跨境电商食品安全性	
		RA_3 我会详细了解该跨境电商食品相关信息	
		RA_4 我会花较多时间比较各类跨境电商食品	
理性购买（RPB）		RPB_1 购买该跨境电商食品时，我会货比三家	Hirschman 和 Holbrook（2012）；石华瑀等（2018）
		RPB_2 购买该跨境电商食品时，我会考虑退换货政策	
		RPB_3 我不会为了取悦他人而购买该跨境电商食品	
		RPB_4 我会在能力范围内购买该跨境电商食品	

（二）样本采集

商务部发布的《中国电子商务报告（2019）》显示，2019 年广东省跨境电商零售进出口总额在全国排名首位。调查问卷于 2021 年 3 月定稿并通过问卷星在广东省梅州市发放，通过微信、QQ 等社交平台获取调研数据，共回收 366 份调查问卷，其中“盒马”179 份，“大润发优鲜”187 份，剔除选项结果全部一致等无效问卷，共获 348 份有效调查问卷，有效回收率为 95.08%。依据样本特征（见表 12－2）可知，人口特征变量表现为具有稳定收入和较高教育程度，可见，被试样本人群较易理解本问卷内容，因此调查数据契合实际。综上，调查问卷数据对研究消费者食品安全风险认知对理性购买影响具有较好的代表性。

表 12－2　样本特征（*N*＝348）

项目	分类	人数	百分比（%）	项目	分类	人数	百分比（%）
性别	男性	161	46.3	文化程度	高中及以下	27	7.8
	女性	187	53.7		大专	43	12.4
年龄	20 岁及以下	4	1.1		大学本科	253	72.7
	21～29 岁	239	68.7		硕士及以上	25	7.1
	30～39 岁	85	24.4	个人月收入	5000 元及以下	118	33.9
	40～49 岁	17	4.9		5001～10000 元	178	51.1
	50 岁及以上	3	0.9		10001～15000 元	36	10.3
职业	企业工作人员	110	31.6		15001～20000 元	9	2.6
	政府工作员工	91	26.1		20001 元及以上	7	2.1
	事业单位工作员工	57	16.4	家庭结构	家中没有小孩和老人	62	17.8
	离退休人员	1	0.3		家中有小孩或家中有老人	151	43.4
	学生	18	5.2		家中既有小孩也有老人	135	38.8
	其他	71	20.4				

三、实证分析结果与讨论

主要运用 Amos 21 和 SPSS 22.0 进行数据分析，包括信度效度分析、验证性因子分析（CFA）、信度和效度检验，运用结构方程法检验研究模型。

（一）测量模型分析

信度分析。研究变量运用 *Cronbach's* α 值进行信度检验，采用 SPSS 22.0 对供应质量风险、标签信息风险、跨境物流风险、风险态度及理性购买这 5 个变量的 *Cronbach's* α 系数进行分析，各变量的信度系数最低为 0.918，最高为 0.958，高于临界值 0.60，表明该问卷信度良好（见表 12－3）。

表 12-3　变量测度项、信度和收敛效度检验（$N=348$）

潜变量	测度项	平均值/标准差	标准载荷	信度	*CR*	*AVE*
供应质量风险（SQR）	SQR_1	3.07/1.08	0.881	0.951	0.951	0.796
	SQR_2	3.10/1.08	0.895			
	SQR_3	3.11/1.07	0.910			
	SQR_4	3.11/1.07	0.901			
	SQR_5	3.12/1.06	0.876			
标签信息风险（LIR）	LIR_1	3.14/1.05	0.907	0.940	0.941	0.764
	LIR_2	3.09/1.12	0.880			
	LIR_3	3.20/1.16	0.898			
	LIR_4	3.20/1.12	0.886			
	LIR_5	3.09/1.04	0.782			
跨境物流风险（CBLR）	$CBLR_1$	3.19/1.22	0.944	0.958	0.958	0.820
	$CBLR_2$	3.19/1.78	0.893			
	$CBLR_3$	3.19/1.22	0.918			
	$CBLR_4$	3.18/1.21	0.883			
	$CBLR_5$	3.22/1.22	0.886			
风险态度（RA）	RA_1	3.25/1.15	0.859	0.918	0.919	0.740
	RA_2	3.19/1.07	0.845			
	RA_3	3.13/1.17	0.872			
	RA_4	3.14/1.09	0.864			
理性购买（RPB）	RPB_1	3.23/1.17	0.918	0.940	0.943	0.807
	RPB_2	3.09/1.14	0.838			
	RPB_3	3.25/1.30	0.908			
	RPB_4	3.21/1.29	0.917			

效度分析。效度包括内容效度和结构效度。在内容效度方面，均借鉴已有文献成熟量表，根据风险认知下消费者购买食品情境修改形成初始量表，并经预调研修改完善，证明量表内容效度良好。因此，研究量表并非自行开发，无须进行主成分分析（匡红云、江若尘，2019）。在结构效度方面，检验收敛效度及区分效度，对供应质量风险、标签信息风险、跨境物流风险、风险态度和

理性购买5个变量的标准载荷、复合信度（*CR*值）和平均方差萃取量（*AVE*值）进行检验，检验结果如表12－3所示。经统计，5个变量的标准载荷均大于0.782，在标准值0.60以上，t值在$p<0.01$的水平下显著，说明测量指标均通过信度检验；*CR*值均在0.919以上，大于标准值0.60，说明各变量内部一致性良好；*AVE*值最小为0.740，大于推荐值0.50，说明各变量可以较好解释方差，调查问卷数据收敛程度较好。如表12－4所示，各变量*AVE*值的平方根均大于相应相关系数，表明各变量所使用的数据具有较好的区别效度。以上结果表明，研究模型具有较好的信度和效度。

共同方法偏差检验。本章数据均来源于同一调查对象，为更好控制共同偏差，运用软件SPSS 22.0对样本数据进行共同方法偏差检验。首先，采用主成分分析法和最小方差旋转法进行因子分析，将5个变量的所有测量题目全部并入同一个变量，结果显示*KMO*值为0.955，大于0.800，Bartlett's球形检验值为8941.694，*df*值为253，*Sig.*值为0.000，说明使用的数据质量良好，适合做因子分析。其次，从表12－3可知，每个变量的测度项的标准载荷处于0.782～0.944且在0.001水平下显著，各变量*AVE*值在0.740～0.820范围，均超过0.50，表明变量测度项的收敛程度均处于较高水平。各变量题项的因子载荷均大于0.50，各变量指标在对应变量上的负载大于在其他因子上的负载，指标结构合理、稳定，各变量指标能有效反映其测量变量信息。最后，通过Harman单因子法对可能存在的共同方法偏差问题进行检验，采用未旋转的主成分分析法，结果显示第一公因子的方差解释百分比为24.551%，小于标准值40%，总体方差解释率为83.740%，说明5个变量不存在共同方法偏差问题。由此，进行各变量间的分析是可行的。

本章分别对性别、年龄、职业等人口特征变量进行编码。供应质量风险、标签信息风险、跨境物流风险、风险态度和理性购买5个变量的标准差、相关系数如表12－4所示。根据各变量均值及标准差，分析风险认知对风险态度、风险态度对消费者食品理性购买的影响。首先，供应质量风险分别与理性购买（$r=0.587$，$p<0.01$）、风险态度（$r=0.267$，$p<0.01$）显著正相关。其次，标签信息风险分别与理性购买（$r=0.626$，$p<0.01$）、风险态度（$r=0.244$，$p<0.01$）显著正相关。最后，跨境物流风险分别与理性购买（$r=0.691$，$p<0.01$）、风险态度（$r=0.302$，$p<0.01$）显著正相关。

以上与理论模型预期基本一致，为模型假设提供了初步支持。

表 12-4 均值、标准差和相关系数（$N=348$）

变量	1	2	3	4	5	6	7	8
1. 性别	***1***							
2. 年龄	-0.051	***1***						
3. 职业	0.045	0.074	***1***					
4. 供应质量风险	0.006	-0.113*	-0.049	***0.892***				
5. 标签信息风险	-0.004	-0.122*	-0.027	0.847**	***0.874***			
6. 跨境物流风险	-0.019	-0.139**	-0.024	0.797**	0.827**	***0.906***		
7. 理性购买	-0.027	-0.070	-0.078	0.587**	0.626**	0.691**	***0.898***	
8. 风险态度	-0.073	-0.100	-0.037	0.267**	0.244**	0.302**	0.419**	***0.860***
均值	1.54	2.36	2.82	3.101	3.143	3.195	3.1954	3.1753
标准差	0.499	0.635	1.884	0.9804	0.9869	1.1171	1.12905	1.00458

注：* 表示 $p<0.05$；** 表示 $p<0.01$，双尾检验；对角线上的数值为各构面的平方根值，其他数值为构面间的相关系数。

结构方程验证。为检测模型与数据间适配度，选择 χ^2/df、*RMSEA*、*CFI*、*NFI*、*NNFI*、*TLI*、*IFI* 共 7 个指标检测结构方程适配度。其中 $\chi^2/df=2.466<3$，$RMSEA=0.065<0.10$，$CFI=0.964>0.9$，$NFI=0.941>0.9$，$NNFI=0.959>0.9$，$TLI=0.959>0.9$，$IFI=0.964>0.9$（见表 12-5），这 7 个指标均在可接受范围内。可见，结构方程模型整体适配度符合要求，可用来检验相应的研究假设。

表 12-5 整体拟合系数

χ^2/df	*RMSEA*	*CFI*	*NFI*	*NNFI*	*TLI*	*IFI*
2.466	0.065	0.964	0.941	0.959	0.959	0.964

（1）供应质量风险、标签信息风险和跨境物流风险对风险态度发挥作用。首先，供应质量风险与风险态度间路径系数为 0.267，$p<0.01$，显著。这说明供应质量风险对风险态度具有显著正向影响，即供应质量风险促进风险态度形成。其次，标签信息风险与风险态度间路径系数为 0.244，$p<0.01$，显著。这说明标签信息风险对风险态度具有显著正向影响，即标签信息风险促进风险态度形成。最后，跨境物流风险与风险态度间路径系数为 0.302，$p<0.01$，显著。这说明跨境物流风险对风险态度具有显著正向影响，即跨境物流风险促进风险态度形成。据此，假设 H_4、H_5、H_6完全成立。

（2）风险态度对理性购买有显著正向影响。风险态度与理性购买间路径系数为 0.419，$p<0.01$，显著。表明风险态度对理性购买的形成有显著促进作用。据此，假设 H_7 成立。

最后，理性购买作为内生变量的 R^2 值为 0.536，表明该研究模型有较好解释力度。

（二）中介效应分析

借鉴 Liang 等（2007）的推荐方法步骤进行中介效应分析，在控制性别、年龄、文化程度、职业、个人月收入和家庭结构等无关变量后，以 3 个前因变量作为自变量，风险态度作为中介变量，理性购买作为结果变量，检验风险态度在前因变量与结果变量间的中介效应。具体分析过程见表 12－6。

表 12－6　风险态度在风险认知与理性购买因果关系间的中介效应

模型	解释变量	被解释变量	*B* 值
模型一	自变量	因变量	*B*1－1，*B*1－2，*B*1－3，*B*1－4
	供应质量风险	理性购买	0.587***
	标签信息风险		0.626***
	跨境物流风险		0.691***
模型二	自变量	中介变量	*B*2－1，*B*2－2，*B*2－3，*B*2－4
	供应质量风险	风险态度	0.267***
	标签信息风险		0.244***
	跨境物流风险		0.302***
模型三	自变量	因变量	*B*3－1，*B*3－2，*B*3－3，*B*3－4
	供应质量风险		0.511***
	标签信息风险		0.557***
	跨境物流风险		0.621***
	中介变量	理性购买	*B*4
	风险态度		0.282*** 0.283*** 0.231***

通过模型三各个自变量（供应质量风险、标签信息风险和跨境物流风险）、中介变量（风险态度）与因变量（理性购买）的回归分析得到，供应质量风险 *B* 值为 0.511，对应的风险态度 *B* 值为 0.282，显著性水平为 $p<0.001$；标签信息风险 *B* 值为 0.557，对应的风险态度 *B* 值为 0.283，显著性水平为 $p<0.001$；

跨境物流风险 B 值为 0.621，对应的风险态度 B 值为 0.231，显著性水平为 $p <$ 0.001。因此，风险态度在供应质量风险、标签信息风险和跨境物流风险对理性购买间均起部分中介效应，表明供应质量风险、标签信息风险和跨境物流风险不但能直接影响理性购买，且能通过风险态度的中介效应影响理性购买。

综上所述，假设 H_8 部分成立，风险态度在风险认知与理性购买间起部分中介效应。

（三）调节效应分析

为了检验品牌声誉的调节效应，将样本分成两组：一组是品牌声誉高的样本（170 个）；另一组是品牌声誉低的样本（178 个），分别计算因变量风险态度对自变量供应质量风险、标签信息风险和跨境物流风险的回归，回归模型见表 12－7。

表 12－7　品牌声誉在风险认知与风险态度因果关系间的调节效应

品牌声誉	Model	R	R^2	Adjusted R^2	Std. Error of the Estimate	Change Statistics				
						R^2 Change	F Change	df^1	df^2	*Sig. F* Change
Predictor：(Constant)，供应质量风险										
品牌声誉高	1	0.314	0.098	0.093	0.90544	0.098	18.354	1	168	0.000***
品牌声誉低	1	0.218	0.048	0.042	1.03090	0.048	8.811	1	176	0.003**
Predictor：(Constant)，标签信息风险										
品牌声誉高	1	0.322	0.104	0.099	0.90272	0.104	19.479	1	168	0.000***
品牌声誉低	1	0.169	0.029	0.023	1.04118	0.029	5.180	1	176	0.024**
Predictor：(Constant)，跨境物流风险										
品牌声誉高	1	0.431	0.186	0.181	0.86257	0.186	38.295	1	168	0.000***
品牌声誉低	1	0.187	0.035	0.029	1.03776	0.035	6.379	1	176	0.012**

对于供应质量风险、标签信息风险和跨境物流风险这 3 个自变量来说，品牌声誉高和品牌声誉低两组回归方程均具有显著效应，表明品牌声誉具有显著的调节效应，即品牌声誉对供应质量风险与风险态度之间的因果关系、标签信息风险与风险态度之间的因果关系、跨境物流风险与风险态度之间的因果关系都产生了一定的增强作用。

另外，从表 12－8 中各自变量的标准化回归系数可以看出，相对于品牌声誉低而言，在品牌声誉高的情境下，供应质量风险、标签信息风险和跨境物流风险对风险态度的正向影响更为明显。具体而言，在品牌声誉低的情境下，供应质量风险对风险态度影响的回归系数是0.218且显著；在品牌声誉高的情境下，供应质量风险对风险态度影响的回归系数是0.314且显著，0.314>0.218；同样地，在品牌声誉高的情境下，标签信息风险和跨境物流风险对风险态度的回归系数大于品牌声誉低的情境下的回归系数。也就是说，相对于品牌声誉低而言，在品牌声誉高的情境下，消费者食品安全风险认知水平越高，其风险态度越谨慎。

表12－8 各自变量的标准化回归系数

品牌声誉		SQR→RA	LIR→RA	CBLR→RA
品牌声誉高	标准化回归系数	0.314***	0.322***	0.431***
	t 值	4.284	4.414	6.188
	p 值	0.000	0.000	0.000
品牌声誉低	标准化回归系数	0.218**	0.169*	0.187*
	t 值	2.968	2.276	2.526
	p 值	0.003	0.024	0.012

进一步说，由图12－2可知，在品牌声誉低时，供应质量风险对风险态度有显著的正向预测作用；在品牌声誉高时，供应质量风险对风险态度有显著的正向预测作用，且预测作用更大。这说明随着平台的品牌声誉提高，供应质量风险对风险态度的预测作用呈逐渐增强的趋势，即品牌声誉在供应质量风险与风险态度因果关系间具有正向调节效应，H_{9a}成立。

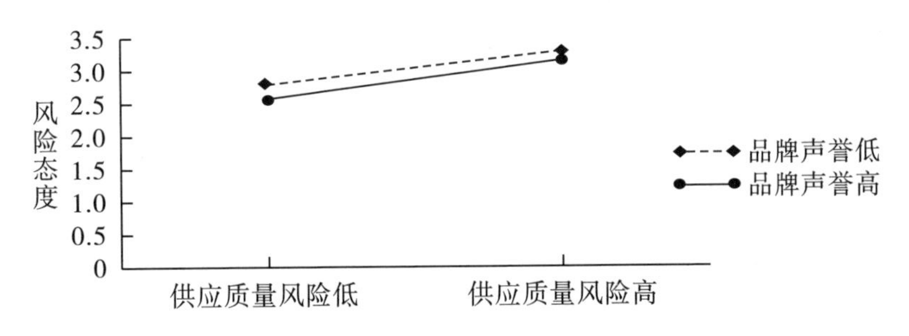

图12－2 品牌声誉在供应质量风险与风险态度因果关系间的调节效应

由图12－3可知，在品牌声誉低时，标签信息风险对风险态度有显著的正向预测作用；而在品牌声誉高时，标签信息风险对风险态度也有显著的正向预测作用，且预测作用更大。这说明随着平台品牌声誉的提高，标签信息风险对风险态度的正向预测作用呈逐渐增强的趋势，即品牌声誉在标签信息风险与风险态度因果关系间具有正向调节效应，H_{9b}成立。

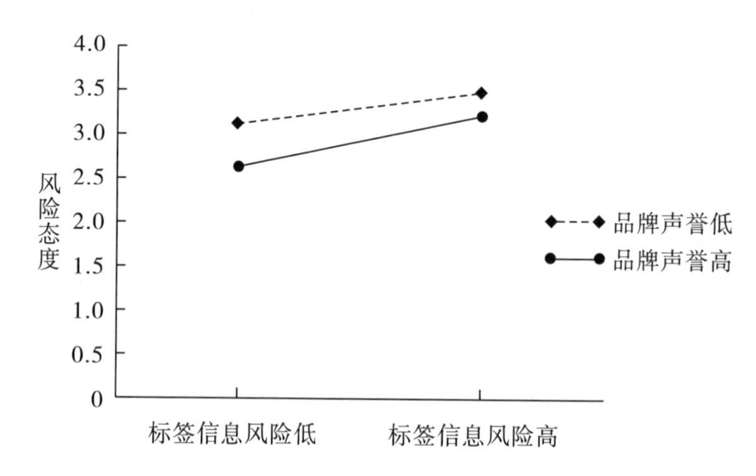

图 12－3　品牌声誉在标签信息风险与风险态度因果关系间的调节效应

由图 12－4 可知，在品牌声誉低时，跨境物流风险对风险态度有显著的正向预测作用；而在品牌声誉高时，跨境物流风险对风险态度也有显著的正向预测作用，且预测作用更大。这说明随着平台品牌声誉的提高，跨境物流风险对风险态度的正向预测作用呈逐渐增强的趋势，即品牌声誉在跨境物流风险与风险态度因果关系间具有正向调节效应，H_{9c}成立。

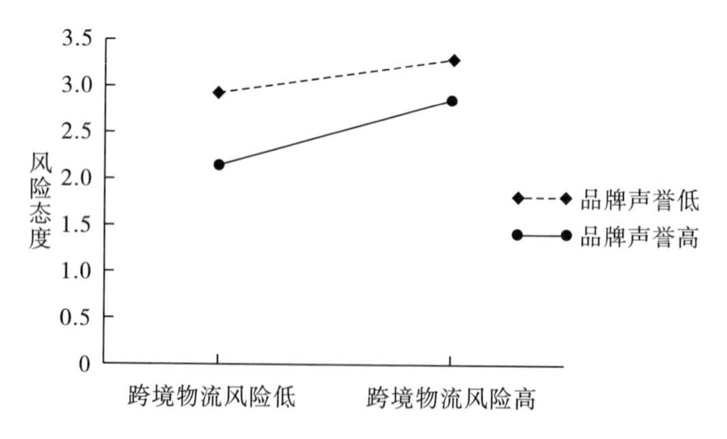

图 12－4　品牌声誉在跨境物流风险与风险态度因果关系间的调节效应

综上所述，假设 H_9完全成立，即品牌声誉在供应质量风险、标签信息风险和跨境物流风险对风险态度因果关系间具有调节效应。且基于上述分析，研究假设检验结果见表 12－9。

表 12-9 假设检验结果

研究假设	检验结果
H_1：供应质量风险对理性购买有显著正向影响	成立
H_2：标签信息风险对理性购买有显著正向影响	成立
H_3：跨境物流风险对理性购买有显著正向影响	成立
H_4：供应质量风险对风险态度有显著正向影响	成立
H_5：标签信息风险对风险态度有显著正向影响	成立
H_6：跨境物流风险对风险态度有显著正向影响	成立
H_7：风险态度对理性购买有显著正向影响	成立
H_8：风险态度在风险认知与理性购买因果关系间具有中介效应	部分成立
H_{8a}：风险态度在供应质量风险与理性购买因果关系间具有中介效应	部分成立
H_{8b}：风险态度在标签信息风险与理性购买因果关系间具有中介效应	部分成立
H_{8c}：风险态度在跨境物流风险与理性购买因果关系间具有中介效应	部分成立
H_9：品牌声誉在风险认知与风险态度因果关系间具有调节效应	完全成立
H_{9a}：品牌声誉在供应质量风险与风险态度因果关系间具有调节效应	成立
H_{9b}：品牌声誉在标签信息风险与风险态度因果关系间具有调节效应	成立
H_{9c}：品牌声誉在跨境物流风险与风险态度因果关系间具有调节效应	成立

（四）讨论

首先，在我国新冠肺炎疫情常态化防控、跨境电商产业发展壮大、食品安全问题屡禁不止的背景下，通过问卷调查、理论和实证分析，挖掘消费者食品安全风险认知对理性购买的影响因素，讨论风险认知对理性购买形成的作用，探究风险态度是否是理性购买形成的必经路径，并验证品牌声誉作为调节变量在消费者食品安全风险认知与风险态度关系中的调节效应。

其次，研究发现消费者食品安全风险认知对理性购买具有较强促进作用。第一，供应质量风险对理性购买有显著正向影响，说明在新冠肺炎疫情形势严峻、食品安全问题频发背景下，消费者对食品质量安全更加重视。第二，标签信息风险对理性购买有显著正向影响，说明食品标签信息对消费者确立正确的消费观念有很好的引导作用（Levy，Fein，1998），帮助消费者准确认识食品质量情况，由此对消费者食品购买态度和行为产生影响（Verbeke，Ward，2006）。标签信息尽可能详细完善，有助于消费者提高购买食品的可能性（Carneiro et al.，2005）。第三，跨境物流风险对理性购买有显著正向影响，当跨境物流时间短、效率高、售后服务水平高、食品保管妥当时，消费者的满意度会提升（Ding et al.，2017），会促使消费者对食品做出购买决策。因此，本章提出大力保证食品质量安全，规范食品标签信息，提升物流服务质量，为消费者提供优质优价的食品，为消费者营造健康的消费环境，以引导其理性消费。

再次，验证了风险态度作为中介变量对风险认知与理性购买之间关系的中介效应。构建供应质量风险、标签信息风险和跨境物流风险三个维度风险认知框架，并引入风险态度作为中介变量，通过实证分析验证风险态度在消费者食品安全风险认知与理性购买之间的作用。研究结果表明，风险态度在风险认知与理性购买之间具有部分中介效应，即供应质量风险、标签信息风险和跨境物流风险均可以通过风险态度对理性购买产生显著作用，也可以不通过风险态度，直接对理性购买产生显著影响。因此，当消费者认知到购买食品会带来风险时，会采取更加谨慎的风险态度，对食品进行详细评估后做出理性购买。由此，建议平台应为消费者提供尽可能详尽的食品信息，降低消费者风险认知，引导消费者正确认识自身需求，营造健康的消费风气，从而使消费者做出购买决策。

最后，验证了品牌声誉作为调节变量在风险认知与风险态度关系间的调节效应。引入品牌声誉作为调节变量，构建消费者食品安全风险认知对理性购买的影响研究理论模型，实证检验证明品牌声誉在供应质量风险、标签信息风险、跨境物流风险与理性购买因果关系间均具有显著正向调节效应。即在品牌声誉高的情境下，供应质量风险、标签信息风险和跨境物流风险会对风险态度起更好的促进作用。因此，当品牌声誉越高时，风险认知对风险态度的影响越显著，消费者风险态度越谨慎，更容易促成理性购买决策。本研究据此提出在食品安全问题频发的背景下，平台应通过注重提高自身的品牌声誉提高食品销售量和食品流通速率，进而扩大食品市场份额。

四、研究结论与管理启示

（一）研究结论

本章探讨了消费者食品安全风险认知对理性购买的影响因素，包括前因变量供应质量风险、标签信息风险和跨境物流风险，中介变量风险态度及调节变量品牌声誉。以消费者通过盒马和大润发优鲜分别购买三文鱼鱼肉与三文鱼扒为研究情境。通过问卷调查分析，并经过实证分析检验研究模型，发现：①供应质量风险、标签信息风险和跨境物流风险对理性购买、风险态度均有显著正向影响。②风险态度在供应质量风险、标签信息风险和跨境物流风险与理性购买因果关系间均具有部分中介效应。换言之，风险态度并非供应质量风险、标签信息风险和跨境物流风险促成理性购买的必经路径，风险认知中供应质量风险、标签信息风险和跨境物流风险均可以不经过风险态度的作用而直接促成消费者理性购买。③品牌声誉在供应质量风险、标签信息风险和跨境物流风险与风险态度间发挥正向调节效应，即越高品牌声誉的平台，供应质量风险、标签信息风险和跨境物流风险会使消费者食品安全风险态度越谨慎。

（二）理论贡献

基于上述研究结论，本章理论贡献如下：①基于消费者购买食品时产生的食品安全风险认知，探究消费者食品理性购买形成机制，丰富了风险认知和消费者食品安全风险响应现有研究。研究结果突破了以往研究中多基于计划行为理论等，解释理性购买内涵及外部刺激因素、心理反应因素、个人特征因素等影响因素。立足食品产业蓬勃发展、食品安全问题屡禁不止、新冠肺炎疫情防控常态化现实背景，探究风险认知影响消费者食品理性购买的内在机制，进而扩展了供应质量风险、标签信息风险和跨境物流风险在消费者食品理性购买中的应用，是对现有风险认知研究的有力补充。②深化了消费者食品安全风险认知对理性购买的影响定量化及模型化研究。已有文献主要聚焦理性购买内涵及影响因素展开探讨（王可山，2020）。本章立足新冠肺炎疫情常态化防控、跨境电商蓬勃发展的现实情境，针对消费者性别、年龄、文化程度、职业、个人月收入和家庭结构等控制变量进行定量化研究，结合消费者食品安全风险认知对理性购买的影响研究模型开展结构方程模型分析，并丰富消费者食品安全风险认知对理性购买的影响研究。③为食品在线营销决策、趋势等研究提供方向指导和理论基础。已有研究主要聚焦食品安全、政府监管等角度探究食品产业发展方向，缺乏在后疫情时代下聚焦消费者与电商平台新趋势的新解读。通过实证分析，发现消费者食品安全风险认知对理性购买的积极作用，通过明确风险态度在消费者食品安全风险认知与理性购买间的中介效应，品牌声誉在食品安全风险认知与风险态度间的调节效应，弥补消费者食品安全风险认知对理性购买研究的不足，扩展消费者食品安全风险认知对理性购买的影响中心理动因的研究，为今后风险态度的中介效应、品牌声誉的调节效应的相关研究提供理论基础。

（三）管理启示

引导消费者形成理性购买是推进消费者食品安全风险响应形成，优化食品安全风险治理方式的重要手段。基于上述理论分析和实证结果，得出以下五点管理启示：①严控食品安全水平。产品正品保证是支撑平台可持续发展的根本。一是食品经营主体应加强源头控制，严格筛选合作供应商，确保食品来源安全可靠。二是食品经营主体可根据发展情况扩大自营型运营模式规模，严格管控供应链各环节食品安全，以全程一站式采购等经营模式保证食品来源质量安全。三是强化食品安全风险监测。引导政府机构、科研单位、跨境电商企业等多方主体共建食品安全检测机制，在源头监管、生物疫病、跨境标准等方面积极开展食品安全风险评估、监测，并将监测信息及时公开披露，保障食品经营主体和消费者之间信息对称。②优化食品标签整体信息。真实全面的食品标签信息能够降低消费者食品安全风险认知成本，应着力规范我国食品标签信息标准和要求，满足消费者的信息需求。一是广泛借鉴国外食品标签的规定以完善我国的食品标签制度，保证中文标签信息的还原度。二是相关部门要严格检验审核进口食品中文标签的信息规范性和真实性，将进口食品中文标签的监督检查作为常规管理内容之一。三是提供可追溯标签、防伪标识判别方法，做好食品信息的追踪溯源，增强我国消费者食品安全信心。③完善食品物流服务体系。由于平台等食品经营主体经营过程的特殊性，跨境物流环节作用异常突出。平台需要注重消费者购物体验，提升食品物流服务质量。一是平台应加强与境外物流企业的合作，打通国内外物流产业链，提高食品物流运输效率。二是为消费者提供晚到必赔、坏件必赔等服务承诺，保障物流服务质量。三是构建物流信息可视化实时共享平台，让跨境运输各个节点信息可追溯，更透明、高效；通过大数据提前对消费者消费行为进行个性化评估及预测，并提前备货至国内保税仓，提升食品物流运输时效。④注重食品经营平台声誉。消费者在平台等食品经营渠道选购食品时，难以判断食品的质量水平，跨境电商平台等食品经营主体的声誉是消费者选择的重要依据。一是平台在保证食品质量的基础上应注重自身品牌的宣传，提高消费者的信任程度。二是平台应建立完善信用评价体系，引导消费者在购物后对食品的质量水平，以及物流、售后等服务发表评论，增加食品在线评价的数目和真实性。三是应及时了解出现负面评价信息的消费者情况，妥善处理消费者消费过程中遇到的问题。⑤倡导食品健康消费理念。食品相关主体亟须积极营造健康的消费风气和氛围，保障食品产业可持续发展。

一是开展合理消费宣传。政府、媒体、科研机构通过线上线下多种宣传渠道相结合，积极向群众科普虚假广告、价格欺诈等违法案例，大力宣传适度消费的消费观念，同时提升消费者维权动机和意识。二是提升消费者消费素养。社会积极鼓励、引导消费者提升恶意营销识别能力。消费者在做出购买决策前，通过查询权威新闻报道、向熟人咨询等方式了解相关食品安全风险，减少不合理的消费行为。

五、 本章小结

本章从消费者食品理性购买视角出发，对消费者食品安全风险响应展开探讨。基于风险认知理论，以消费者食品安全风险认知（供应质量风险、标签信息风险与跨境物流风险）为前因变量，风险态度为中介变量，品牌声誉为调节变量，构建消费者食品安全风险认知对理性购买影响研究模型。运用问卷调查法和结构方程技术，揭示消费者食品安全风险认知对理性购买的影响机制，并检验风险态度的中介效应和品牌声誉的调节效应。研究结果表明，供应质量风险、标签信息风险和跨境物流风险对理性购买具有显著正向影响；风险态度在风险认知和理性购买间起中介效应；品牌声誉在风险认知与风险态度间起调节效应。由此提出严控食品安全水平、优化食品标签整体信息、完善食品物流服务体系、注重食品经营平台声誉和倡导食品健康消费理念等管理启示。

第十三章 消费者食品安全风险响应：以持续购买为例

一、 研究模型与研究假设

本章基于网红直播视角，对消费者食品安全风险响应展开深层次探讨，明确消费者食品持续购买形成机制。平台经济蓬勃发展，微信、微博等新型社交媒体及大数据、云计算等新兴技术应用创新催生网红直播营销新浪潮，网红直播营销（以下简称“网红直播”）已经成功改变品牌与消费者互动的方式（Yin et al.，2019），其以观看直接性、场景真实性等特征扩大食品市场销售规模。2020 年天猫 618 首日，网红生鲜品牌大希地通过直播售卖跨境牛排，40 分钟卖出 40 万份。《2020—2021 中国在线直播行业年度研究报告》表明，2020 年我国直播电商市场规模高达 9610 亿元。2020 年，国家市场监管总局发布《关于加强网络直播营销活动监管的指导意见》，严格规定网络直播违法行为，推动网红直播专业化发展。食品是网红直播带货的重要产品类别之一。2019 年《中国跨境电商创新发展报告》数据显示，食品为我国跨境电商网购消费者最常购买的商品，占比将近 60.0%。网红直播下消费者强化食品安全风险认知，这影响了其产生持续购买决策。一方面，网红直播时间紧凑、场景局限，易使消费者产生购买行为（冯俊、路梅，2020）。另一方面，网红直播售卖假冒伪劣产品等违法行为频现，严重损害消费者消费信心及经济利益（张伟等，2020）。由于信息不对称，网红直播下消费者难以识别食品安全风险，导致其忠诚度低、持续购买难等窘境（陈义涛等，2021）。由此，如何更好地规范网红直播，推进食品安全风险治理，是促进消费者食品持续购买的重要途径。

现有网红直播相关研究主要包括网红直播内涵、特征和影响因素三个方面。就网红直播内涵而言，网红营销通过打造精美的产品形象、进行生动的产品展示、塑造良好的产品口碑并借力网络名人等开展产品推广，促使消费者产生购买决策（Ferguson，2008）。网红直播指时尚达人通过线下选款和线上推广，利用社交媒体人气，依托直播平台对消费群体进行定向营销并推动消费者购买产品的过程（孟陆等，2020）。Park 和 Lin（2020）提出网红直播主播特征和产品特征能够影响消费者购买行为。Chen 等（2022）发现网红产品信息和直播用户特征会影响消费者支付意愿。就网络直播特征而言，现有研究表明，网络直播具有沉浸性、即时性、交互性、社会性、可视性、社交联系性和交易性等特征（Haimson，Tang，2017），其突破了传统营销方式，将信息技术与实时交流融合，有效增强了消费者直播过程的参与度（Zhang et al.，2020）。就网络直播影响因素而言，产品名称、包装等因素可提升消费者购买意愿（焦媛媛等，2020）。李凌慧和曹淑艳（2017）基于二因素理论，提出产品质量通过感知价值影响消费者在线购买决策。韩箫亦和许正良（2020）运用扎根理论、深度访谈等研究方法，发现电商主播属性包括魅力属性、推荐属性、展示属性及互动属性，同时提升主播与消费者互动频率可提升直播用户参与度（Yin et al.，2019）。Peng 等（2020）发现，容貌吸引力高或低的卖家产品销量均高于容貌吸引力中等的卖家。Litwin 和 Stringer（1968）提出的“场”理论为网红直播平台形成的直播氛围提供理论依据。陈洋等（2018）基于环境心理学，指出社群氛围包括社群交互氛围、社群控制氛围、产品互助氛围和销售临场氛围。

网红营销等新型食品营销方式突破消费时空限制、创新流通渠道，满足消费者多种类需求。持续购买是指消费者从同一渠道购买产品的频率，代表消费者对该产品或渠道的认可度和满意度（Qin et al.，2021）。现有关于持续购买的研究主要包括外部刺激因素、心理反应因素及个人特征因素三个方面。就外部刺激因素而言，网红直播为消费者提供产品最新趋势等信息，并影响其持续购买决策。Ho 等（1998）使用家庭消费面板数据及商店产品价格波动数据，发现消费者对价格波动大的商品会进行少量多次购买。就心理反应因素而言，黄思皓等（2020）基于 SOR 理论，发现消费者对电商平台的感知信任、感知娱乐性会强化其持续购买意愿。陈义涛等（2021）提出卷入度能够促进消费意愿的形成。就个人特征因素而言，年龄、收入等消费者个人特征均会影响其持续购买决策（王可山，2020）。

在我国经济社会高速发展背景下，科学识别网红直播内在因素，理顺消费者食品持续购买形成机理，对促进网红直播产业及食品产业高质量发展尤为重要。因此本章从网红直播视角出发构建消费者食品持续购买研究模型，运用问卷调查法和结构方程技术，分析消费者食品持续购买形成机制。

（一）产品质量对持续购买的影响

产品质量包括产品内在属性特征及包装外观（丁慧平，2019）。产品是网红直播的核心内容，也是网红主播与消费者交流的媒介（焦媛媛等，2020）。网红直播下消费者对食品外观极为敏感，新冠肺炎疫情背景下消费者对食品质量安全性愈发关注，消费者对网红产品评价越高，越对其外观、安全等感到满意。由此，产品美感及产品安全可能影响消费者持续购买。

进一步说，产品美感是指产品规格、色泽、标识信息的美观程度，能够触发消费者购买动机（Gelperowic，Beharrell，1994）。网红直播下食品统一的规格、鲜明的色泽及详尽的标识能拉近食品与消费者的距离，提升消费者对食品的熟悉度并做出持续购买决策。产品安全是指产品中不存在有毒有害的物质，且不对人体产生威胁和损害（王建华等，2016）。疫情背景下优质的食品会提升消费者对网红直播的满意度、食品质量安全的关注度，从而产生持续购买行为。可见，网红产品质量可促进消费者食品持续购买。由此，提出以下假设：

H_1：产品质量对持续购买有显著影响。

H_{1a}：产品美感对持续购买有显著正向影响。

H_{1b}：产品安全对持续购买有显著正向影响。

（二）主播特征对持续购买的影响

主播特征在网红直播中扮演重要角色，个性鲜明的网红主播会提升消费者关注意愿，并扩大产品销量。网红主播面孔吸引力越高，越易博得消费者关注并使消费者产生消费决策（Wheeler，Petty，2001）。相较于传统明星通过自身知名度推广商品，网红主播与消费者开展及时互动，并帮助消费者评估自身所需后产生购买意愿（孟陆等，2020）。

进一步说，主播颜值是指网红直播成员对主播相貌的判断，常用面孔吸引力来解释（吴伟炯等，2020）。内隐人格理论指出，吸引力效应通过特质推断发挥作用，即颜值影响我们对他人的第一印象，并对其社会特征进行判断。颜值存在美丽溢价，即相较于颜值较低的人，公众会认为颜值较高的人有较高可信度（Langlois et al.，2000）。部分食品产自境外，消费者对其产地情况、加工标准不甚了解，而颜值较高的网红主播更易赢得消费者信赖，使消费者愿意为主播颜值买单而持续购买推介产品。主播互动是指网红主播在直播中就产品属性、价格等与成员进行交流以销售产品（申光龙等，2016）。网红主播借助积极的互动，对推介食品的分量、性价比及消费体验等进行介绍，提升消费者与网红主播间亲密度，并鼓励消费者对产品进行提问，使消费者明晰食品原料供应等信息，促进消费者产生持续购买决策。由此，提出以下假设：

H_2：主播特征对持续购买有显著影响。

H_{2a}：主播颜值对持续购买有显著正向影响。

H_{2b}：主播互动对持续购买有显著正向影响。

（三）直播氛围对持续购买的影响

良好的直播氛围能促进消费者与卖家实时互动，为其营造身临其境的购物体验（Haimson，Tang，2017）。同时，来自直播间粉丝分享的食品口感、包装完整度以及消费体验能降低消费者对食品的感知不确定性，并产生持续购买行为（Zhao et al.，2017）。

进一步说，粉丝氛围指网红直播中观看成员营造的整体气氛（Luthans et al.，2008）。直播成员分享食品消费经历能营造有序的粉丝氛围，直播成员不断吸纳其他成员的消费观念并及时互动，能推动直播顺利运行。部分网红直播推介的食品产地较远，直播成员通过直播平台与其他成员交流信息，在了解食品保存方式等知识后会产生持续购买决策。管控氛围指直播平台对直播过程进行规制，共创和谐友善的网红直播环境（朱瑾，2020）。网红直播平台受众基数大，缺乏系统的制度规范，且部分推介食品与我国消费者间存在信息不对称，直播成员发送食品相关谣言极易降低消费者消费意愿。而健康有序的直播氛围能净化直播环境，并带给消费者舒适安心的购买体验，激励其形成持续购买决策。由此，提出以下假设：

H_3：直播氛围对持续购买有显著影响。

H_{3a}：粉丝氛围对持续购买有显著正向影响。

H_{3b}：管控氛围对持续购买有显著正向影响。

（四）直播促销对持续购买的影响

直播采用促销等方式唤起消费者愉悦等正面情绪，影响消费者心理动机并做出购买决策。网红直播通过采用优质合理的促销方式，诱发消费者产生情绪反应和购买需求（Chakrabortty et al.，2013）。网红直播下，商家通过加大折扣力度、开展口碑促销影响消费者持续购买。

进一步说，折扣力度指产品价格相较常规购买情境售价的折扣程度。在网络环境中消费者价格敏感度比传统渠道更高，因此，折扣力度越大，网红直播下消费者对直播产品的兴趣和关注度越高，越能促进其形成购买决策（Wongkitrungrueng et al.，2020）。此外，直播推荐的食品通常具有稀缺性，限时抢购等网红直播价格促销方式能促使消费者对食品持续关注和产生消费意愿。口碑促销指消费者等独立于提供产品或服务的食品企业之外的人，在新型社交媒体等独立于食品企业之外的媒介中，就产品和服务进行打卡、测评等网红化交流的促销方式（Warrington，2002）。社交媒体拉近了消费者与网红之间的距离，位居前列的食品排名、交口称赞的食品评价能增加消费者对食品的信任，并引导其做出持续购买决策（Ferguson，2008）。由此，提出以下假设：

H_4：直播促销对持续购买有显著影响。

H_{4a}：折扣力度对持续购买有显著正向影响。

H_{4b}：口碑促销对持续购买有显著正向影响。

（五）时尚参与度的中介效应

Dichter（1996）认为消费者有产品参与、自我参与、其他参与和信息参与四个参与动机。在客观因素影响下，消费者会产生参与动机等心理反应及网购行为（Wolny，Mueller，2013）。而时尚推动消费者对产品形成消费偏好，并通过网络激发消费者参与。时尚参与度是指消费者在营销活动、情境及产品的作用下对产品的兴趣程度，与具有时尚元素的产品网购行为间存在很强的正相关关系（Zhang，Kim，2013）。网红通过传递个人及群体身份、建立信念及价值观提升人们时尚参与度（Ahuvia，2005）。网红直播可为消费者提供清晰明确的消费信息及热烈的消费环境，趣味十足的网红直播能够挖掘消费者对于时尚的兴趣和价值观，提升其时尚参与度，并推动其将理想、现实与自我概念相结合后做出持续购买决定（Sirgy et al.，1999；Wolny et al.，2013）。在线消费中不同消费者时尚参与度各异，并产生不同消费特征。作为消费者主观心理动机，时尚参与度可能在网红直播对消费者食品持续购买的影响中发挥作用。

首先，产品质量、主播特征、直播氛围和直播促销四个因素能激起消费者时尚参与度的心理反应。第一，网红直播下售卖产品是消费者产生认知的首要来源，在产品质量方面，品质上乘的产品给消费者以可靠的产品认知，所售食品外观光泽、质量标识等构成消费者对产品质量衡量标准（Chi et al.，2009）。

消费者对网红产品质量越满意，越会提升其时尚参与度（Robertson，1976）。第二，网红直播中，主播鲜明的外貌会影响消费者购买决策。由于晕轮效应，高颜值网红主播带给直播观众良好印象，激发购买、食用网红直播推荐食品意愿，提升时尚参与度（管健，2020）。同时，网红主播通过互动明确优惠券领取方式、回答消费者提问等，提升消费者临场感和时尚参与动机（闫幸、吴锦锋，2020）。第三，直播氛围即网红直播平台、主播、直播受众在直播界面形成的网络直播氛围。直播用户在网红直播平台高频交互并影响消费者时尚参与度（Voorveld et al.，2011）。同时，网红直播平台对直播氛围进行管制，通过有效治理虚假言论、煽动购买等不利风气共塑直播群体互动规范，引导消费者形成社群承诺感并产生持续购买决策（卢宏亮等，2020）。第四，部分跨境运输的食品获取难度较大，提升消费者价格敏感度与时尚参与程度（Jiang，2002）。此外，受好评推介榜单、促销时间压力影响，消费者会更加青睐排名靠前食品（Newman，Foxall，2003）。由此，提出以下假设：

H_5：产品质量对时尚参与度有显著正向影响。

H_{5a}：产品美感对时尚参与度有显著正向影响。

H_{5b}：产品安全对时尚参与度有显著正向影响。

H_6：主播特征对时尚参与度有显著正向影响。

H_{6a}：主播颜值对时尚参与度有显著正向影响。

H_{6b}：主播互动对时尚参与度有显著正向影响。

H_7：直播氛围对时尚参与度有显著正向影响。

H_{7a}：粉丝氛围对时尚参与度有显著正向影响。

H_{7b}：管控氛围对时尚参与度有显著正向影响。

H_8：直播促销对时尚参与度有显著正向影响。

H_{8a}：折扣力度对时尚参与度有显著正向影响。

H_{8b}：口碑促销对时尚参与度有显著正向影响。

其次，时尚参与度能够促进消费者产生持续购买决策。时尚参与度强调时尚在消费者生活中占据的中心程度（O'Cass，2000）。时尚参与度越高，有吸引力的事物与消费者相关度越高。网红直播外在刺激能满足消费者对多样性的需求，消费者时尚参与度越高，越易受精准的网红信息影响并购买推介食品。由此，时尚参与度既是消费者对外在刺激做出的反应，又是个体行为表现的前提，在网红直播作用下，时尚参与度会对持续购买产生影响。由此，提出以下假设：

H_9：时尚参与度对持续购买有显著正向影响。

消费者所处环境对其时尚感知、消费习惯有重要影响，消费者时尚参与度越高，越对其预期购买的产品持积极态度和行为（Deeter-Schmelz et al.，2000）。基于此，面对网红主播推荐的食品，可靠的食品品质，高颜值、互动性强的网红主播，粉丝反响热烈、平台管控良好的直播间，促销价格合适、大众推荐度高的食品等特征均能激发消费者的时尚参与度，使其产生持续购买决策。

进一步说，消费者会对优质美观、安全可靠的产品形成好印象，时尚参与度激发其产生购买欲望并持续购买食品；基于面孔吸引力理论，网红主播姣好的颜值能使消费者积极参与直播（李雪、郑涌，2019）。同时，主播亲切的互动会吸引消费者，时尚参与度高的人会更希望购买同款食品来获取特质；热烈的粉丝反馈、积极的食品信息讨论氛围及有序的直播管控氛围，会让消费者对购买产品更加放心，时尚参与度高的消费者更易产生持续购买意愿和行为；低于预期的定价、频频推荐的口碑会提升消费者对食品的信任，追赶潮流的心理也使其频繁购买推介商品。由此，提出以下假设：

H_{10}：时尚参与度在网红直播与持续购买因果关系间具有中介效应。

H_{10a}：时尚参与度在产品质量与持续购买因果关系间具有中介效应。

H_{10b}：时尚参与度在主播特征与持续购买因果关系间具有中介效应。

H_{10c}：时尚参与度在直播氛围与持续购买因果关系间具有中介效应。

H_{10d}：时尚参与度在直播促销与持续购买因果关系间具有中介效应。

（六）心理距离的调节效应

可基于心理距离探究持续购买形成的深层次规律。解释水平理论又称建构水平理论，其指出人们对事物认知的抽象、具体程度与其内部心理距离存在关系（Bar-Anan et al.，2007）。基于解释水平理论，心理距离是指个体在心理层面上对某件事物距离远近的主观认知或解释，消费情境下，心理距离是指消费者认知中自己与外界事物的主观距离，不同的心理距离会使消费者产生不同思考及行为反应。现有研究主要基于企业视角和个体视角探讨消费者心理距离影响因素。从企业视角来说，熟悉的企业及品牌、临近的地理位置会提升消费者在线购物中的心理距离（Edwards et al.，2009）。郭婷婷和李宝库（2019）运用情境实验法，发现感知时间距离远时，相较于触觉意象，视觉意象对消费者购买意愿影响更为明显。从个体视角来说，熟悉感在探究心理距离影响因素时至关重要，消费者对同事、同城居民心理距离增加时，对这些群体的感知偏见也会增加（Chapin，2001）。网红直播下消费者对心理距离近的食品更易形成正面评价，并产生积极的心理和行为反应。由此，心理距离在网红营销中产品质量、主播特征、直播氛围和直播促销与时尚参与度的关系间可能产生调节效应。

在线消费虚拟性等特征使消费者对卖家的信任度等不及传统消费情境，增加其网购时的风险认知（张蓓等，2020）。网红直播下，心理距离表现为消费者对网红直播的综合理解。心理距离越近，网红主播进行持续产品展示时越使消费者对所购产品有清晰认知并产生愉悦等心理反应（唐甜甜、胡培，2018）。可见心理距离越近，网红直播对时尚参与度的正向作用越显著。在产品质量方面，心理距离越近，地域产品越能引发消费者情感共鸣（Shan，Sun，2015）。由此推测，心理距离近时，食品精美的外观、可靠的质量能提升消费者时尚参与度。在主播特征方面，消费者与好友等熟悉的人心理距离更近，熟悉的人分享的促销信息比广告信息更能影响消费者购买决策（Liu et al.，2020）。由此推测，心理距离近时，网红主播良好的外貌与社交技能可提升消费者时尚参与度。在直播氛围方面，当心理距离近时，新奇的消费环境更能促使消费者产生持续购买决策（李春晓等，2020）。由此推测，心理距离近时，消费者感受到热烈活跃的粉丝氛围及井然有序的管控氛围，会提升其时尚参与度。在直播促销方面，心理距离越近，企业促销、产品榜单等促销方式更能使消费者形成购买决策（Tang et al.，2019）。由此推测，心理距离近时，消费者更关注价格、口碑等信息，大幅降价的促销价格及良好的口碑能向消费者传递食品的交易价值和获得价值，并提升其时尚参与度。由此，提出以下假设：

H_{11}：心理距离在网红直播与时尚参与度因果关系间具有调节效应。

H_{11a}：心理距离在产品质量与时尚参与度因果关系间具有正向调节效应。

H_{11b}：心理距离在主播特征与时尚参与度因果关系间具有正向调节效应。

H_{11c}：心理距离在直播氛围与时尚参与度因果关系间具有正向调节效应。

H_{11d}：心理距离在直播促销与时尚参与度因果关系间具有正向调节效应。

综上所述，本章以网红直播中产品质量、主播特征、直播氛围和直播促销为前因变量，时尚参与度为中介变量，心理距离为调节变量，持续购买为结果变量，构建消费者食品持续购买研究模型（见图13-1）。

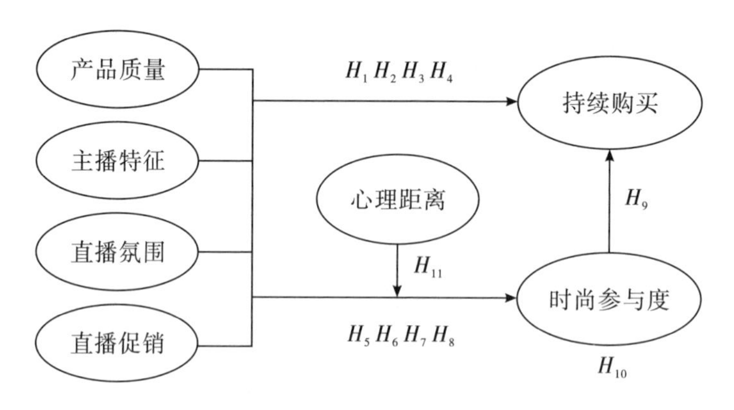

图 13－1 研究模型

二、 量表开发与样本采集

采用问卷调查法展开研究，问卷背景基于网红直播跨境电商食品整切进口牛排情境调查消费者持续购买行为。网红品牌烧范儿精选澳大利亚进口牛肉加工牛排，2021 年入选天猫榜单优选牛排榜。2020 年网红主播为其进行带货，烧范儿官方旗舰店整切进口牛排原价为 238 元 8 片（160g/片），网红直播间促销价为 168 元 8 片（160g/片），并送 1 包鸡排、1 包蔬菜包、8 包调料包及 8 包牛油，在天猫双十一活动中，该牛排位列牛排类目销量第一。以消费者在网红直播下购买跨境电商食品整切进口牛排作为问卷调查情境，具有代表性和说服力。

（一） 量表开发

本章所用测度项均参照以往研究成果并结合研究情境进行修改（见表 13－1），调查问卷参照李克特 5 级量表，问卷量表来源如下：产品美感借鉴 Poushneh 和 Vasquez-Parraga（2017）的研究；产品安全借鉴 Cuesta 等（2013）的研究；主播颜值借鉴吴伟炯等（2020）的研究；主播互动借鉴 Ohanian（1991）的研究；粉丝氛围借鉴 Huettermann 等（2019）、Husnain 和 Toor（2017）的研究；管控氛围借鉴陈洋等（2018）的研究；折扣力度借鉴 Ashraf 等（2014）的研究；口碑促销借鉴 Bataineh（2015）的研究；时尚参与度借鉴 Wolny 和 Mueller（2013）的研究；心理距离借鉴 Zhang 等（2020）的研究；持续购买借鉴 Nikhashemi 等（2019）的研究。

表 13-1 变量测度项、信度和收敛效度检验（$N=402$）

维度	变量	题项	平均值/标准差	标准载荷	信度	*CR*	*AVE*
产品质量	产品美感（PA）	PA_1 该跨境电商食品光泽度好	3.49/0.85	0.828	0.888	0.889	0.728
		PA_2 该跨境电商食品规格统一	3.49/0.85	0.850			
		PA_3 该跨境电商食品标识清晰	3.33/0.89	0.880			
	产品安全（PS）	PS_1 该跨境电商食品干净卫生	3.30/0.71	0.758	0.861	0.864	0.680
		PS_2 该跨境电商食品添加剂等化学物质含量符合标准	3.32/0.73	0.877			
		PS_3 该跨境电商食品不含损害人体健康的有毒物质	3.23/0.74	0.835			
主播特征	主播颜值（HFA）	HFA_1 该网红直播平台主播相貌如何	2.98/0.76				
	主播互动（HI）	HI_1 该网红直播平台主播鼓励我参与该跨境电商食品相关话题	3.47/0.78	0.708	0.841	0.845	0.647
		HI_2 该网红直播平台主播努力激发我对该跨境电商食品的兴趣	3.49/0.89	0.852			
		HI_3 该网红直播平台主播与成员围绕该跨境电商食品展开热烈交流	3.50/0.82	0.845			
直播氛围	粉丝氛围（FA）	FA_1 该直播平台粉丝积极分享自身跨境电商食品网购经历	3.52/0.79	0.768	0.855	0.855	0.663
		FA_2 该直播平台粉丝间积极讨论跨境电商食品信息	3.61/0.83	0.841			
		FA_3 该直播平台粉丝与主播交流跨境电商食品信息	3.56/0.81	0.832			
	管控氛围（RA）	RA_1 该网红直播平台对煽动购买等行为予以删除、屏蔽或拉黑	3.29/0.88	0.744	0.877	0.880	0.710
		RA_2 该网红直播平台对虚假营销等行为予以删除、屏蔽或拉黑	3.48/0.92	0.878			
		RA_3 该网红直播平台对传播食品谣言等行为予以删除、屏蔽或拉黑	3.51/0.88	0.898			

（续上表）

维度	变量	题项	平均值/标准差	标准载荷	信度	*CR*	*AVE*
直播促销	折扣力度（DS）	DS_1该跨境电商食品促销力度大	3. 63/0. 80	0. 830	0. 876	0. 881	0. 712
		DS_2该跨境电商食品促销价格十分划算	3. 56/0. 86	0. 898			
		DS_3该跨境电商食品促销价格让我心动	3. 44/0. 90	0. 800			
	口碑促销（WP）	WP_1该跨境电商食品销量排名靠前	3. 50/0. 77	0. 713	0. 836	0. 837	0. 563
		WP_2该跨境电商食品被许多人推荐	3. 47/0. 88	0. 747			
		WP_3该跨境电商食品推荐信息清晰	3. 56/0. 81	0. 766			
		WP_4该跨境电商食品推荐理由充分	3. 45/0. 77	0. 774			
中介变量	时尚参与度（FI）	FI_1我对网红直播下购买跨境电商食品这种潮流十分感兴趣	3. 28/0. 87	0. 858	0. 899	0. 900	0. 693
		FI_2我认为网红直播下购买跨境电商食品这种潮流十分有趣	3. 33/0. 87	0. 861			
		FI_3我认为网红直播下购买跨境电商食品这种潮流令人愉悦	3. 24/0. 87	0. 850			
		FI_4我认为网红直播下购买跨境电商食品这种潮流十分重要	3. 22/0. 92	0. 758			
调节变量	心理距离（PD）	PD_1观看网红直播后，我对该跨境电商食品十分熟悉	3. 12/0. 81	0. 770	0. 853	0. 854	0. 593
		PD_2观看网红直播后，我对跨境电商食品信息更加明确	3. 36/0. 87	0. 809			
		PD_3观看网红直播后，我可以想象该跨境电商食品的属性	3. 31/0. 92	0. 760			
		PD_4观看网红直播后，我可以清晰描绘该跨境电商食品	3. 18/0. 82	0. 740			

（续上表）

维度	变量	题项	平均值/标准差	标准载荷	信度	*CR*	*AVE*
结果变量	持续购买（CP）	CP_1 观看该网红直播平台直播后，我会购买该跨境电商食品	3.77/0.73	0.796	0.887	0.889	0.666
		CP_2 观看该网红直播平台直播后，我会经常购买该跨境电商食品	3.50/0.84	0.789			
		CP_3 观看该网红直播平台直播后，我会购买类似的跨境电商食品	3.63/0.76	0.847			
		CP_4 观看该网红直播平台直播后，我会向他人推荐该跨境电商食品	3.68/0.79	0.831			

注：由于主播颜值只有一个测度项，无法测度其标准载荷、信度、*CR* 值及 *AVE* 值，故没有进行展示，下同。

（二）样本采集

商务部《中国电子商务报告（2019）》表明 2019 年广东省跨境电商零售进出口总额位列我国首位。本章于 2021 年 3 月通过问卷星在广东省广州市发放问卷，通过微信等平台回收 423 份问卷，剔除无效问卷后获 402 份有效问卷，有效回收率为 95.0%。由样本特征（见表 13－2）可知，本章调查对象统计特征表现为有稳定收入和较高教育程度，较易理解调查内容，且女性多于男性，符合《直播带货行业网络关注度分析报告》中网络直播用户以女性为主的结论，因此本章调查数据有较好的代表性。

表 13－2 样本特征（$N=402$）

项目	分类	人数	百分比（%）	项目	分类	人数	百分比（%）
性别	男性	157	39.1	职业	企业工作人员	93	23.1
	女性	245	60.9		政府工作人员	29	7.2
年龄	20 岁及以下	20	5.0		事业单位工作人员	49	12.2
	21～29 岁	332	82.6		离退休人员	3	0.7
	30～39 岁	32	8.0		学生	196	48.8
	40～49 岁	11	2.7		其他	32	8.0
	50 岁及以上	7	1.7				

（续上表）

项目	分类	人数	百分比（%）
教育程度	初中或以下	3	0.7
	中专或高中	9	2.2
	大专或本科	270	67.2
	研究生或以上	120	29.9
家庭状况	无未成年人或高于60岁的人	257	63.9
	有未成年人或高于60岁的人	145	36.1

项目	分类	人数	百分比（%）
家庭月收入	5000元以下	119	29.6
	5000～10000元	157	39.1
	10000～15000元	68	16.9
	15000～20000元	31	7.7
	20000元以上	27	6.7
家庭居住人数	1～2人	30	7.5
	3人	117	29.1
	4人	120	29.9
	4人以上	135	33.5

三、实证分析结果与讨论

（一）测量模型分析

共同方法偏差检验。本章运用软件SPSS 22.0对样本数据进行共同方法偏差检验。首先，采用主成分分析法和最小方差旋转法进行因子分析，将11个变量的所有测量题目全部并入同一个变量，结果显示*KMO*值为0.926，大于0.800，Bartlett's球形检验值为9122.714，*df*值为595，*Sig.*值为0.000，说明研究数据适合做因子分析。其次，从表13－1可知，各变量测度项标准载荷处于0.708～0.898且在0.001水平下显著，各变量*AVE*值在0.563～0.728，大于0.5，表明其收敛程度均处于较高水平。各变量题项因子载荷均大于0.5，各变量指标在对应变量上的负载大于在其他因子上的负载，指标结构合理稳定，各变量指标能有效反映其测量变量信息。最后，通过Harman单因子法对共同方法偏差问题进行检验，采用未旋转的主成分分析法，结果显示第一公因子的方差解释百分比为37.033%，小于标准值40%，总体方差解释率为70.801%，说明11个变量不存在共同方法偏差问题。由此，本章进行各变量间的分析是可行的。

信效度分析。本章变量运用*Cronbach's* α 值进行信度检验，各变量信度系数为0.836～0.899，高于临界值0.60，表明该问卷信度良好（见表13－1）。效度包括内容效度和结构效度。在内容效度方面，本章借鉴已有文献成熟量表，根据网红直播下消费者购买跨境电商食品情境修改形成初始量表，并经预调研修改完善，证明量表内容效度良好。因此，本章的研究量表并非自行开发，无须进行主成分分析（匡红云、江若尘，2019）。在结构效度方面，本章检验收敛效度及区分效度，对产品美感、产品安全、主播颜值、主播互动、粉丝氛围、管控氛围、折扣力度、口碑促销、时尚参与度、心理距离和持续购买等11个变量的标准载荷、复合信度（*CR* 值）和平均方差萃取量（*AVE* 值）进行检验，检验结果如表13－1所示。经统计，11个变量的标准载荷均大于0.708，在标准值0.60以上，t 值在 $p<0.01$ 的水平下显著，说明测量指标均通过信度检验。*CR* 值均在0.837以上，大于标准值0.6，说明各变量内部一致性良好；*AVE* 值最小为0.563，大于推荐值0.5，说明各变量可以较好解释方差，调查问卷数据收敛程度较好。如表13－3所示，各变量 *AVE* 值的平方根，即位于对角线上的数字均大于相应相关系数，表明本章各变量所使用的数据具有较好的区别效度。综上，本章研究量表具有较好信度和效度。

表13－3　均值、标准差和相关系数（$N=402$）

变量	1	2	3	4	5	6	7	8	9	10	11
1. 产品美感	***0.853***										
2. 产品安全	0.373**	***0.825***									
3. 主播颜值											
4. 主播互动	0.322**	0.397**		***0.804***							
5. 粉丝氛围	0.352**	0.424**		0.793**	***0.814***						
6. 管控氛围	0.276**	0.314**		0.454**	0.485**	***0.843***					
7. 折扣力度	0.443**	0.426**		0.505**	0.477**	0.400**	***0.844***				
8. 口碑促销	0.485**	0.601**		0.591**	0.609**	0.422**	0.727**	***0.750***			
9. 时尚参与度	0.399**	0.402**		0.528**	0.503**	0.516**	0.522**	0.550**	***0.832***		
10. 心理距离	0.424**	0.455**		0.565**	0.597**	0.441**	0.508**	0.634**	0.707**	***0.770***	
11. 持续购买	0.296**	0.357**		0.530**	0.629**	0.480**	0.549**	0.596**	0.494**	0.610**	***0.816***
均值	3.44	3.28	2.98	3.49	3.57	3.43	3.54	3.50	3.26	3.24	3.65
标准差	0.78	0.64	0.76	0.72	0.71	0.80	0.77	0.66	0.77	0.71	0.67

注：**表示 $p<0.01$，双尾检验；对角线上的数值为各构面的平方根值，其他数值为构面间的相关系数。

本章各变量的均值、标准差、相关系数如表13－3所示。首先，在产品质量中，产品美感分别与持续购买（$r=0.296$，$p<0.01$）、时尚参与度（$r=0.399$，$p<0.01$）、心理距离（$r=0.424$，$p<0.01$）显著正相关；产品安全分

别与持续购买（$r=0.357$，$p<0.01$）、时尚参与度（$r=0.402$，$p<0.01$）、心理距离（$r=0.455$，$p<0.01$）显著正相关。其次，在主播特征中，主播互动分别与持续购买（$r=0.530$，$p<0.01$）、时尚参与度（$r=0.528$，$p<0.01$）、心理距离（$r=0.565$，$p<0.01$）显著正相关。再次，在直播氛围中，粉丝氛围分别与持续购买（$r=0.629$，$p<0.01$）、时尚参与度（$r=0.503$，$p<0.01$）、心理距离（$r=0.597$，$p<0.01$）显著正相关；管控氛围与持续购买（$r=0.480$，$p<0.01$）、时尚参与度（$r=0.516$，$p<0.01$）、心理距离（$r=0.441$，$p<0.01$）显著正相关。最后，在直播促销中，折扣力度分别与持续购买（$r=0.549$，$p<0.01$）、时尚参与度（$r=0.522$，$p<0.01$）、心理距离（$r=0.508$，$p<0.01$）显著正相关；口碑促销分别与持续购买（$r=0.596$，$p<0.01$）、时尚参与度（$r=0.550$，$p<0.01$）、心理距离（$r=0.634$，$p<0.01$）显著正相关。以上与研究模型预期基本一致，为研究假设提供了初步支持。

结构方程验证。为检测整个模型与数据间的适配度，本章选择 χ^2/df、*RMSEA*、*GFI*、*AGFI*、*CFI*、*IFI*、*TLI* 共 7 个指标检测该结构方程的适配度。在本章中 $\chi^2/df=1.827<2$，$RMSEA=0.045<0.05$，$GFI=0.885<0.9$，$AGFI=0.857<0.9$，$CFI=0.954>0.9$，$IFI=0.955>0.9$，$TLI=0.944>0.9$（见表 13-4），这 7 个指标均在可接受范围内，全部符合检验。可见，本章结构方程模型整体适配度符合要求，可用来检验相应的研究假设。

表 13-4　整体拟合系数

统计检验量	理想标准值	模型结果	标准符合情况
χ^2/df	<2	1.827	理想
RMSEA	<0.05	0.045	理想
GFI	<0.9	0.885	可接受
AGFI	<0.9	0.857	可接受
CFI	>0.9	0.954	理想
IFI	>0.9	0.955	理想
TLI	>0.9	0.944	理想

（二）结构模型分析

本章运用 Amos 21 和 SPSS 22.0 分析结构模型、开展假设检验，并采用 Bootstrapping 抽样 5000 次，所得各变量间关系的路径系数及显著性结果见表13-5。

表 13-5 模型路径系数显著性检验

研究假设	标准化系数	t 值	显著水平	检验结果
产品美感对持续购买有显著正向影响	0.271	5.639	* * *	成立
产品安全对持续购买有显著正向影响	0.317	6.685	* * *	成立
主播颜值对持续购买有显著正向影响	0.143	2.880	* * *	成立
主播互动对持续购买有显著正向影响	0.465	10.493	* * *	成立
粉丝氛围对持续购买有显著正向影响	0.550	13.184	* * *	成立
管控氛围对持续购买有显著正向影响	0.411	9.006	* * *	成立
折扣力度对持续购买有显著正向影响	0.495	11.388	* * *	成立
口碑促销对持续购买有显著正向影响	0.517	12.064	* * *	成立
产品美感对时尚参与度有显著正向影响	0.361	7.737	* * *	成立
产品安全对时尚参与度有显著正向影响	0.358	7.658	* * *	成立
主播颜值对时尚参与度有显著正向影响	0.288	6.011	* * *	成立
主播互动对时尚参与度有显著正向影响	0.456	10.245	* * *	成立
粉丝氛围对时尚参与度有显著正向影响	0.440	9.795	* * *	成立
管控氛围对时尚参与度有显著正向影响	0.468	10.593	* * *	成立
折扣力度对时尚参与度有显著正向影响	0.479	10.904	* * *	成立
口碑促销对时尚参与度有显著正向影响	0.480	10.956	* * *	成立
时尚参与度对持续购买有显著正向影响	0.446	9.970	* * *	成立

注：* * * 表示 $p<0.01$。

（1）产品质量、主播特征、直播氛围和直播促销对持续购买全部发挥作用。由表 13-5 可知，产品美感（$B=0.271$，$p<0.01$）、产品安全（$B=0.317$，$p<0.01$）、主播颜值（$B=0.143$，$p<0.01$）、主播互动（$B=0.465$，$p<0.01$）、粉丝氛围（$B=0.550$，$p<0.01$）、管控氛围（$B=0.411$，$p<0.01$）、折扣力度（$B=0.495$，$p<0.01$）和口碑促销（$B=0.517$，$p<0.01$）均显著正向影响持续购买。据此，假设 H_1（H_{1a}、H_{1b}）、H_2（H_{2a}、H_{2b}）、H_3（H_{3a}、H_{3b}）和 H_4（H_{4a}、H_{4b}）完全成立。

（2）产品质量、主播特征、直播氛围和直播促销对时尚参与度全部发挥作用。由表 13-5 可知，产品美感（$B=0.361$，$p<0.01$）、产品安全（$B=0.358$，$p<0.01$）、主播颜值（$B=0.288$，$p<0.01$）、主播互动（$B=0.456$，$p<0.01$）、粉丝氛围（$B=0.440$，$p<0.01$）、管控氛围（$B=0.468$，$p<0.01$）、折扣力度（$B=0.479$，$p<0.01$）和口碑促销（$B=0.480$，$p<0.01$）均显著正向影响时尚参与度。据此，假设 H_5（H_{5a}、H_{5b}）、H_6（H_{6a}、H_{6b}）、H_7（H_{7a}、H_{7b}）和 H_8（H_{8a}、H_{8b}）完全成立。

（3）时尚参与度对持续购买完全发挥作用。时尚参与度显著正向影响持续购买（$B=0.446$，$p<0.01$）。据此，假设 H_9完全成立。

持续购买作为内生变量的 R^2值为0.433，表明该研究模型具有较好的解释力度。

（三）中介效应检验

首先，采用 Hayes（2012）编制的 SPSS process 中的 Model 4（简单的中介模型）进行中介效应分析，在控制性别、年龄、教育程度、职业、家庭月收入、家庭状况和家庭居住人数等无关变量后，以 8 个前因变量作为自变量，时尚参与度作为中介变量，持续购买作为结果变量，检验时尚参与度在前因变量与结果变量间的中介效应。研究结果（见表 13－6 和表 13－7）表明：

产品美感（$B=0.24$，$t=5.57$，$p<0.01$）、产品安全（$B=0.32$，$t=6.46$，$p<0.01$）、主播颜值（$B=0.13$，$t=2.98$，$p<0.01$）、主播互动（$B=0.43$，$t=10.31$，$p<0.01$）、粉丝氛围（$B=0.51$，$t=12.86$，$p<0.01$）、管控氛围（$B=0.34$，$t=8.78$，$p<0.01$）、折扣力度（$B=0.43$，$t=10.86$，$p<0.01$）和口碑促销（$B=0.52$，$t=11.86$，$p<0.01$）对持续购买的作用显著，当放入中介变量时尚参与度后，产品美感（$B=0.11$，$t=2.63$，$p<0.01$）、产品安全（$B=0.17$，$t=3.51$，$p<0.01$）、主播颜值（$B=0.02$，$t=0.44$，$p<0.01$）、主播互动（$B=0.30$，$t=6.77$，$p<0.01$）、粉丝氛围（$B=0.40$，$t=9.51$，$p<0.01$）、管控氛围（$B=0.21$，$t=5.13$，$p<0.01$）、折扣力度（$B=0.31$，$t=7.11$，$p<0.01$）和口碑促销（$B=0.39$，$t=8.03$，$p<0.01$）对持续购买的直接作用仍然显著。在产品美感（$B=0.36$，$t=7.59$，$p<0.01$）、产品安全（$B=0.44$，$t=7.82$，$p<0.01$）、主播颜值（$B=0.29$，$t=5.99$，$p<0.01$）、主播互动（$B=0.49$，$t=10.10$，$p<0.01$）、粉丝氛围（$B=0.47$，$t=9.65$，$p<0.01$）、管控氛围（$B=0.44$，$t=10.19$，$p<0.01$）、折扣力度（$B=0.50$，$t=10.83$，$p<0.01$）和口碑促销（$B=0.57$，$t=11.20$，$p<0.01$）对时尚参与度均有显著正向影响的前提下，时尚参与度均对持续购买有显著正向影响。此外，时尚参与度在产品美感、产品安全、主播颜值、主播互动、粉丝氛围、管控氛围、折扣力度和口碑促销与持续购买之间的中介效应的95%置信区间上、下限均不包含0（见表13－7），这说明产品美感、产品安全、主播颜值、主播互动、粉丝氛围、管控氛围、折扣力度和口碑促销不但可以直接影响持续购买，而且能通过时尚参与度的中介效应影响持续购买。综上所述，假设 H_{10}成立，时尚参与度在网红直播与持续购买因果关系间具有中介效应。

表 13－6　时尚参与度在网红直播与持续购买因果关系间的中介效应

回归方程（$N=402$）		系数显著性															
		前因变量															
预测变量		产品美感		产品安全		主播颜值		主播互动		粉丝氛围		管控氛围		折扣力度		口碑促销	
		B	t	B	t	B	t	B	t	B	t	B	t	B	t	B	t
控制变量	性别	0.24	3.56***	0.23	3.33***	0.26	3.72***	0.22	3.48***	0.18	3.06***	0.20	3.12***	0.15	2.37**	0.21	3.37***
	年龄	−0.02	−0.45	0.05	0.90	−0.01	−0.25	−0.001	−0.13	0.000 6	0.01	−0.03	−0.56	0.004	0.08	0.04	0.79
	教育程度	0.005	0.07	−0.01	−0.20	−0.03	−0.47	0.02	0.41	0.03	0.51	−0.001	−0.02	0.04	0.75	0.01	0.19
	职业	−0.04	−1.85*	−0.03	−1.45	−0.03	−1.70*	−0.02	−1.01	−0.02	−1.06	−0.03	−1.68*	−0.003	−0.17	−0.02	−1.36
	家庭月收入	0.01	0.39	0.02	0.59	0.03	1.04	0.02	0.58	0.02	0.64	0.02	0.68	0.002	0.09	−0.002	−0.09
	家庭状况	0.02	0.34	0.004	0.06	0.000 2	0.002	0.02	0.30	0.03	0.45	0.06	0.88	0.05	0.68	−0.02	−0.31
	家庭居住人数	−0.02	−0.46	−0.01	−0.14	−0.01	−0.26	−0.02	−0.64	−0.02	−0.57	0.03	0.74	−0.01	−0.40	−0.03	−1.04
前因变量	系数显著性	0.24	5.57***	0.32	6.46***	0.13	2.98***	0.43	10.31***	0.51	12.86***	0.34	8.78***	0.43	10.86***	0.52	11.86***
	结果变量	持续购买															
拟合指标	R	0.33		0.36		0.24		0.49		0.57		0.44		0.51		0.54	
	R^2	0.11		0.13		0.06		0.24		0.32		0.20		0.26		0.29	
	$F(df)$	5.95		7.35		3.08		15.73		23.42		11.93		17.25		20.20	
控制变量	性别	0.05	0.61	0.03	0.33	0.07	0.94	0.03	0.37	0.002	0.03	−0.0004	−0.01	−0.05	−0.74	0.01	0.19
	年龄	0.03	0.43	0.13	2.15**	0.03	0.48	0.06	0.99	0.07	1.13	0.03	0.46	0.07	1.22	0.11	1.90*
	教育程度	−0.08	−1.18	−0.11	−1.61	−0.14	−1.91*	−0.07	−1.12	−0.08	−1.22	−0.10	−1.47	−0.05	−0.79	−0.09	−1.40
	职业	−0.01	−0.50	0.001	0.04	−0.01	−0.40	0.01	0.52	0.01	0.37	−0.004	−0.17	0.03	1.37	0.004	0.21
	家庭月收入	−0.02	−0.54	−0.01	−0.24	0.02	0.48	−0.01	−0.24	−0.005	−0.15	−0.005	−0.16	−0.02	−0.75	−0.03	−0.88
	家庭状况	−0.04	−0.47	−0.07	−0.87	−0.07	−0.87	−0.05	−0.69	−0.05	−0.66	0.003	0.04	−0.02	−0.32	−0.10	−1.31
	家庭居住人数	−0.09	−2.11**	−0.07	−1.68*	−0.08	−1.85*	−0.09	−2.24**	−0.08	−2.06**	−0.03	−0.72	−0.08	−2.03**	−0.10	−2.63***
前因变量	系数显著性	0.36	7.59***	0.44	7.82***	0.29	5.99***	0.49	10.10***	0.47	9.65***	0.44	10.19***	0.50	10.83***	0.57	11.20***

（续上表）

回归方程（$N=402$）		系数显著性															
预测变量		前因变量															
		产品美感		产品安全		主播颜值		主播互动		粉丝氛围		管控氛围		折扣力度		口碑促销	
		B	t	B	t	B	t	B	t	B	t	B	t	B	t	B	t
	结果变量	时尚参与度															
拟合指标	R	0.38		0.39		0.32		0.47		0.46		0.48		0.50		0.51	
	R^2	0.15		0.15		0.10		0.22		0.21		0.23		0.25		0.26	
	$F(df)$	8.44		8.90		5.68		14.13		12.98		14.35		16.08		17.12	
控制变量	性别	0.23	3.60***	0.22	3.46***	0.23	3.67***	0.21	3.53***	0.18	3.17***	0.20	3.30***	0.16	2.69***	0.20	3.44***
	年龄	−0.03	−0.67	0.005	0.10	−0.03	−0.50	−0.02	−0.45	−0.01	−0.32	−0.04	−0.75	−0.01	−0.28	0.01	0.30
	教育程度	0.03	0.58	0.02	0.44	0.02	0.38	0.04	0.79	0.05	0.88	0.03	0.49	0.05	1.01	0.03	0.57
	职业	−0.03	−1.79*	−0.03	−1.58	−0.03	−1.69*	−0.02	−1.22	−0.02	−1.21	−0.03	−1.71*	−0.01	−0.58	−0.02	−1.46
	家庭月收入	0.02	0.66	0.02	0.74	0.02	0.92	0.02	0.68	0.02	0.71	0.02	0.77	0.01	0.31	0.004	0.15
	家庭状况	0.04	0.57	0.03	0.42	0.03	0.42	0.03	0.54	0.04	0.65	0.06	0.91	0.05	0.81	0.002	0.03
	家庭居住人数	0.01	0.39	0.02	0.53	0.02	0.59	0.001	0.04	0.000 3	0.01	0.03	1.03	0.01	0.18	−0.01	−0.36
中介变量	时尚参与度	0.35	8.44***	0.34	8.12***	0.38	9.41***	0.26	6.30***	0.23	5.77***	0.29	6.80***	0.25	5.87***	0.23	5.41***
前因变量	系数显著性	0.11	2.63***	0.17	3.51***	0.02	0.44	0.30	6.77***	0.40	9.51***	0.21	5.13***	0.31	7.11***	0.39	8.03***
	结果变量	持续购买															
拟合指标	R	0.50		0.51		0.48		0.56		0.61		0.53		0.57		0.58	
	R^2	0.25		0.26		0.23		0.31		0.38		0.28		0.32		0.34	
	$F(df)$	14.15		14.94		13.18		19.78		26.23		16.97		20.48		22.49	

表 13－7 总效应、直接效应和中介效应分解表

解释变量	效应名称	效应值	Boot 标准误	Boot CI 下限	Boot CI 上限	相对效应值（%）
产品美感	总效应	0.24	0.06	0.12	0.35	
	直接效应	0.11	0.05	0.02	0.21	45.83
	中介效应	0.13	0.03	0.07	0.18	54.17
产品安全	总效应	0.32	0.06	0.20	0.44	
	直接效应	0.17	0.07	0.04	0.31	53.13
	中介效应	0.15	0.04	0.08	0.22	46.87
主播颜值	总效应	0.13	0.05	0.03	0.24	
	直接效应	0.02	0.04	－0.07	0.10	15.38
	中介效应	0.11	0.03	0.06	0.17	84.62
主播互动	总效应	0.43	0.06	0.31	0.54	
	直接效应	0.30	0.06	0.17	0.42	69.77
	中介效应	0.13	0.034	0.06	0.20	30.23
粉丝氛围	总效应	0.51	0.05	0.41	0.61	
	直接效应	0.40	0.06	0.28	0.52	78.43
	中介效应	0.11	0.03	0.05	0.18	21.57
管控氛围	总效应	0.34	0.05	0.23	0.44	
	直接效应	0.21	0.05	0.12	0.30	61.76
	中介效应	0.13	0.03	0.07	0.19	38.24
折扣力度	总效应	0.43	0.06	0.32	0.53	
	直接效应	0.31	0.06	0.19	0.42	72.09
	中介效应	0.12	0.03	0.06	0.19	27.91
口碑促销	总效应	0.52	0.05	0.41	0.62	
	直接效应	0.39	0.06	0.27	0.50	75.00
	中介效应	0.13	0.04	0.05	0.21	25.00

注：Boot 标准误、Boot CI 下限及 Boot CI 上限分别指通过偏差矫正的百分位 Bootstrap 法估计的间接效应的标准误差、95% 置信区间的下限和上限；所有数值均保留两位小数。

（四）调节效应检验

采用 Hayes（2012）编制的 SPSS process 中的 Model 7（Model 7 假设中介模型的前半段受到调节，与本章一致）进行调节效应分析，控制性别、年龄、教育程度、职业、家庭月收入、家庭状况、家庭居住人数等无关变量后，对心理距离的调节效应进行检验。研究结果表明（见表 13－8 和表 13－9）：

表 13-8 心理距离在网红直播与时尚参与度因果关系间的调节效应

回归方程（$N=402$）		系数显著性															
预测变量		前因变量															
		产品美感		产品安全		主播颜值		主播互动		粉丝氛围		管控氛围		折扣力度		口碑促销	
		B	t	B	t	B	t	B	t	B	t	B	t	B	t	B	t
控制变量	性别	0.0001	0.002	-0.01	-0.20	-0.01	-0.12	-0.01	-0.08	-0.02	-0.24	-0.04	-0.69	-0.06	-1.01	-0.02	-0.28
	年龄	0.004	0.08	0.05	1.00	0.01	0.19	0.02	0.38	0.025	0.48	0.02	0.31	0.03	0.69	0.05	1.02
	教育程度	-0.07	-1.14	-0.07	-1.25	-0.07	-1.28	-0.07	-1.16	-0.07	-1.19	-0.05	-0.96	-0.04	-0.66	-0.07	-1.14
	职业	0.0001	0.01	0.004	0.22	0.002	0.11	0.01	0.43	0.006	0.32	0.005	0.28	0.02	1.17	0.01	0.34
	家庭月收入	-0.04	-1.39	-0.03	-1.02	-0.02	-0.55	-0.03	-1.24	-0.03	-1.03	-0.02	-0.62	-0.03	-1.19	-0.03	-1.24
	家庭状况	0.05	0.79	0.03	0.48	0.04	0.51	0.03	0.42	0.03	0.48	0.06	0.92	0.05	0.71	0.004	0.07
	家庭居住人数	-0.05	-1.55	-0.05	-1.39	-0.06	-1.63	-0.06	-1.69*	-0.05	-1.56	-0.03	-0.87	-0.06	-1.76*	-0.07	-2.00**
前因变量	系数显著性	0.16	3.87***	0.18	3.49***	0.14	3.30***	0.26	5.42***	0.21	4.08***	0.25	6.18***	0.27	6.16***	0.27	4.97***
调节变量	心理距离	0.60	13.13***	0.60	12.75***	0.62	13.75***	0.56	11.79***	0.57	11.48***	0.56	12.45***	0.54	11.67***	0.53	10.51***
前因变量×心理距离		0.08	1.89*	0.02	0.48	-0.04	-0.84	0.08	1.97**	0.05	1.08	-0.07	-1.94*	-0.04	-0.95	-0.01	-0.21
	结果变量	时尚参与度															
拟合指标	R	0.64		0.63		0.63		0.65		0.64		0.67		0.67		0.65	
	R^2	0.41		0.40		0.40		0.43		0.41		0.45		0.44		0.42	
	$F(df)$	27.26		26.33		26.26		29.24		27.04		31.81		31.10		28.52	

表 13-9 在心理距离的不同水平上的调节效应

解释变量	结果变量	心理距离（远—近）	效应值	Boot 标准误	Boot CI 下限	Boot CI 上限
产品美感	时尚参与度	2.53（M-1SD）	0.04	0.03	-0.03	0.09
		3.24（M）	0.06	0.02	0.02	0.09
		3.95（M+1SD）	0.08	0.02	0.04	0.12
主播互动	时尚参与度	2.53（M-1SD）	0.05	0.03	0.004	0.11
		3.24（M）	0.07	0.02	0.03	0.11
		3.95（M+1SD）	0.08	0.02	0.05	0.12
管控氛围	时尚参与度	2.53（M-1SD）	0.09	0.02	0.04	0.13
		3.24（M）	0.07	0.02	0.04	0.11
		3.95（M+1SD）	0.06	0.02	0.02	0.09

第一，产品美感与心理距离的交互项对时尚参与度具有显著正向影响（$B=0.08$，$t=1.89$，$p<0.1$），说明心理距离在产品美感与时尚参与度因果关系间具有正向调节效应。第二，主播互动与心理距离的交互项对时尚参与度具有显著正向影响（$B=0.08$，$t=1.97$，$p<0.05$），说明心理距离在主播互动与时尚参与度因果关系间具有正向调节效应。第三，管控氛围与心理距离的交互项对时尚参与度具有显著负向影响（$B=-0.07$，$t=-1.94$，$p<0.1$），说明心理距离在管控氛围与时尚参与度因果关系间具有负向调节效应。第四，产品安全（$B=0.02$，$t=0.48$，$p>0.1$）、主播颜值（$B=-0.04$，$t=-0.84$，$p>0.1$）、粉丝氛围（$B=0.05$，$t=1.08$，$p>0.1$）、折扣力度（$B=-0.04$，$t=-0.95$，$p>0.1$）、口碑促销（$B=-0.01$，$t=-0.21$，$p>0.1$）与心理距离的交互项对时尚参与度无显著影响，说明心理距离在产品安全、主播颜值、粉丝氛围、折扣力度、口碑促销与时尚参与度因果关系间不具有调节效应。

由表 13-9 可知：①由图 13-2 可知，相较于心理距离较远的被试［2.53（M-1SD）］，产品美感对时尚参与度无显著的正向预测作用；而对于心理距离较近的被试［3.95（M+1SD）］，产品美感对时尚参与度有显著的正向预测作用。这说明随着消费者对网红直播的心理距离逐渐拉近，产品美感对时尚参与度的预测作用呈逐渐增强的趋势，即心理距离在产品美感与时尚参与度因果关系间具有正向调节效应，H_{11a}部分成立。②由图 13-3 可知，相较于心理距离较远的被试［2.53（M-1SD）］，主播互动对时尚参与度有显著的正向预测作用；而对于心理距离较近的被试［3.95（M+1SD）］，主播互动对时尚参与度有显著的正向预测作用，且预测作用更大。这说明随着消费者对网红直播的心理距离逐渐拉近，主播互动对时尚参与度的预测作用呈逐渐增强的趋势，即心理距离在主播互动与时尚参与度因果关系间具有正向调节效应，H_{11b}部分成立。③由图 13－4 可知，相较于心理距离较远的被试［2.53（M－1SD）］，管控氛围对时尚参与度有显著正向预测作用；而对于心理距离较近的被试［3.95（M＋1SD）］，管控氛围对时尚参与度有显著正向预测作用，但预测作用较小。这说明随着消费者对网红直播的心理距离逐渐拉近，管控氛围对时尚参与度的预测作用呈逐渐减弱的趋势，即心理距离在管控氛围与时尚参与度因果关系间具有负向调节效应，H_{11c}不成立。

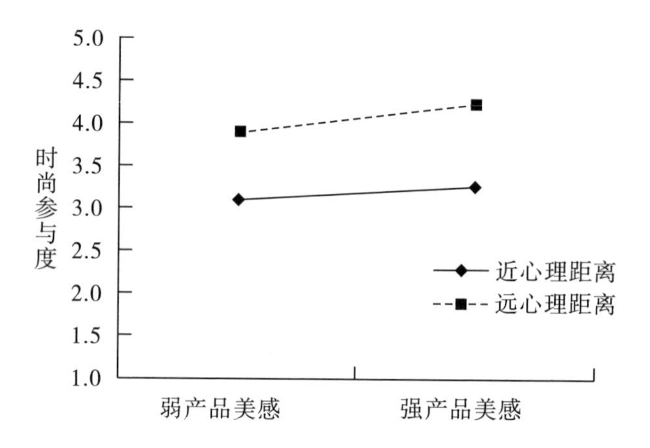

13－2　心理距离在产品美感与时尚参与度因果关系间的调节效应

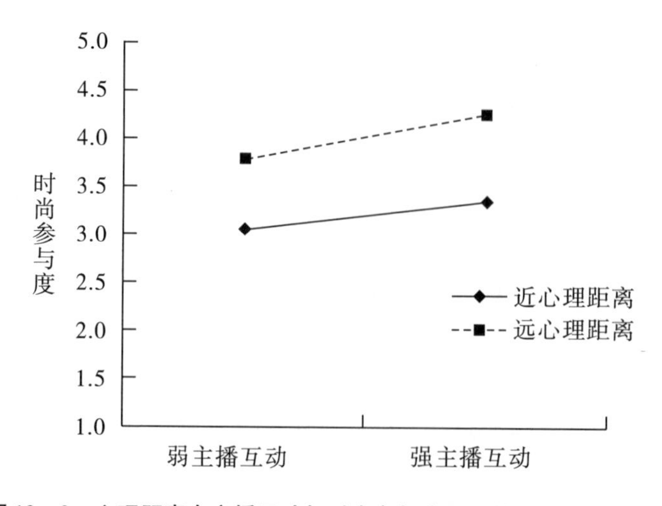

图 13－3　心理距离在主播互动与时尚参与度因果关系间的调节效应

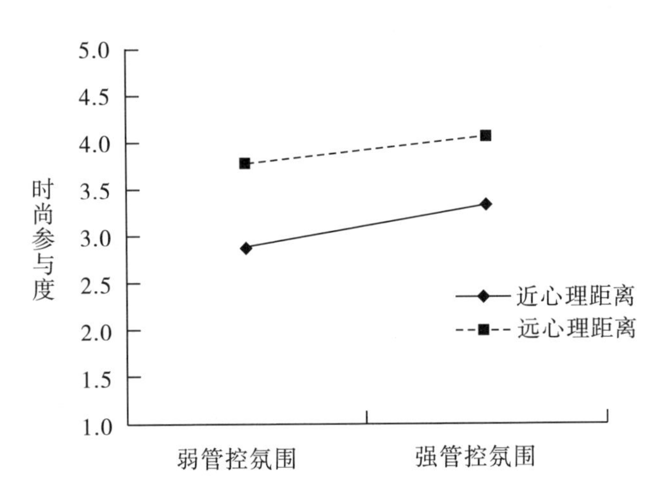

图 13－4　心理距离在管控氛围与时尚参与度因果关系间的调节效应

综上，假设 H_{11a}、H_{11b}部分成立，H_{11c}、H_{11d}不成立，即心理距离在产品质量、主播特征与时尚参与度因果关系间具有部分显著正向调节效应，在直播氛围与时尚参与度因果关系间具有部分显著负向调节效应，在直播促销与时尚参与度因果关系间无调节效应。本章中介效应和调节效应假设检验结果见表13－10。

表 13－10　中介效应和调节效应假设检验结果

研究假设	检验结果
H_{10}：时尚参与度在网红直播与持续购买因果关系间具有中介效应	完全成立
H_{10a}：时尚参与度在产品质量与持续购买因果关系间具有中介效应	成立
H_{10b}：时尚参与度在主播特征与持续购买因果关系间具有中介效应	成立
H_{10c}：时尚参与度在直播氛围与持续购买因果关系间具有中介效应	成立
H_{10d}：时尚参与度在直播促销与持续购买因果关系间具有中介效应	成立
H_{11}：心理距离在网红直播与时尚参与度因果关系间具有调节效应	部分成立
H_{11a}：心理距离在产品质量与时尚参与度因果关系间具有正向调节效应	部分成立
H_{11b}：心理距离在主播特征与时尚参与度因果关系间具有正向调节效应	部分成立
H_{11c}：心理距离在直播氛围与时尚参与度因果关系间具有正向调节效应	不成立
H_{11d}：心理距离在直播促销与时尚参与度因果关系间具有正向调节效应	不成立

四、研究结论与管理启示

（一）研究结论

本章探讨了网红直播情境下消费者食品持续购买的影响因素，包括前因变量产品美感、产品安全、主播颜值、主播互动、粉丝氛围、管控氛围、折扣力度和口碑促销，中介变量时尚参与度及调节变量心理距离，以消费者在网红直播下购买烧范儿整切进口牛排为研究情境。通过问卷调查分析和实证分析检验研究模型，发现：①网红直播对消费者食品持续购买具有较强促进作用。第一，粉丝氛围在持续购买形成过程中作用最大，说明在新冠肺炎疫情背景下，消费者被直播间粉丝关于食品购买经验及体验的分享、互动影响。第二，口碑促销对消费者持续购买影响较大，这说明网红直播产品在好物精选等榜单上排名越高，消费者越容易被其影响，做出持续购买行为。第三，消费者较为看重网红直播中食品促销价格，网红直播中令人心动的售价能促使消费者产生持续购买行为。第四，高频、详尽的直播互动情境能促进消费者产生持续购买决策。第五，井然有序的管控氛围能增加消费者对网红直播及推介食品的认同度，产生持续购买行为。第六，优质安全、外形美观的食品本就为广大消费者所需，促使消费者对该食品产生消费偏好并持续购买。第七，主播颜值对消费者持续购买有显著正向作用，但促进作用相对最低。这表明，引人注目的颜值能提升消费者对主播能力的认可度并形成持续购买行为，但相较于其他因素，主播颜值对消费者持续购买行为的影响最低。②验证时尚参与度在网红直播与持续购买间具有部分中介效应，即产品质量、主播特征、直播氛围和直播促销均可以通过时尚参与度对持续购买产生显著影响，也可不通过时尚参与度直接对持续购买产生显著影响。以往研究表明，时尚参与度对持续购买有显著影响。本章研究结果与先前研究一致，可见消费者面对优质多样的食品、新奇的网红直播方式、良好的网红直播氛围及丰富的直播促销手段，会产生较高的时尚参与度，并产生持续购买。③验证心理距离在产品美感、主播互动与持续购买因果关系间均具有显著正向调节效应，在管控氛围与持续购买因果关系间均具有显著负向调节效应。在心理距离近的情境下，产品美感、主播互动会对时尚参与度起更好的促进作用，这与先前研究中心理距离越近，直播间虚拟情境下食品外观美感、主播互动等的信息关注度越高的结论相符（Bar-Anan et al.，2007）。因此，当心理距离较近时，具有高水平美感的食品，意见领袖的信息传递及互动氛围良好的网红直播间能提升消费者时尚参与度。同时，本章发现在心理距离远时，管控氛围会对时尚参与度起更好的促进作用，严格的管控氛围能提升消费者时尚参与度。当心理距离较近时，消费者对网红直播非常熟悉，严格的管控氛围难以提升其时尚参与度。

（二）理论贡献

基于上述研究结论，本章理论贡献如下：①基于消费者在网红直播情境下购买食品，定量化地对消费者食品持续购买形成机制进行研究，丰富了消费者食品安全风险响应现有研究。研究结果可以为网红直播下消费者食品持续购买引导提供理论支持和现实意义，突破了以往研究中多采用心理唤起理论、二因素理论等理论（李凌慧、曹淑艳，2017；孟陆等，2020），仅针对网红直播内涵、特征及影响因素等单一视角探究消费者持续购买的不足（Litwin，Stringer，1968）。本章立足于食品产业发展壮大、网红经济蓬勃兴起的现实背景，细化、归纳网红直播主要特点，并探究网红直播对消费者食品持续购买的影响内在机制，进而扩展了产品质量、主播特征、直播氛围和直播促销在推动消费者食品持续购买中的应用，是对现有网红直播研究的有力补充。②深化了网红直播对消费者食品持续购买的影响定量化及模型化研究。明确消费者持续购买的形成机理是实施消费者持续购买和食品安全风险响应引导的重要前提，已有文献主要聚焦持续购买内涵及影响因素展开探讨（王可山，2020）。本章针对消费者性别、年龄、教育程度、职业、家庭月收入、家庭状况和家庭居住人数等控制变量进行定量化研究分析，结合网红直播对消费者食品持续购买的影响研究模型开展结构方程分析，推动定量化与模型化研究相结合，推进了消费者食品持续购买研究的深度和广度。③为网红直播平台营销决策、趋势等研究提供方向指导和理论基础。已有研究主要聚焦消费者心理意象等角度探究消费者在网红直播下对食品的认知和态度（郭婷婷、李宝库，2019），缺乏在后疫情时代下聚焦消费者与网红直播间心理变化的新解读。本章通过实证分析，发现网红直播对消费者食品持续购买的积极作用，通过明确时尚参与度在网红直播与消费者食品持续购买间的中介效应，心理距离在网红直播与时尚参与度间的调节效应，弥补网红直播下消费者食品持续购买研究的不足，扩展网红直播对消费者食品持续购买的影响中内部心理动因及变化的研究，为时尚参与度的中介效应、心理距离的调节效应等相关研究提供未来方向及理论基础。

（三）管理启示

引导消费者形成持续购买是推进消费者食品安全风险响应形成，优化食品安全风险管理方式，促进食品产业高质量发展的重要手段。基于上述理论分析和实证结果，得出以下六点管理启示：①严格跨境食品准入，保障网红产品质量安全。在平台监管、食品检验检疫等方面制定监督执法标准，健全境外生产者、经销商、跨境电商平台、运输商等主体质量追溯机制，提升食品美感度与安全性。同时，结合新冠肺炎疫情现状，引导政府机构、科研单位、跨境电商企业等共建食品安全风险检测机制，就源头监管、生物疫病、跨境标准等积极开展食品安全风险评估监测，及时公开披露监测信息。②健全人才培育机制，加强网红主播专业素养。依托专业培训机构，聚集专家等培训团队，就电商运营策略、推广视频剪辑、物流售后服务等网红直播实训，促进我国网红主播职业化。同时，激励网红主播学习市场营销学等专业理论知识，在提升自身外在形象基础上强化专业能力，提升与消费者沟通交流质量，引导消费者持续购买所需食品。③强化平台氛围管控，激励多方主体共治共享。政府积极推动法律延伸至网红直播平台，完善网络直播监管制度，惩治网络直播数据造假，规范网络直播平台、跨境电商平台经营者行为。同时，网红直播平台管理者构建完善的直播信息检测机制，屏蔽虚假营销和煽动性购买言论，建立直播失信公示制度、黑名单制度，打击传播谣言等不法行为。④优化定价促销策略，推动网红口碑公平公正。合理调控食品价格，防止恶性竞争扰乱市场秩序。同时，政府、媒体、电商平台等多方主体应共建“优品甄选”认证机制，让评选评定过程公开透明，为消费者及直播平台提供可信度高、产品质量好的食品网红排行榜，促进第三方检测机构对食品质量进行随机检测。⑤创新数字精准营销，提升用户时尚参与度。增强网红直播时尚潮流感，完善网红直播平台购物小程序、内容推送服务以及嵌入支付系统，简化购物操作，精准推送符合特定人群需求的“网红”食品。同时，挖掘现有潮流特征，运用多媒体融合技术实现多平台同步直播，提升消费者时尚参与度。⑥倡导合理消费风气，拉近网红直播心理距离。首先，政府、媒体、科研机构通过线上和线下渠道，积极向群众科普虚假广告、价格欺诈案例，宣传适度消费观，提升消费者维权意识。其次，网红直播平台严格遵守《互联网直播营销信息内容服务管理规定》等直播法规，直播间悬挂“理性消费”标语，购买页面设置预售、限购以促进消费者持续购买。最后，鼓励消费者在产生购买决策前，通过观看权威新闻报道、向熟人咨询等方式了解相关食品安全风险，减少盲目抵制等行为。

五、 本章小结

本章从消费者食品持续购买视角出发，对消费者食品安全风险响应展开探讨。以产品质量（产品美感与产品安全）、主播特征（主播颜值与主播互动）、直播氛围（粉丝氛围与管控氛围）、直播促销（折扣力度与口碑促销）为前因变量，时尚参与度为中介变量，心理距离为调节变量，消费者食品持续购买为结果变量，构建消费者食品持续购买研究模型，运用问卷调查法和结构方程技术，揭示消费者食品持续购买的形成机制，并检验时尚参与度的中介效应和心理距离的调节效应。研究结果表明，产品美感、产品安全、主播颜值、主播互动、粉丝氛围、管控氛围、折扣力度和口碑促销对持续购买均有显著正向影响；产品美感、产品安全、主播颜值、主播互动、粉丝氛围、管控氛围、折扣力度和口碑促销对时尚参与度均有显著正向影响。时尚参与度在网红直播与持续购买关系间起部分中介效应；心理距离正向调节产品美感、主播互动与持续购买间的关系，并负向调节管控氛围与持续购买间的关系。由此提出严格跨境食品准入、健全人才培育机制、强化平台氛围管控、优化定价促销策略、创新数字精准营销和倡导合理消费风气等管理启示。

第四编

消费者食品安全风险响应引导机制与保障工程

第十四章　消费者食品安全风险响应引导机制

食品安全风险复杂多样、突发性强，消费者面对风险时易产生恐慌、害怕等负面情绪，以及冲动购买、食品抵制等逆向行为，全球经济一体化、“互联网+”迅猛发展更提升了食品安全风险响应引导的复杂性，亟须辨明消费者食品安全风险响应引导的政策导向，厘清消费者食品安全风险响应引导的主体职能，为明确消费者食品安全风险响应引导机制提供政策依据和实践路径。

我国高度重视消费者食品安全风险响应引导，出台一系列政策着力保障消费者食品安全风险响应引导有效性。2017 年十九大报告指出“实施食品安全战略，让人民吃得放心”，并强调“实施健康中国战略”“倡导健康文明生活方式”，为消费者食品安全风险响应引导打下坚实基础。2019 年国务院发布《中华人民共和国食品安全法实施条例》，规定“食品生产经营者应当依照法律、法规和食品安全标准从事生产经营活动，建立健全食品安全管理制度，保证食品安全”，严格把控食品安全生产过程，提升食品供应链相关主体食品安全意识，为开展消费者食品安全风险响应引导提供良好环境。2021 年《中华人民共和国国民经济和社会发展第十四个五年规划和 2023 年远景目标纲要》明确提出“加强和改进食品安全监管制度，完善食品安全法律法规和标准体系，加大重点领域食品安全问题联合整治力度”，同年，国务院办公厅发布的《关于加快发展外贸新业态新模式的意见》指出“积极支持运用新技术新工具赋能外贸发展。推广数字智能技术应用”，有效推进消费者食品安全风险响应引导。2022 年国务院办公厅印发《“十四五”国民健康规划》，表示“扎实推进健康中国建设，持续完善国民健康政策，强化食品安全管理”，促进消费者食品安全风险响应引导实践。

食品安全风险关乎全球消费者身体健康和生命安全。消费者食品安全风险响应引导需要多方主体联动参与、社会共治，消费者食品安全风险响应引导涉及政府、跨境电商平台及相关企业、行业协会、媒体及消费者等多方主体。其中，政府是食品安全风险的监管者，其一方面通过完善食品安全风险监管制度，强化海关总署、商务部等食品安全风险监管部门之间的交流合作，做到食品供应链全程的全覆盖监管；另一方面通过健全食品安全政策法规，完善食品安全标准及监管细则，界定质检部等相关部门职责，明确食品安全违规行为惩戒制度，完善消费者食品安全风险响应引导。跨境电商平台及相关企业是开展消费者食品安全风险响应引导的核心主体，一方面，应严控食品供应质量，通过选择与合法合规的食品供应商合作、构建食品安全信息追溯系统等，提升食品安全风险控制能力。另一方面，应积极履行企业社会责任，通过定期开展食品安全检查和监督、严格遵守食品安全法律法规等，保障消费者身体健康和生命安全，助力我国食品产业可持续发展。行业协会承担协助政府监督食品安全风险的责任，并整合政府、跨境电商平台及相关企业、媒体、消费者等多方主体的风险监督资源，一方面，通过强化风险沟通交流，培育行业自律意识等，健全行业规范和奖惩制度，对依法经营的跨境电商平台等食品经营主体予以表彰奖励，对食品安全风险相关违法经营者通过批评、罚款等形式予以惩戒，规范食品经营者经营行为。另一方面，通过发展食品安全风险检测技术，建立食品从原料、加工、运输到销售的全过程溯源体系，搭建食品安全风险信息平台，实现消费者食品风险安全响应引导。媒体是食品安全风险社会舆论的引导者、传播者和推动者，其一方面主要负责提供真实、全面的食品安全风险信息，提高消费者对食品安全风险监管的信任程度和响应力度，并聚焦食品安全标准的开发与实施、食品安全热点问题等展开宣传报道，以多元化形式传播食品安全风险知识，着力引导社会舆情舆论。另一方面，媒体应着力以新闻评论、专家访谈、随机采访等形式引导消费者参与食品安全风险响应，针对食品安全法律空白等因素展开讨论，总结食品安全问题频发的原因，提高消费者食品安全风险的应对能力和响应水平，保障风险信息传递高效的同时开展消费者食品安全风险响应引导。消费者作为食品安全风险响应中最主要的利益相关主体，应杜绝食品崇拜心理、从众心理等不合理的消费心态，以理性的心态明确自身风险卷入度，产生风险控制感和风险责任感，做出科学的消费决策，主动搜寻食品安全风险知识和信息、挑选营养健康的食品并积极开展食品安全风险维权。具体来说，一方面应积极发挥社会监督作用，对跨境电商平台及相关企业、政府等主体展开监督，并通过媒体等渠道拓宽食品安全风险信息来源渠道，另一方面应切实保障自身合法权益，主动了解食品原产地、保质期、检验检疫流程等食品安全知识，当所购买的食品出现安全问题时，主动保留食品交易记录、食品标签等相关证据，提高自身维权意识和食品安全风险规避能力，加强消费者食品安全风险响应引导效果。

综上所述，应基于消费者食品安全风险响应的政策导向和多方主体职责职能，着力构建消费者食品安全风险响应引导机制，通过设立消费者食品安全风险监督机制、消费者食品安全风险预警机制、消费者食品安全风险应对机制、消费者食品安全风险传播机制、消费者食品安全风险交流机制和消费者食品安全素养提升机制，进一步推进消费者食品安全风险响应引导。

一、 消费者食品安全风险监督机制

亟须从落实经营主体责任、推广食品电子标签、提升商户准入门槛、健全食品召回制度等方面完善消费者食品安全风险监督机制，提升跨境电商平台及相关企业食品安全监督管理能力，更好引导消费者食品安全风险响应。一是落实经营主体责任。一方面，加强电商平台食品来源国与本国的政府监管部门跨国合作，联合修订食品流通法律法规，推进双边政府食品安全流通标准相互衔接。政府部门应明确跨境电商平台等食品经营主体需为进口食品、生鲜食品等食品类别设立专运车辆，并进行食品进货查验，保障所售食品供应过程可靠性、流通过程安全性及销售过程合规性等职责职能，大力推动消费者参与监督跨境电商平台及相关企业等食品经营主体履责，政府部门等监管主体严查跨境电商平台等食品经营主体资质水平，确保食品经营主体所售产品优质优价。另一方面，电商平台等食品经营主体应严格设立食品安全监督标准，按时对食品仓储环境进行消菌杀毒，定期核查、检验临期食品并在食品销售页进行明确标识，及时处理变质过期食品，提升消费者食品安全风险监督能力，降低消费者消费过程中可能存在的崇拜心理，更加科学判断自身食品安全风险相关性和卷入度。二是推广食品电子标签。大力推广食品电子标签，精准展示食品热量、蛋白质等相关信息，并利用区块链等前沿信息技术获取、汇集食品异国生产、跨境流通、电商销售等环节的信息，并在电子标签上及时展示，协助消费者在线精准查找、检索和对比食品安全相关信息，提高消费者食品安全风险监督程度。三是提升商户准入门槛。规定商户等食品经营主体按照规定办理注册、备案登记手续，海关、国际市场监督管理局等政府部门对进口食品等进行及时检验检疫和准入管理，电商平台以“信用良好、资质合格、产品优质”为标准，规定需获得政府部门等认证的生产企业注册资格，并严格把控入驻商家的资质情况和食品安全管理能力，提升消费者食品安全风险监督效率。四是健全食品召回制度。依据电商平台食品品类、风险特征等设置差异化问题食品召回机制，依托大数据等前沿技术对食品质量进行核验，发现不合格食品，立即按照标准对其采取召回，并奖励提供信息的消费者，提升消费者食品安全风险响应监督信心。

二、消费者食品安全风险预警机制

随着食品市场的不断扩大、消费需求的逐渐多元，电商平台销售的食品也在食品品类、口感等方面不断创新，消费者面临种类多样的进口食品、生鲜食品等，往往会减少自身风险控制感，并产生不合理的消费决策。由此，应设立消费者食品安全风险预警机制，提升消费者食品安全风险信息的知晓程度和风险控制感，通过推动食品安全风险数据互联、构筑食品安全风险预警机制、创新食品安全风险监测技术、提升食品安全风险控制能力，引导消费者食品安全风险响应。第一，推动食品安全风险数据互联。建立政府部门、电商平台、食品企业、第三方机构等多方主体食品安全数据传导系统，推动各主体向政府部门及时传递食品风险评估、质量认证、危机防范等相关食品安全风险信息，收集各级政府部门在食品安全风险监管过程中平台注册、商家入驻、食品检疫、食品通关、消费者投诉举报等相关信息，实现政府部门、电商平台、食品企业、第三方机构等多方主体食品安全风险数据互联互通，并鼓励消费者知晓和理解食品安全风险相关信息，提升消费者食品安全风险预判能力。第二，构筑食品安全风险预警机制。构建涵盖政府部门、跨境电商食品商家、冷链物流企业等在内的食品安全风险预警平台，协同建设科学、权威的食品安全风险第三方检测机构，向消费者归纳出食品消费过程中可能出现食品安全风险的食品类型、消费环节、电商平台、食品企业等，实现食品安全风险精准预警，构筑涵盖检验检疫、质量监管等的食品安全风险预警机制。第三，创新食品安全风险监测技术。鼓励更多第三方食品安全检测机构通过科学认证，提供高效、便捷的食品安全检测设备，加大食品检验检测科研投入，创新食品安全风险监测技术，并通过购置高准确率的微生物检测仪等食品安全快速检测设备，提高食品安全风险检测效率和监测能力。此外，以“政府主导、科研机构研发、电商平台应用”为模式，推动食品安全风险监测技术应用，全面提高食品安全风险监测和预警效率。第四，提升食品安全风险控制能力。建立多国联动、省市协作的食品安全风险检测体系，联合消费者严厉打击假冒伪劣食品，减少消费者因从众心理购买食品的可能。此外，着力优化海关等监管主体食品安全风险检测流程，制定食品安全检验检测细则，明确食品安全风险责任主体惩戒机制。第三方机构还应以国际食品安全风险认证标准为基础，积极与政府监管部门等监管主体、消费者等市场主体展开协作配合，提升食品安全风险控制能力，完善消费者食品安全风险预警机制。

三、 消费者食品安全风险应对机制

面对多种食品安全风险，消费者易产生恐慌、担忧、害怕等消极情绪，主动回避可能面临的食品安全风险，主要表现为降低对食品安全风险信息的关注程度、减少食品安全风险信息谈论次数，甚至可能曲解所面临的食品安全风险信息。由此，应着力构建消费者食品安全风险应对机制，提升消费者食品安全风险责任感，使其在遭遇食品安全风险时提高自身应变能力，通过推动食品安全风险会商研判、开展食品安全风险联合执法、推广食品安全风险精准标识、拓宽食品安全风险咨询渠道，引导消费者食品安全风险响应。首先，推动食品安全风险会商研判。政府部门严格落实《进出口食品安全管理办法》等法律法规，定期召开食品安全风险会商联席会议，邀请电商平台、食品企业、食品第三方机构及行业协会、权威媒体及消费者代表参加，积极部署食品安全风险管理相关工作，围绕食品农兽药残留超标等问题展开专题讨论，共同研判食品安全风险暴发的周期性特征，聚焦食品安全风险薄弱环节、高发时段等展开精准统计和分析，并将研究成果向社会公众、消费者等及时公示，提升消费者食品安全风险应对的敏捷性和响应性。其次，开展食品安全风险联合执法。由市场监督管理局、海关总署等政府监管部门牵头，行业协会、食品第三方机构等协同，组建食品安全风险联合巡查执法队伍，定人定岗分时段对食品安全风险重点电商平台等食品经营主体展开食品经营行为规范全面检查，通过向平台及商家进行索证索票、进货查验等落实食品安全风险巡查机制，同时，特别针对进口冷链食品核验跨境进货票据、检验检疫结果等情况，保障入境货物检验检疫证明、报关单或发票等追溯凭证、核酸检测证明和消毒证明等食品安全“四证”齐全，并将巡查结果及时在政府官网上进行公示，帮助消费者明晰、判断食品安全风险特征与理性规避食品安全风险时应注意的事项。再次，推广食品安全风险精准标识。政府部门设立食品安全风险标识规范及标准，并向跨境电商平台、食品企业等食品经营主体推广，通过在食品销售过程中明确食品安全消费提示和风险解析，明晰“含有麸质、含有大豆、含有海鲜”等食品过敏原，“含有益生元、含糖”等食品营养成分、“需冷冻保存、需冷藏保存”等食品存储信息、“临期食品”等食品质量信息，推进食品安全风险精准标识，帮助消费者厘清食品安全风险发生可能性与影响后果，精准开展消费者食品安全风险响应引导。最后，拓宽食品安全风险咨询渠道。政府部门、媒体、行业协会等主体应着力拓宽食品安全风险咨询渠道，充分发挥食品安全研究领域专家、科研工作者等主体的决策咨询作用，提升消费者食品安全风险关注度，减少消费者因盲目恐慌、不安等而造成食品安全风险回避心理，促进消费者食品安全风险科学响应。此外，政府部门应持续推进“健康中国战略”“食品安全战略”，并鼓励专家、学者等向消费者提供食品选择、营养搭配等相关建议，提升我国居民营养健康水平和消费者食品安全风险响应引导成效。

四、 消费者食品安全风险传播机制

提升食品安全风险传播精准性和真实性是促进消费者积极搜寻食品安全风险信息的重要方式。随着“互联网+”迅猛发展，食品安全风险信息传播越来越难以受到时间、地点、成本的限制，其传播速度快、范围广，为合理推进消费者食品安全风险传播提供良好基础。亟须构建消费者食品安全风险传播机制，通过搭建食品安全风险舆情共享平台、革新食品安全风险传播渠道、建立食品安全谣言识别机制、完善食品安全谣言治理机制，引导消费者食品安全风险响应。一是搭建食品安全风险舆情共享平台。政府部门主导搭建食品安全风险舆情共享平台，收集整合跨境电商平台、食品企业、第三方机构等与食品批次检验检疫、食品消费投诉举报、食品定期抽检等有关的信息，并精准抓取食品安全风险等危机事件下公众的舆情舆论信息，对储存数据进行目录化管理和精准分析。辨明消费者食品安全风险关注重点，引导消费者食品安全风险响应，促进食品行业规范发展。二是革新食品安全风险传播渠道。构建政府部门、权威媒体、社交媒体等联动传播机制，共同宣传食品安全风险信息。一方面，利用政府的权威性、媒体传播的广泛性特征，由政府官方账号发布食品安全风险信息，新华网等权威媒体、微博等社交媒体将信息共同转发，提升消费者信息搜集的便利性和精准度。另一方面，基于媒体风险传播的时效性，鼓励新闻媒体主动关注食品安全风险热点事件，协助政府部门追踪相关动态信息，提升消费者搜寻信息的可靠性。三是建立食品安全谣言识别机制。利用网络信息传播范围广、影响大、时间短等特性，建立食品安全谣言识别机制，在谣言潜伏期及时引导食品安全舆论风向，遏制谣言的产生，并设立“网络谣言巡查小助手”，运用爬虫等前沿技术精准挖掘食品安全谣言传播源头，追踪和阻断食品安全风险谣言传播通道。此外，增强对媒体的监管力度，将散播谣言的失信媒体纳入重点监管范围，减少谣言对消费者消费决策的影响。四是完善食品安全谣言治理机制。通过对网络用户进行分级管理，精准掌握谣言传播规律，重点监管食品安全风险谣言传播账号和易感用户，对肆意传播食品安全风险谣言信息的账号予以公示处罚，警示消费者不随意传播虚假信息，提升谣言治理效能。将元宇宙、大数据等技术应用至食品安全风险谣言治理过程中，溯源排查谣言传播者，政府部门与权威媒体协同发布官方辟谣信息，食品安全谣言澄清视频、文章等，要求社交媒体向消费者精准推送，完善消费者食品安全风险传播机制。

五、 消费者食品安全风险交流机制

风险交流是开展消费者食品安全风险响应引导的重要方式，在政府部门、电商平台、食品企业、媒体等多方主体维护消费者食品安全合法利益等方面发挥重要作用，帮助消费者做出合理的转移购买行为，故亟须构建消费者食品安全风险交流机制。通过推进食品安全风险信息精准采集、保障食品安全风险管控过程精准共享、推进食品安全风险治理结果实时反馈为消费者提供精准全面的食品安全风险信息，维护消费者对食品安全风险的知情权，并鼓励消费者形成理性的消费决策，实现消费者食品安全风险响应引导。首先，推进食品安全风险信息精准采集。探索食品安全风险信息采集新方式，建立食品产业风险信息动态监测系统，实时采集、同步商家注册信息、食品物流动态、食品进出口销售记录等信息，并以食品通关口岸、市场监管部门、海关总署等为风险信息主体，利用“电子警察”等前沿技术对食品安全风险信息监测播报，严格申报、筛查有失信记录的商家和不合规食品，并鼓励消费者登录系统对其进行实时监督，健全食品安全风险监测网，提高消费者食品安全风险交流效率。其次，保障食品安全风险管控过程精准共享。建立食品安全风险管理信息平台，通过官方网站、微信公众号等渠道共享食品安全风险管控信息，将问题经营者、不合格类别食品的违规信息公示于政府部门公告栏、跨境电商食品平台、主流媒体账号并保障信息推送的及时性与精准性，实现食品安全风险信息社会化、公开化，提高消费者食品安全风险信息知晓水平，帮助其做出理性的购买决策，此外，鼓励消费者对于侵犯自身合法权益的问题食品进行举报、曝光，提升跨境电商平台等食品利益相关主体违法成本。最后，推进食品安全风险治理结果实时反馈。完善食品安全风险信息管理制度，提高食品安全风险治理效率，在食品生产加工质检、冷链食品防疫抽检、电商销售诈骗等食品安全风险治理过程中，对于可能存在风险隐患的食品，政府部门第一时间对其进行下架处理，并对出现问题的电商平台、商家等食品经营主体进行警告、罚款等处罚，及时向消费者反映情况，为消费者维权提供举证信息，实现食品全供应链风险治理结果实时反馈。

六、 消费者食品安全素养提升机制

亟须建立消费者食品安全素养提升机制，通过强化食品安全知识教育、培育健康消费意识、宣传膳食均衡理念、提升风险防范能力推动消费者食品安全素养整体提升，通过引导消费者产生健康促进行为降低可能发生的食品安全风险，推进消费者食品安全风险响应引导。第一，强化食品安全知识教育。一方面，通过设立食品安全风险相关课程、举办食品安全风险相关主题课外活动等，让中小学生接受食品安全风险知识，学会科学识别、处理食品安全风险问题。另一方面，在微信等社交媒体上开通政府、科研机构等官方账号，创办食品安全风险专题栏目、举行食品安全风险教育宣传活动等，运用 App 内打卡、签到等方式激励消费者通过《人民日报》等权威媒体、微信等社交媒体搜寻、分享“食品安全风险知识”等专题推文和讲解视频，扩大食品安全风险知识传播范围。第二，培育健康消费意识。引导消费者辨认、理解电商平台信息、商家信息及食品安全风险信息。鼓励消费者了解绿色食品、无公害食品、有机食品等食品相关认证信息，优先选择经由日本有机农业标准（JAS）、危害分析与关键控制点体系（HACCP）等国家食品质量检测机构认可，或符合食品质量安全认证标准等国际通用标准的食品，保障自身身体健康和生命安全。第三，宣传膳食均衡理念。引导消费者重视食品膳食结构和营养搭配问题，实现食品各营养要素之间的比例适当，降低食品安全风险发生概率。鼓励消费者持续购买丰富多元的食物种类，并定期监测自身营养状况，根据现有食材、自身的口味做出优质的搭配决策，达到膳食营养均衡，保障身体健康。第四，提升风险防范能力。首先，引导消费者树立正确的消费观念并重视食品安全问题，秉持严谨、负责的态度购买食品。其次，引导消费者通过查阅店铺信用评级、查看食品标签信息等仔细辨别失信商家和劣质产品，降低食品安全风险伤害。再次，鼓励消费者主动维护自身合法权益，当发现自身受到食品安全风险危害时，及时通过官方热线、维权平台等渠道对食品安全问题进行曝光。最后，支持消费者在电商平台分享食品消费体验、食品质量特征、售后服务情况等相关的真实评论，监督电商平台、食品相关企业等经营主体规范自身行为，促进食品供应企业等生产高质量食品，降低后续食品安全风险发生概率。

七、本章小结

本章明确消费者食品安全风险响应引导机制。厘清消费者食品安全风险响应的政策导向和多方主体职责职能，构建消费者食品安全风险响应引导机制。通过落实经营主体责任、推广食品电子标签、提升商户准入门槛、健全食品召回制度，设立消费者食品安全风险监督机制；推动食品安全风险数据互联、构筑食品安全风险预警机制、创新食品安全风险监测技术、提升食品安全风险控制能力，设立消费者食品安全风险预警机制；推动食品安全风险会商研判、开展食品安全风险联合执法、推广食品安全风险精准标识、拓宽食品安全风险咨询渠道，设立消费者食品安全风险应对机制；搭建食品安全精准风险舆情共享平台、革新食品安全风险传播渠道、建立食品安全谣言识别机制、完善食品安全谣言治理机制，设立消费者食品安全风险传播机制；推进食品安全风险信息精准采集、保障食品安全风险管控过程精准共享、推进食品安全风险治理结果实时反馈，设立消费者食品安全风险交流机制；强化食品安全知识教育、培育健康消费意识、宣传膳食均衡理念、提升风险防范能力，设立消费者食品安全素养提升机制，进一步推进消费者食品安全风险响应引导，为后续消费者食品安全风险响应保障工程提供实践依据。

第十五章 消费者食品安全风险响应保障工程

一、 食品安全风险响应绿色示范工程

大力推进食品安全风险响应绿色示范工程，以“绿色生产、高效流通、低碳消费”为理念，政府部门推进食品绿色安全生产工程，电商平台及食品企业打造食品流通提档升级工程，消费者践行食品低碳消费工程，共同推动食品供应链全程质量标准转型升级，从而推动消费者食品安全风险响应。首先，推进食品绿色安全生产工程。政府部门以改善食品生产区域生态环境为着力点，大力推进绿色农业、生态农业建设，强化食品产地生态环境保护，打造生态循环、环境优美的食品绿色生产示范区，落实食品安全检验检测工作，并鼓励示范区与天猫、淘宝等权威电商平台合作，对其生产的食品进行定向销售。同时，根据农产品种类、特征以及土壤、气候等生产区域自然资源禀赋状况，以“零排放”等特色，加快推进高标准农田、无公害农产品产地、绿色食品原料生产基地以及有机农产品生产基地的建设和推广，并鼓励消费者前往各基地参观，提升食品安全风险信息透明度，引导食品生产加工业、生物质能产业、有机肥产业等产业循环链接，打造特色鲜明、优势突出的食品绿色安全生产链条，践行食品绿色安全生产工程。其次，打造食品流通提档升级工程。以“盒马鲜生”“本来生活”等大型食品电商平台为龙头，以“资源节约、绿色流通、低碳环保”为理念，大力发展食品“一品一码”及食品安全可追溯系统，加快电商平台冷链物流体系建设，规范食品冷库保鲜、跨境运输、中文标签标识等流通标准，鼓励电商平台等食品经营主体通过统一采购来源、统一质量控制、统一配送人员、统一产品标识开展一体化物流管理，减少物流环节可能存在的食品安全风险，加强食品安全风险供应链全程监控，提升消费者食品安全风险监督的便利程度。最后，践行食品低碳消费工程。以“大食物观”为导向，以“低碳消费”“可持续发展”等为理念，鼓励食品企业以“植物基”“替代蛋白”“零碳食品”等为研究方向，研发来源更为丰富的食品品类，创新烹饪过程更为便捷、环保的食品，并着力构筑健康低碳的食品消费环境，引导消费者依据营养

需求，合理选购所需食品，并着力引导消费者形成对绿色食品、生态食品等的消费偏好，杜绝在电商平台等食品经营主体中消费过度包装的食品，拓宽消费者食品安全风险响应监督范围，践行食品低碳消费工程。

二、 食品安全风险响应智慧监管工程

借助前沿技术构建集约化、网络化食品市场智慧监管体系，强化食品安全风险预警，通过打造食品安全市场准入智慧监管工程、食品安全风险智慧响应工程和食品安全风险智慧监督工程，着力优化食品经营主体营商环境，提升消费者食品安全风险响应力度，践行食品安全风险响应智慧监管工程，促进食品产业转型升级和提质增效。一是打造食品安全市场准入智慧监管工程。一方面，打破食品跨境、跨区运输流通中可能出现的贸易壁垒等，营造高效规范、公平合理的市场经营环境，简化食品企业报关备案管理流程，实现食品通关、跨境便利化，并丰富食品进口清单及销售品类。政府主体加强改革，下沉监管部门力量，以网格化监管为理念、信息化监管为抓手，通过推行食品销售种类、经营主体名录等市场准入制度，推动食品安全市场准入智慧监管，构建多层级辖区食品安全风险网格化管理模式，推动消费者食品安全风险响应及时化。另一方面，加快畅通食品报关入境、跨境电商平台等食品经营主体在线交易的市场渠道，促进境内外食品高效流通，借助新零售、新电商等新型消费模式打通食品线上线下销售渠道，借助微信、小红书等社交平台创新食品市场营销新渠道，构建网红直播、社区电商等新模式，对接农村电商等多元市场销售渠道，为广大消费者提供更高品质的食品和更优质的购物体验，增强消费者在监督食品安全风险过程中的话语权。二是打造食品安全风险智慧响应工程。建立健全食品安全风险突发事件智慧响应机制，成立食品安全风险事件协调领导小组，明确食品安全风险影响等级、危害范围等多重标准，根据食品安全危机事件的突发情况、社会影响范围等，运用数字手段预判风险事件影响程度，将有关情况报送至政府监管主体并启动相应等级响应，落实溯源调查、问题召回、责令停售甚至销毁等食品安全风险事件修复机制，并鼓励消费者据此风险事件展开智慧响应，积极分析自身风险应对方式，提升食品安全风险预警能力。三是打造食品安全风险智慧监督工程。鼓励跨境电商平台、食品企业等食品经营主体规范企业自身经营行为，积极主动承担自身社会责任，在营销理念、食品质量控制等方面严格自我规范，政府部门和消费者进行在线智慧监督，政府部门规定食

品经营主体在食品生产加工、流通销售等环节设置独立运行的食品安全风险控制部门，强化食品安全风险的规避能力。

三、 食品安全风险响应数字赋能工程

以技术引进、人才流动推进大数据等前沿技术在食品安全风险响应引导中的应用普及，通过推进“互联网 + 食品”智慧监管工程、食品安全风险响应人才队伍建设工程及食品安全风险响应技术赋能工程深入实施食品安全风险响应数字赋能工程，推进食品安全风险数字化治理与可视化防控，提升消费者食品安全风险应对能力和水平。第一，实施“互联网 + 食品”智慧监管工程。一方面，推动大数据、数字孪生等前沿数字技术赋能，开展食品安全风险场景模拟等，根据数据结果建设涵盖风险精准监测、动态评估、实时发布等食品安全风险防控体系，着力优化消费者食品安全风险响应引导机制。另一方面，健全食品安全风险信息追溯机制，由政府引导，充分运用云计算、射频识别等前沿数字技术，将原料供应、异国生产、境外采购、仓储物流、口岸通关、平台销售等食品供应链环节纳入信息全过程追溯体系，构建全国统一的食品安全风险信息溯源平台和食品唯一编码标识系统，将全球食品零售商纳入食品溯源监控体系，推动食品安全风险数据可视化展示，准确识别食品假冒伪劣、中文标签缺失等网络零售问题并对其精准施治，推进食品安全风险监管部门、多方主体间信息互联互通，推动食品安全风险数字化管理进程。此外，以跨境电商平台、生鲜电商平台等食品经营主体为主导，借助网络爬虫等数字技术，实现食品安全风险信息有效衔接，建设各大食品经营主体食安信息联网功能，鼓励消费者积极参与，理解食品安全风险数据含义，以技术赋能提升消费者食品安全风险响应水平。第二，打造食品安全风险响应人才队伍建设工程。政府统一部署，广泛整合社会科研机构、高等院校等各方主体智力资源，协同政府单位、第三方检测机构等定期开展食品安全风险技术交流，培育一批食品数字技术研究员、冷链仓储系统技术专家等，有针对性地在省、市、县、镇等多级政府管辖区域内指导各食品经营主体和消费者明确食品安全风险特征与处理方式，此外，政府部门应在人员薪酬、住房安置等方面对人才队伍予以政策倾斜，培育消费者食品安全风险响应引导环境。第三，打造食品安全风险响应技术赋能工程。助推食品安全技术设备创新升级，提升快速检测技术、冷链物流技术等在保障食品运输、仓储、精准配送等方面的应用程度，加快冷库仓储基地、食品分拨中

心及末端配送网点建设，依托 GPS、智能温控等冷链物流技术，降低食品在预冷处理等环节中的损耗，加强冷库仓储分拣的自动化程度，保障食品优质安全、高效流通。

四、 食品安全风险响应信息共享工程

以“跨界联动、信息共享”为目标，大力推进食品安全风险响应信息共享工程，通过打造风险响应主体培育工程、风险信息协同共建工程及风险信息资源共享工程，推动跨境电商平台及相关企业、政府监管部门、第三方机构和媒体等多方主体信息共享、责任共担。一是打造风险响应主体培育工程。完善政府部门监管、电商平台及食品企业自律、媒体监督、第三方机构约束和消费者参与的食品安全风险社会共治体系，创新风险管理、权责认定、典型示范等，强化食品安全风险响应多方主体培育，推动消费者与政府部门、电商平台及食品企业、媒体、第三方机构等多方主体展开风险信息互动交流，提升食品安全风险传播效率。二是打造风险信息协同共建工程。建设食品安全风险信息协同共建平台，鼓励食品安全国际组织、境内外食品第三方机构、境内外食品行业协会、境内外消费者协会等主体加入，向消费者及时共享国际食品贸易制度、电商平台交易规则等信息内容，营造良好的食品安全风险国际共治格局。以打造风险信息协同共建工程为契机，构建国际国内一体化的食品安全风险信息协同机制，促进全球食品安全风险信息资源要素的流动与科学配置，提高多方主体食品安全风险信息共享的协同性，鼓励消费者收集、核查食品安全风险信息，全面提升消费者食品安全风险响应程度。三是打造风险信息资源共享工程。科学辨明我国食品安全风险现状与资源禀赋，充分借鉴世界各国食品安全风险响应先进经验，推动省、市、县、乡等多层级政府与企业、第三方机构等主体深度共享风险信息资源，促进区域内各地区食品安全风险治理优势互补、增强区域间消费者形成食品安全风险响应的高效性。鼓励和扶持食品企业与电商平台、第三方机构开展合作，优化利益联结与信息融合机制。打造区域食品安全风险信息资源共享工程，以京津冀、长三角、粤港澳大湾区为龙头，探索建立高度开放、包容的食品安全风险信息资源共享平台，为形成全国一盘棋的消费者食品安全风险响应体系进行有益探索。

五、 食品安全风险响应诚信建设工程

鼓励政府监管部门、第三方机构和媒体等主体全域协同，共同推进食品安全风险响应诚信建设工程，通过打造食品安全风险主体诚信建设工程、食品安全风险诚信监督工程、食品安全风险诚信档案建设工程，促进消费者食品安全风险交流、积极响应。第一，打造食品安全风险主体诚信建设工程。一方面，以“诚信经营，优胜劣汰”为理念，压实电商平台、食品企业等食品经营主体的食品安全责任，规定其保障在线营销真实性、食品质量可靠性和消费者合法权益。另一方面，压实海关、市场监督管理局等政府部门，第三方机构，媒体等主体的宣传职责。政府设立食品安全风险管理工作专班，向食品经营主体等开展食品安全法律法规、食品安全国家标准等食品安全信息宣传工作；第三方机构借助微博、知乎等多元社交平台与消费者展开食品安全风险信息交流，帮助消费者查阅中文标签信息、查询政府食品安全检测信息等，促进食品安全知识线上线下交流。此外，《人民日报》、新华社等权威媒体应充分发挥微信、微博等社交平台对食品安全风险舆论的监督作用，客观公正报道食品安全风险事件发生源由、处置结果等有关信息，引导消费者对食品安全风险形成科学合理认知。第二，打造食品安全风险诚信监督工程。以食品安全风险谣言治理为抓手，一方面深入推进食品安全风险谣言动态监测体系建设，以消费者为监测对象，研发大数据谣言精准抓取系统，根据消费者年龄、性别、网络信息使用习惯等为其打造个性化、定制化食品安全风险智能辟谣信息推送服务。另一方面，充分调动政府部门、食品企业、第三方机构、媒体等多方主体的积极性，鼓励其向消费者展开精准辟谣服务，强化食品安全风险谣言事前防控和事后修复，提升消费者食品安全风险响应整体水平。第三，打造食品安全风险诚信档案建设工程。政府部门主导，食品企业协同，建立食品信用等级制度与食品诚信档案平台。对失信商家、第三方机构及电商平台按照失信等级存入食品安全诚信档案，档案涵盖失信主体类别、失信等级、食品质量安全标准比较信息、问题食品类别等内容，同时存档失信主体过失记录、危机事件发生时间、部门处罚措施等信息，将诚信档案信息向消费者及时公开，并与食品安全风险监管体系进行数字化连接，共同打造食品安全风险诚信档案建设工程。

六、 食品安全风险响应科普推广工程

着力推进食品安全风险响应科普推广工程，鼓励政府部门、电商平台及食品企业、第三方机构和媒体等主体多方联动，通过打造食品安全风险科普示范区建设工程、食品安全风险科普宣传工程、食品安全风险科普网络建设工程，促进食品安全响应科普推广，全面提升消费者食品安全素养，推动消费者食品安全风险响应引导有效开展。一是打造食品安全风险科普示范区建设工程。鼓励各地政府部门、食品行业协会联合知名电商平台、本土食品龙头企业的资源禀赋，鼓励建设市级科普基地、县级科普公园、乡镇级科普站、村级科普栏，并合理规划食品安全科普活动区域、科普信息展区、科普人员等要素，共同打造食品安全风险科普示范区，提升消费者参与食品安全风险科普的积极性。二是打造食品安全风险科普宣传工程。大力推动食品安全风险科普宣传进社区、进学校、进企业，以召开食品安全风险科普交流会、设立食品安全风险科普展板、播放食品安全风险宣传片、推广食品安全风险科普互动游戏等多种方式，向消费者传递进口食品选购消毒、水产品烹饪、生鲜食品保鲜、食品标签常识、健康饮食与膳食营养搭配等食品安全风险知识。政府部门联合食品行业协会、科研机构权威专家等主体共同开设食品安全风险答疑热线和在线问答专区，对近期发生的食品安全风险事件、网络食品谣言等进行科学解读，提升消费者食品安全风险识别、防范和响应能力，助推消费者食品安全素养综合提升。三是打造食品安全风险科普网络建设工程。利用互联网等前沿信息技术，海关总署、国际市场监督管理局等权威部门运用微博大V号、微信公众号等渠道打造立体式线上食品安全风险科普网络平台，鼓励消费者主动学习食品安全风险知识，构建运行畅通的食品安全风险科普信息网络。

七、 本章小结

本章创建消费者食品安全风险响应保障工程。以践行食品安全绿色生产工程、食品流通提档升级工程、食品低碳消费工程，创建食品安全风险响应绿色示范工程；以打造食品安全市场准入智慧监管工程、食品安全风险智慧响应工程、食品安全风险智慧监督工程，创建食品安全风险响应智慧监管工程；以推进“互联网+食品”智慧监管工程、食品安全风险响应人才队伍建设工程、食品安全风险响应技术赋能工程，创建食品安全风险响应数字赋能工程；以打造

风险响应主体培育工程、风险信息协同共建工程、风险信息资源共享工程，创建食品安全风险响应信息共享工程；以打造食品安全风险主体诚信建设工程、食品安全风险诚信监督工程、食品安全风险诚信档案建设工程，创建食品安全风险响应诚信建设工程；以打造食品安全风险科普示范区建设工程、食品安全风险科普宣传工程、食品安全风险科普网络建设工程，创建食品安全风险响应科普推广工程，为构筑消费者食品安全风险响应引导机制提供支撑保障。

附　录

附录1　食品安全风险通报文本数据（18349例）

一、政府网站（16043例）

表1　来自政府网站的食品安全风险通报文本数据（16043例）

来源网站	通报日期	产品	来源地	查处地	违规通报事实	数量（例）
中华人民共和国海关总署进出口食品安全局官网	2021年12月	脱脂奶粉	俄罗斯	广东省	包装不合格	15740
	2021年11月	蜜饯	哈萨克斯坦	新疆维吾尔自治区	超范围使用食品添加剂咖啡因	
	2021年10月	矿泉水	德国	安徽省	货证不符	
	2021年9月	速溶咖啡	越南	辽宁省	霉菌超标	
	2021年8月	宋兴牌调味菜心	泰国	福建省	超限量使用食品添加剂苯甲酸	
	2021年7月	冻钩牙皇石首鱼	巴西	福建省	未获检验检疫准入	
	2021年6月	鱿鱼干	越南	广东省	超限量使用食品添加剂磷酸盐	
	2021年5月	皮塔饼干	美国	广东省	超过保质期	
	2020年12月	鲜辣椒	越南	广西壮族自治区	检出实蝇属幼虫	
	2020年1月	啤酒	立陶宛	天津市	包装不合格	
	2019年12月	冻猪小排	加拿大	天津市	货证不符	
	2018年8月	米粉	泰国	深圳市	标签不合格	
	……	……	……	……	……	

（续上表）

来源网站	通报日期	产品	来源地	查处地	违规通报事实	数量（例）
中华人民共和国海关总署官网	2018 年 10 月	冻金平鲉	法罗群岛	江苏省	超过保质期	92
	2019 年 6 月	鸡爪	美国、巴西、智利	广东省	无检疫合格证明	
	2018 年 5 月	辣椒	越南	广西壮族自治区	检出检疫性有害生物——辣椒果实蝇	
	2016 年 3 月	虾、蟹	澳大利亚	辽宁省	无检疫合格证明	
	……	……	……	……	……	
国家市场监督管理总局官网	2021 年 2 月	膳府酿造酱油	韩国	上海市	氨基酸态氮（以氮计）检测项目不合格	211
	2021 年 1 月	麦蔻乐芬婴儿配方奶粉	芬兰	广东省	铁含量不合格	
	2019 年 5 月	泊可天然饮用水	新西兰	河南省	检出亚硝酸盐超标	
	2017 年 1 月	果汁饮料	加拿大	浙江省	超范围使用食品添加剂	
	2016 年 2 月	麦比客蔓越莓酥	马来西亚	浙江省	超范围使用柠檬黄	
	2013 年 8 月	蓝 T 干红葡萄酒	澳大利亚	深圳市	酒精度不合格	
	……	……	……	……	……	
总计						16043

资料来源：中华人民共和国海关总署进出口食品安全局官网（http://www. customs. gov. cn）、中华人民共和国海关总署官网（http://www. customs. gov. cn）和国家市场监督管理总局官网（http://www. samr. gov. cn）。

二、食品行业权威网站（569 例）

表 2　来自食品行业权威网站的食品安全风险通报文本数据（569 例）

来源网站	通报日期	产品	来源地	查处地	违规通报事实	数量（例）
中国食品安全网官网	2021 年 11 月	糖果	俄罗斯	黑龙江省	外包装核酸检测阳性	172
	2021 年 9 月	冻带鱼	缅甸	浙江省	外包装核酸检测阳性	
	2019 年 6 月	鲨鱼翅	塞内加尔	广东省	重金属超标	
	……	……	……	……	……	
中国食品药品网官网	2021 年 1 月	冷冻牛肚	荷兰	湖南省	标签不合格、无检疫合格证明	397
	2020 年 7 月	冻南美白虾	厄瓜多尔	云南省	产品核酸检测阳性	
	2015 年 1 月	爱他美奶粉	德国	四川省	标签不合格	
	……	……	……	……	……	
总计						569

资料来源：中国食品安全网官网（http://www.cfsn.cn）和中国食品药品网官网（http://www.cnpharm.com）。

三、新闻权威网站（1157 例）

表 3　来自新闻权威网站的食品安全风险通报文本数据（1157 例）

来源网站	通报日期	产品	来源地	查处地	违规通报事实	数量（例）
央视新闻官网	2020 年 12 月	冻里脊肉	巴西	湖北省	产品核酸检测阳性	26
	2021 年 2 月	樱桃	智利	安徽省	外包装核酸检测阳性	
	……	……	……	……	……	

（续上表）

来源网站	通报日期	产品	来源地	查处地	违规通报事实	数量（例）
人民网	2021 年 7 月	冷冻猪半截前腿骨	英国	江苏省	无检验检疫及货物的第三方消毒证明、核酸检测报告	132
	……	……	……	……	……	
新华网	2020 年 12 月	冷冻鸡肉	俄罗斯	河南省	产品核酸检测阳性	28
	……	……	……	……	……	
光明网	2018 年 3 月	海苔	韩国	山东省	未按要求提供证书或合格证明材料	57
	……	……	……	……	……	
中国新闻网	2010 年 8 月	倍胜露酒	英国	广东省	违规使用化学物质二氧化硫	456
	……	……	……	……	……	
澎湃新闻	2016 年 3 月	酸奶	越南	广西壮族自治区	无中文标签	28
	……	……	……	……	……	
新京报	2021 年 1 月	鸡爪	美国	江西省	无核酸检测报告和消毒报告	98
	……	……	……	……	……	
央广网	2020 年 12 月	牛腩	巴西	安徽省	外包装核酸检测阳性	25
	……	……	……	……	……	
新浪新闻	2021 年 12 月	龙虾	澳大利亚	安徽省	不符合食品安全标准	9
	……	……	……	……	……	

（续上表）

来源网站	通报日期	产品	来源地	查处地	违规通报事实	数量（例）
中国质量新闻网	2018 年 4 月	饮料	厄瓜多尔	黑龙江省	标签不合格	298
	……	……	……	……	……	
总计						1157

资料来源：央视新闻官网（http://www.cctv.com）、人民网（http://www.people.com.cn）、新华网（http://www.news.cn）、光明网（http://www.gmw.cn）、中国新闻网（http://www.chinanews.com）、澎湃新闻官网（http://www.thepaper.cn）、新京报官网（http://www.bjnews.com.cn）、央广网（http://www.cnr.cn）、新浪新闻网（http://news.sina.com.cn）和中国质量新闻网（http://www.cqn.com.cn）。

四、社交网站（580 例）

表 4　来自社交网站的食品安全风险通报文本数据（580 例）

来源网站	通报日期	产品	来源地	查处地	违规通报事实	数量（例）
新浪微博	2021 年 8 月	牛扒	阿根廷	江西省	产品核酸检测阳性	306
	2021 年 2 月	乳清粉	乌克兰	山东省	外包装核酸检测阳性	
	2013 年 9 月	罐头	西班牙	山东省	检出致癌添加剂	
	……	……	……	……	……	
抖音	2021 年 8 月	东姑鱼	印度	江西省	外包装核酸检测阳性	101
	2021 年 3 月	冻虾	泰国	湖南省	无检疫合格证明	
	2021 年 2 月	牛肉	印度	湖南省	无检疫合格证明	
	……	……	……	……	……	

（续上表）

来源网站	通报日期	产品	来源地	查处地	违规通报事实	数量（例）
微信公众平号	2021 年 12 月	香蕉	柬埔寨	内蒙古自治区	产品核酸检测阳性	173
	2021 年 2 月	啤酒	美国	天津市	外包装核酸检测阳性	
	2021 年 1 月	冻红虾	阿根廷	浙江省	集装箱内壁及货物外包装样品核酸检测阳性	
	……	……	……	……	……	
总计						580

资料来源：新浪微博（https://m. weibo. cn）、抖音（https://www. douyin. com）和微信公众平台（https://mp. weixin. qq. com）。

附录 2　消费者食品安全风险认知田野实验调查问卷

尊敬的先生/女士：

您好！首先感谢您抽出宝贵时间配合我们进行有关消费者食品安全风险认知的田野实验。本调查旨在了解您的食品安全风险关注度及影响因素，可更好地引导消费者培养正确的食品安全风险认知理念，促进我国食品产业高质量发展。本调查采用不记名方式，所获信息仅供学术研究之用，您所提供的信息将严格保密。感谢您的支持！

华南农业大学经济管理学院“消费者食品
安全风险响应与引导机制研究”课题组

请根据您对跨境电商食品（如厄瓜多尔冻虾）的了解及看法，选择以下相应选项，每道题均只需选一个选项。

一、实验填写说明

（1）为了得到真实可靠的实验数据，请被试按照指示说明，耐心仔细阅读实验材料（情境分析、概念说明），想象并代入其中情境，最后完成实验问卷。

（2）填写过程需独立作答，不能相互商讨，按个人真实感受如实作答，回答没有正误之分，会后不讨论不泄密实验内容。

（3）填写时间为半小时，其间若有疑惑请举手示意，并询问指导人员，感谢各位合作。

二、实验情境说明

（一）风险表征情境

表征客体情境：2020 年 7 月 10 日至 7 月 21 日期间，厄瓜多尔冻虾包装被检出新冠病毒，海关总署紧急暂停该类产品进口，该事件危害程度高、扩散性强，易引发食品安全网络谣言，引起社会恐慌，加深消费者食品安全风险认知。该事件的发生反映出跨境电商平台存在众多问题，如跨境电商平台商家准入门槛低、跨境电商食品产地不明、食品标签信息不对称、检验检疫能力有限、跨境电商平台服务质量低、消费者退货换货难及投诉维权难等。

表征渠道情境：2020 年 7 月 10 日至 7 月 21 日期间，中央电视台、《中国日报》等权威媒体深入报道“厄瓜多尔冻虾包装有新冠病毒”事件，聚焦进口冷链食品是否作为新冠病毒感染源等热点话题。微博、抖音等社交媒介多次发布“厄瓜多尔白虾外包装检出新冠病毒”等话题，引发社会热议，其中微博话题阅读量突破 7 亿次，31 万人参与转发评论，网友围绕“进口海鲜能不吃就不吃”“海鲜不标注进口或生产来源国”等内容展开热烈讨论；抖音短视频播放量超 11 亿。

（二）平台情境

平台情境强：A 为知名的跨境电商食品平台，拥有非常好的平台口碑和市场占有率。该平台在购物页面不仅设置图文评价、问答、店铺推荐和商品详情等栏目以展示消费者对进口厄瓜多尔白虾质量好坏、物流快慢、服务优劣等的评价，且通过“买家秀”激励消费者晒出进口厄瓜多尔白虾的新鲜状态以及制成美食的图片和视频，以分享其购物体验，此外，该平台开展互动点赞、专业点评以及邀请消费者加入购物交流群等活动，平台气氛积极活跃。

平台情境弱：A 为不知名的跨境电商食品平台，平台口碑一般，市场占有率较低。该平台在购物页面设置的图文评价、问答、店铺推荐和商品详情等内容形式较为单一，消费者缺乏社交互动渠道，消费者对进口厄瓜多尔白虾的评价数量、评价角度较少，消费者的评论活跃度不高，评论内容多以文字呈现，缺乏产品配图、追评和问答，消费者的购物体验分享点赞少，且该平台未提供消费者购物交流群等互动服务，平台气氛较为沉闷。

三、实验概念说明

（一）表征客体

表征客体指风险伤害特征，具有伤害全球性、扩散快速性等特点。

（二）表征渠道

表征渠道指风险信息交流，主要体现为新闻媒体、社交媒体等风险信息渠道。

（三）平台情境

平台情境指电商平台为消费者提供体验、互动等个性化的服务环境，主要有搜索、支付等功能。

四、实验问卷内容

（一）我认为我所接触的材料倾向于描述风险的：

A. 影响程度 B. 传播媒介

（二）我认为我打开的淘宝链接：

A. 促销力度大，商家与消费者互动交流多，平台氛围好

B. 促销力度小，商家与消费者互动交流少，平台氛围差

（三）请根据您的实际情况选择最符合的一项（1→5 表示非常不赞同→非常赞同）：

一、食品安全关注度	非常赞同	赞同	中立	不赞同	非常不赞同
1. 我对跨境电商食品安全风险话题感兴趣	1	2	3	4	5
2. 我经常与亲朋好友讨论跨境电商食品安全问题	1	2	3	4	5
3. 我重视跨境电商食品安全风险报道的真实准确	1	2	3	4	5
4. 我经常通过微博等媒体了解跨境电商食品安全风险信息	1	2	3	4	5
二、消费者食品安全风险认知	**非常赞同**	**赞同**	**中立**	**不赞同**	**非常不赞同**
1. 我对跨境电商食品安全风险感到害怕	1	2	3	4	5
2. 我认为跨境电商食品安全风险影响范围广	1	2	3	4	5
3. 我认为跨境电商食品安全风险会变得更严重	1	2	3	4	5
4. 我认为跨境电商食品安全风险会对后代产生影响	1	2	3	4	5
5. 我认为跨境电商食品风险会导致食品中毒等严重后果	1	2	3	4	5

（四）基本情况（请您结合个人实际情况，在对应选项中选择，每题均只选择一个答案）

1. 您的性别：

□男性　□女性

2. 您的年龄为：

□ 20 岁及以下　□ 21～29 岁　□ 30～39 岁　□ 40～49 岁　□ 50～59 岁　□ 60 岁及以上

3. 您的文化程度：

□初中或以下 □中专或高中 □大专或本科 □研究生或以上

4. 您的职业是：

□企业工作人员 □政府工作人员 □事业单位工作人员 □离退休人员

□学生 □其他

5. 您的个人月收入为：

□ 4000 元以下 □ 4000 ~ 6000 元 □ 6000 ~ 8000 元

□ 8000 ~ 12000元 □ 12000 元及以上

6. 您的家中是否有未成年人或高于 60 岁的老人?

□是 □否

7. 您的家庭居住人数为：

□ 1 ~ 2 人 □ 3 人 □ 4 人 □ 4 人以上

本问卷至此结束，再次衷心感谢您的支持和配合！祝您生活愉快！

附录3 消费者食品安全风险响应情境实验调查问卷

尊敬的先生/女士：

您好！首先感谢您抽出宝贵时间配合我们进行消费者食品安全风险响应的情境实验。本调查为明确消费者食品安全风险响应形成过程，可更好地践行消费者食品安全风险响应引导机制，促进我国食品产业高质量发展。本调查采用不记名方式，所获信息仅供学术研究之用，您所提供的信息将得到严格保密。衷心感谢您的支持！

华南农业大学经济管理学院“消费者食品
安全风险响应与引导机制研究”课题组

一、实验填写说明

（1）为了得到真实可靠的实验数据，请被试按照指示说明，耐心仔细阅读实验材料（情境说明、概念说明、图片和视频），想象并代入其中情境，最后完成实验问卷。

（2）填写过程需独立作答，不能相互商讨，按个人真实感受如实作答，回答没有正误之分，会后不讨论不泄密实验内容。

（3）填写时间为半小时，其间若有疑惑请举手示意，并询问指导人员，感谢各位合作。

二、实验情境说明

请被试想象以下背景，并代入风险情境。

（一）背景

背景一：京东生鲜是京东商城旗下提供全球生鲜食品的电商平台，目前京东生鲜包含新鲜水果、海鲜水产、精选肉类、冷饮冻食和蔬菜蛋品等食品品类，生鲜食品总数超过十万种。京东生鲜精选生鲜食品，通过建设标配快检实验室、建立生鲜食品专项标准体系的严格质检程序保证供应食品优质安全。2020 年京东商城上线进口生鲜馆，通过海外直采的方式与全球多个生鲜品牌及生鲜商家建立合作关系。京东生鲜不断完善跨境冷链物流，建立区块链溯源平台严格把控采购、加工、检测全程链条，为消费者提供新鲜优质的进口生鲜食品。

背景二：车厘子也称樱桃，特指产自智利、美国、新西兰等地的进口车厘子，具有个大、皮厚、肉甜的特征，品种有宾莹（Bing）等知名品种，按字母J的数量划分不同等级。中国海关总署数据显示2020年车厘子进口量约21万吨，进口额达113亿元，是进口水果中的网红水果。

背景三：新冠肺炎是指2019新型冠状病毒感染导致的肺炎，主要通过直接传播、气溶胶传播和接触传播，是全球大流行的疫情。目前疫情持续在全球蔓延，截至2021年2月，新冠肺炎病例超1亿例，已有21个国家超过100万确诊病例。2021年1月起，新冠病毒核酸阳性的进口车厘子在江苏、河北、江西、浙江等地发现并流通，导致其市场价格大幅下降。

（二）风险情境

功能型风险情境：假设您非常喜欢进口车厘子，常通过线下渠道购买，现打算在京东生鲜跨境电商平台购买并分享给亲友。最近您在该平台上浏览进口车厘子时，担心在购买过程中遇到以下问题：车厘子可能被污染，品质较差，不新鲜，易腐烂变质（产品风险）；包装简陋，车厘子被挤压变形，原产地及供应商等标签信息缺失，原产国疫情严重影响供应（供应风险）；客服态度差，退换货等售后服务难兑现（服务风险）。

情感型风险情境：假设您非常喜欢进口车厘子，常通过线下渠道购买，现打算在京东生鲜跨境电商平台购买并分享给亲友。最近您在该平台上浏览进口车厘子时，担心在购买过程中遇到以下问题：实物与线上展示图片文字不符，虚假宣传（信任风险）；口感较差，甜度和水分不足，不合口味（信任风险、文化风险）；亲友认为不值得购买，反对购买（文化风险、社会风险）。

三、实验概念说明

（一）功能型风险认知

功能型风险认知消费者对产品或服务是否达到预期或同类产品质量水平有一定担忧，主要表现为产品风险、供应风险和服务风险等。

（二）情感型风险认知

情感型风险认知消费者根据主观情感来预判产品或服务带来潜在损失的可能性，主要表现为社会风险、信任风险和文化风险等。

四、 实验问卷内容

（一）请您就对该食品（车厘子）的食品安全风险的看法，选择相应的选项（在分数上打√），每道题均只需选一个选项。

一、产品风险	非常不赞同	不赞同	中立	赞同	非常赞同
1. 跨境电商食品质量安全不可靠	1	2	3	4	5
2. 跨境电商食品外观包装不完好	1	2	3	4	5
3. 跨境电商食品规格标准不统一	1	2	3	4	5
二、供应风险	非常不赞同	不赞同	中立	赞同	非常赞同
1. 跨境电商食品供应链中断	1	2	3	4	5
2. 跨境电商食品假冒伪劣	1	2	3	4	5
3. 跨境电商食品价质不符	1	2	3	4	5
三、服务风险	非常不赞同	不赞同	中立	赞同	非常赞同
1. 跨境电商食品售前服务保障缺乏	1	2	3	4	5
2. 跨境电商食品退换货服务烦琐	1	2	3	4	5
3. 跨境电商食品投诉维权渠道不力	1	2	3	4	5
四、社会风险	非常不赞同	不赞同	中立	赞同	非常赞同
1. 购买跨境电商食品遭他人反对	1	2	3	4	5
2. 购买跨境电商食品引发家庭内部分歧	1	2	3	4	5
3. 购买跨境电商食品降低他人对我的评价	1	2	3	4	5
五、信任风险	非常不赞同	不赞同	中立	赞同	非常赞同
1. 忽略跨境电商食品供应商商家资质	1	2	3	4	5
2. 忽略跨境电商食品标签信息准确程度	1	2	3	4	5
3. 忽略跨境电商食品口碑信息真实情况	1	2	3	4	5
六、文化风险	非常不赞同	不赞同	中立	赞同	非常赞同
1. 语言差异引发跨境电商食品标签理解偏差	1	2	3	4	5
2. 地方习俗导致跨境电商食品食用方式差异	1	2	3	4	5
3. 宗教信仰引发跨境电商食品消费观念不一	1	2	3	4	5

（二）请您就对该食品（车厘子）的食品安全风险响应，选择相应的选项（在分数上打√），每道题均只需选一个选项。

一、崇拜心理	非常不赞同	不赞同	中立	赞同	非常赞同
1. 我十分热衷跨境电商食品社群维护	1	2	3	4	5
2. 我乐于表达跨境电商食品体验及情感	1	2	3	4	5
3. 我愿意购买许多跨境电商食品	1	2	3	4	5
4. 我对跨境电商食品带着固有的信念	1	2	3	4	5
二、从众心理	非常不赞同	不赞同	中立	赞同	非常赞同
1. 我希望通过购买跨境电商食品获他人赞赏	1	2	3	4	5
2. 我希望通过购买跨境电商食品寻求归属感	1	2	3	4	5
3. 我希望通过购买跨境电商食品给他人留下印象	1	2	3	4	5
三、回避心理	非常不赞同	不赞同	中立	赞同	非常赞同
1. 我会远离跨境电商食品安全风险	1	2	3	4	5
2. 我降低对跨境电商食品安全风险关注度	1	2	3	4	5
3. 我曲解跨境电商食品安全风险信息	1	2	3	4	5
4. 我努力遗忘跨境电商食品安全风险信息	1	2	3	4	5
四、搜寻行为	非常不赞同	不赞同	中立	赞同	非常赞同
1. 我广泛搜寻跨境电商食品安全风险信息	1	2	3	4	5
2. 我科学搜寻跨境电商食品安全风险信息	1	2	3	4	5
3. 我高效搜寻跨境电商食品安全风险信息	1	2	3	4	5
五、购买行为	非常不赞同	不赞同	中立	赞同	非常赞同
1. 我会明确跨境电商食品购买目的	1	2	3	4	5
2. 我会制订跨境电商食品购买计划	1	2	3	4	5
3. 我会审阅跨境电商食品评价	1	2	3	4	5
六、维权行为	非常不赞同	不赞同	中立	赞同	非常赞同
1. 我追究跨境电商食品安全风险责任	1	2	3	4	5
2. 我要求跨境电商食品安全风险经济赔偿	1	2	3	4	5
3. 我对跨境电商食品安全风险举报投诉	1	2	3	4	5
4. 我对跨境电商食品安全风险行政诉讼	1	2	3	4	5

（三）基本情况

请您根据您的实际情况选择/填写相应选项。

1. 您的性别：

□男性　□女性

2. 您的年龄：　　　　　岁

3. 您的文化程度：

□初中或以下　□中专或高中　□大专或本科　□研究生或以上

4. 您的职业：

□企业工作人员　□政府工作人员　□事业单位工作人员　□离退休人员

□学生　□其他

5. 您的个人月收入为：

□ 4000 元以下　□ 4000 ~ 6000 元　□ 6000 ~ 8000 元

□ 8000 ~ 12000元　□ 12000 元以上

6. 您的家庭居住人数：

□ 1 ~ 2 人　□ 3 人　□ 4 人　□ 4 人以上

7. 您是否有过类似的风险经历？

□是　□否

8. 您的专业班级为：

9. 您对本次调查的建议（选填）：

本问卷至此结束，再次衷心感谢您的支持和配合！祝您生活愉快！

附录 4　消费者食品安全风险响应调查问卷（理性购买）A

尊敬的先生/女士：

您好！首先感谢您抽出宝贵时间配合我们进行食品安全风险认知对理性购买影响调查。本调查旨在了解您购买食品的行为及心理，可更好地促进食品市场销售，促进我国食品产业安全健康发展。本调查采用不记名方式，所获信息仅供学术研究之用，您所提供的信息将严格保密。衷心感谢您的支持！

华南农业大学经济管理学院“消费者食品安全风险响应与引导机制研究”课题组

一、研究内容说明

2019 年《电子商务法》的实施加强了对跨境电商参与主体的监管和约束，规范了跨境电商产业市场环境，以推动跨境电商平台特别是个人海外代购的转型和升级，跨境电商平台或将成为消费者“全球购”的首选。跨境电商食品是指在跨境电商平台售卖的进口食品，即从其他国家或地区进口到本国或地区的食品。2020 年 6 月北京新发地曝出 8 例新增新冠肺炎确诊病例，在此处的三文鱼案板上发现了新冠病毒，由此引发一波三文鱼风波，让三文鱼等进口食品陷入质量安全风险“危机”之中。

本问卷调查以消费者通过盒马鲜生平台购买进口海产品为情境展开，以探究消费者食品理性购买的影响因素。

图 1　盒马鲜生线下会员店

消费者点击盒马鲜生 App，所在定位有对应门店（见图 1），直接搜索“帝皇鲜”，可出现“帝皇鲜”品牌产品（产品名称前均标明“帝皇鲜”）。产品包括澳洲和牛、三文鱼鱼腩和鱼肉、泰国白虾、南极银鳕鱼扒、越南黑虎虾仁等。

本问卷调查以盒马鲜生 App“帝皇鲜”品牌三文鱼鱼肉为例，原料产地为挪威，规格为 200g，定价 59.9 元，满一件可换购超值商品（见图 2）。

图 2　盒马鲜生 App“帝皇鲜”品牌三文鱼鱼肉商品

二、问卷内容

（一）请问您有在跨境电商平台购买过进口食品吗？

□有（如天猫、京东、网易、唯品会、亚马逊、盒马生鲜等电商平台）

□没有

（二）请您基于实际情况对以下表述进行判断和选择，每道题均只需选一个答案。

一、供应质量风险	非常不赞同	不赞同	中立	赞同	非常赞同
1. 我担心该跨境电商食品质量好坏很难判断	1	2	3	4	5
2. 我担心该跨境电商食品安全难以保障	1	2	3	4	5
3. 我担心该跨境电商食品不符合国内食品安全标准	1	2	3	4	5
4. 我担心该跨境电商食品不适合国内消费	1	2	3	4	5
5. 我担心该跨境电商食品供应商资质等不足	1	2	3	4	5
二、标签信息风险	非常不赞同	不赞同	中立	赞同	非常赞同
1. 我担心该跨境电商食品因说明不当导致营养等被曲解	1	2	3	4	5
2. 我担心不能准确理解该跨境电商食品标签信息	1	2	3	4	5
3. 我担心该跨境电商食品标签信息被篡改	1	2	3	4	5
4. 我担心该跨境电商食品标签信息不完整	1	2	3	4	5
5. 我担心该跨境电商食品标签信息不符合自身需求	1	2	3	4	5
三、跨境物流风险	非常不赞同	不赞同	中立	赞同	非常赞同
1. 我担心该跨境电商食品运输包装破损	1	2	3	4	5
2. 我担心该跨境电商食品在配送过程中丢失	1	2	3	4	5
3. 我担心该跨境电商食品配送不及时	1	2	3	4	5
4. 我担心该跨境电商食品溯源信息不完整	1	2	3	4	5
5. 我担心该跨境电商食品运费或退换货成本高	1	2	3	4	5
四、理性购买	非常不赞同	不赞同	中立	赞同	非常赞同
1. 购买该跨境电商食品时，我会货比三家	1	2	3	4	5
2. 购买该跨境电商食品时，我会考虑退换货政策	1	2	3	4	5
3. 我不会为了取悦他人而购买该跨境电商食品	1	2	3	4	5
4. 我会在能力范围内购买该跨境电商食品	1	2	3	4	5

（续上表）

五、风险态度	非常不赞同	不赞同	中立	赞同	非常赞同
1. 我会关注该跨境电商食品以降低风险概率	1	2	3	4	5
2. 我会花较多时间考虑该跨境电商食品安全性	1	2	3	4	5
3. 我会详细了解该跨境电商食品相关信息	1	2	3	4	5
4. 我会花较多时间比较各类跨境电商食品	1	2	3	4	5

（三）基本情况（答案没有对错之分，选择题请在对应选项上打“√”）

1. 您的性别：

□男性　□女性

2. 您的年龄：

□ 20 岁及以下　□ 21 ~ 29 岁　□ 30 ~ 39 岁　□ 40 ~ 49 岁　□ 50 ~ 59 岁

□ 60 岁及以上

3. 您的文化程度：

□高中及以下　□大专　□大学本科　□研究生及以上

4. 您的职业是：

□企业工作人员　□政府工作人员　□事业单位工作人员　□离退休人员

□学生　□其他

5. 您的个人月收入为：

□ 5000 元及以下　□ 5001 ~ 10000 元　□ 10001 ~ 15000 元

□ 15001 ~ 20000 元　□ 20001 元及以上

6. 您的家庭结构是：

□家中没有小孩和老人　□家中有小孩或家中有老人

□家中既有小孩也有老人

本问卷至此结束，再次衷心感谢您的支持和配合！祝您生活愉快！

附录 5　消费者食品安全风险响应调查问卷（理性购买）B

尊敬的先生/女士：

您好！首先感谢您抽出宝贵时间配合我们进行食品安全风险认知对理性购买影响调查。本调查旨在了解您购买食品的行为及心理，可更好地促进食品市场销售，促进我国食品产业安全健康发展。本调查采用不记名方式，所获信息仅供学术研究之用，您所提供的信息将严格保密。衷心感谢您的支持！

华南农业大学经济管理学院“消费者食品安全风险响应与引导机制研究”课题组

一、研究内容说明

2019 年《电子商务法》的实施加强了对跨境电商参与主体的监管和约束，规范了跨境电商产业市场环境，以推动跨境电商平台特别是个人海外代购的转型和升级，跨境电商平台或将成为消费者“全球买”的首选。跨境电商食品是指在跨境电商平台售卖的进口食品，即从其他国家或地区进口到本国或地区的食品。2020 年 6 月北京新发地曝出 8 例新增新冠肺炎确诊病例，在此处的三文鱼案板上发现了新冠病毒，由此引发一波三文鱼风波，让三文鱼等进口食品陷入质量安全风险“危机”之中。

本问卷调查以消费者通过大润发优鲜平台购买进口海产品展开，以探究消费者食品理性购买的影响因素。

消费者点击“大润发优鲜”App，所在定位属于配送范围内（见图 1），直接搜索“蓝雪”，可出现“蓝雪”品牌各类产品。产品包括挪威北极鳕鱼扒、智利三文鱼扒、三文鱼柳（儿童系列）等产品。

图1　大润发优鲜 App 广告图及线下门店

本问卷调查以大润发优鲜 App“蓝雪”品牌智利三文鱼扒为例，原料产地智利，规格为300g/袋，实际销售价56.9元。具体成交价格会因会员使用优惠券或参与活动而发生变化（见图2）。

图2　大润发优鲜 App“蓝雪”品牌智利三文鱼扒商品

二、问卷内容

（一）请问您有在跨境电商平台购买过进口食品吗？

□有（如天猫、京东、网易、唯品会、亚马逊、盒马生鲜等电商平台）

□没有

（二）请您基于实际情况对以下表述进行判断和选择，每道题均只需选一个答案。

一、供应质量风险	非常不赞同	不赞同	中立	赞同	非常赞同
1. 我担心该跨境电商食品质量好坏很难判断	1	2	3	4	5
2. 我担心该跨境电商食品安全难以保障	1	2	3	4	5
3. 我担心该跨境电商食品不符合国内食品安全标准	1	2	3	4	5
4. 我担心该跨境电商食品不适合国内消费	1	2	3	4	5
5. 我担心该跨境电商食品供应商资质等不足	1	2	3	4	5
二、标签信息风险	非常不赞同	不赞同	中立	赞同	非常赞同
1. 我担心该跨境电商食品因说明不当导致营养等被曲解	1	2	3	4	5
2. 我担心不能准确理解该跨境电商食品标签信息	1	2	3	4	5
3. 我担心该跨境电商食品标签信息被篡改	1	2	3	4	5
4. 我担心该跨境电商食品标签信息不完整	1	2	3	4	5
5. 我担心该跨境电商食品标签信息不符合自身需求	1	2	3	4	5
三、跨境物流风险	非常不赞同	不赞同	中立	赞同	非常赞同
1. 我担心该跨境电商食品运输包装破损	1	2	3	4	5
2. 我担心该跨境电商食品在配送过程中丢失	1	2	3	4	5
3. 我担心该跨境电商食品配送不及时	1	2	3	4	5
4. 我担心该跨境电商食品溯源信息不完整	1	2	3	4	5
5. 我担心该跨境电商食品运费或退换货成本高	1	2	3	4	5

（续上表）

四、理性购买	非常不赞同	不赞同	中立	赞同	非常赞同
1. 购买该跨境电商食品时，我会货比三家	1	2	3	4	5
2. 购买该跨境电商食品时，我会考虑退换货政策	1	2	3	4	5
3. 我不会为了取悦他人而购买该跨境电商食品	1	2	3	4	5
4. 我会在能力范围内购买该跨境电商食品	1	2	3	4	5
五、风险态度	非常不赞同	不赞同	中立	赞同	非常赞同
1. 我会关注该跨境电商食品以降低风险概率	1	2	3	4	5
2. 我会花较多时间考虑该跨境电商食品安全性	1	2	3	4	5
3. 我会详细了解该跨境电商食品相关信息	1	2	3	4	5
4. 我会花较多时间比较各类跨境电商食品	1	2	3	4	5

（三）基本情况（答案没有对错之分，选择题请在对应选项上打“√”）

1. 您的性别：

□男性　□女性

2. 您的年龄：

□ 20 岁及以下　□ 21～29 岁　□ 30～39 岁　□ 40～49 岁　□ 50～59 岁
□ 60 岁及以上

3. 您的文化程度：

□高中及以下　□大专　□大学本科　□研究生及以上

4. 您的职业是：

□企业工作人员　□政府工作人员　□事业单位工作人员　□离退休人员
□学生　□其他

5. 您的个人月收入为：

□ 5000 元及以下　□ 5001～10000 元　□ 10001～15000 元
□ 15001～20000 元　□ 20001 元及以上

6. 您的家庭结构是：

□家中没有小孩和老人　□家中有小孩或家中有老人
□家中既有小孩也有老人

本问卷至此结束，再次衷心感谢您的支持和配合！祝您生活愉快！

附录6　消费者食品安全风险响应调查问卷（持续购买）

尊敬的先生/女士：

您好！首先感谢您抽出宝贵时间配合我们进行消费者食品持续购买的影响调查。本问卷研究旨在了解影响您食品持续购买的因素，可更好地为消费者提供更优质的消费体验，保障食品质量安全可靠。本调查采用不记名方式，所获信息仅供学术研究之用，您所提供的信息将得到严格保密。衷心感谢您的支持！

华南农业大学经济管理学院“消费者食品安全风险响应与引导机制研究”课题组

一、研究内容说明

随着互联网的蓬勃发展，以网络媒介出名的网红凭借直播技术创造新型网红直播商业模式，有效地满足了消费者“全球买”的消费需求。新冠肺炎疫情暴发进一步推动线上购物成为主流的消费方式，跨境电商食品成为我国跨境电商网购消费者最常购买的商品种类（55%），与此同时，也大大提升了消费者对食品安全的关注度。

跨境电商食品是指我国消费者通过跨境电子商务平台购买的境外食品。持续购买是指消费者从同一渠道购买产品的频率，代表消费者对该产品或渠道的认可度和满意度。

本问卷调查以消费者在网红直播情境下购买跨境电商食品整切进口牛排为研究背景，开展消费者食品持续购买研究。

生鲜食材品牌烧范儿创立于2018年，其精选澳洲、南美洲进口牛肉，将其加工制成牛排后销向市场，2020年获评“天猫年度标杆品牌”，是公认“网红”品牌。2021年，烧范儿整切进口牛排入选天猫榜单优选牛排榜，好评率高达99.99%。

我国某知名网红获“淘宝第一主播”等称号，粉丝数量超1700万。2020年，以某知名网红为代表的网红主播通过直播为其带货。烧范儿官方旗舰店内，整切进口牛排原价为 238 元 8 片（160 g/片），网红直播间促销价为 168 元 8 片（160 g/片），送 1 包鸡排、1 包蔬菜包、8 包调料包及 8 包牛油（调料包及牛油为烤牛排所需原料）。随后，在天猫双十一活动首日，该牛排位列牛排类目销量第一。

请您观看该网红在淘宝直播烧范儿整切进口牛排的视频，并将其带入本次问卷调查的研究情境中。

直播中，网红介绍烧范儿为肯德基、必胜客指定供应商，这款整切进口牛排分为经典、地中海蒜香、土耳其烧烤、泰式咖喱柠檬四种口味，且对其质量、口感、烹调方法、赠品及优惠券领取方式进行详细介绍，同时分享自身消费经历，该直播间点赞数达 2485.0 万次（http://www.bilibili.com/video/BV1PX4y1G7Jk?from=search&seid=15653889333979707912）。

假设您拟购买牛排，正在淘宝观看网红直播。网红主播直播时主播相貌如图 1，推荐商品如图 2，即上文提及的烧范儿整切进口牛排。主播直播时提供的商品推荐信息、赠品规格数量等均与某知名网红直播间相同。直播间互动氛围如图 3。

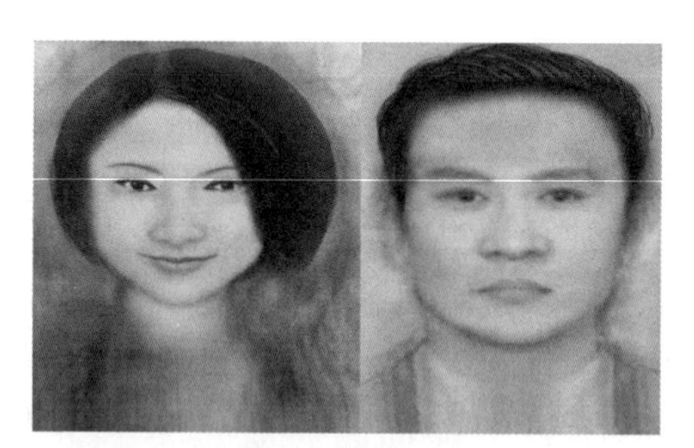

图 1　主播相貌

图 2　推荐商品

图3 直播间氛围

二、问卷内容

（一）您就对该网红直播下消费者对食品的个人看法，选择相应的选项，每道题均只需选一个选项（A 表示非常不赞同/相貌不好，B 表示不赞同/相貌较差，C 表示中立/相貌一般，D 表示赞同/相貌较好，E 表示非常赞同/相貌很好）。

一、产品美感	A	B	C	D	E
1. 该跨境电商食品光泽度好	1	2	3	4	5
2. 该跨境电商食品规格统一	1	2	3	4	5
3. 该跨境电商食品标识清晰	1	2	3	4	5
二、产品安全	A	B	C	D	E
1. 该跨境电商食品干净卫生	1	2	3	4	5
2. 该跨境电商食品添加剂等化学物质含量符合标准	1	2	3	4	5
3. 该跨境电商食品不含损害人体健康的有毒物质	1	2	3	4	5
三、主播颜值	A	B	C	D	E
1. 该网红直播平台主播相貌如何?	1	2	3	4	5
四、主播互动	A	B	C	D	E
1. 该网红直播平台主播鼓励我参与该跨境电商食品相关话题	1	2	3	4	5
2. 该网红直播平台主播努力激发我对该跨境电商食品的兴趣	1	2	3	4	5
3. 该网红直播平台主播与成员围绕该跨境电商食品展开热烈交流	1	2	3	4	5

（续上表）

五、粉丝氛围	A	B	C	D	E
1. 该网红直播平台粉丝积极分享自身跨境电商食品网购经历	1	2	3	4	5
2. 该网红直播平台粉丝间积极讨论跨境电商食品信息	1	2	3	4	5
3. 该网红直播平台粉丝与主播交流跨境电商食品信息	1	2	3	4	5
六、管控氛围	A	B	C	D	E
1. 该网红直播平台对煽动购买等行为予以删除、屏蔽或拉黑	1	2	3	4	5
2. 该网红直播平台对虚假营销等行为予以删除、屏蔽或拉黑	1	2	3	4	5
3. 该网红直播平台对传播食品谣言等行为予以删除、屏蔽或拉黑	1	2	3	4	5
七、折扣力度	A	B	C	D	E
1. 该跨境电商食品促销力度大	1	2	3	4	5
2. 该跨境电商食品促销价格十分划算	1	2	3	4	5
3. 该跨境电商食品促销价格让我心动	1	2	3	4	5
八、口碑促销	A	B	C	D	E
1. 该跨境电商食品销量排名靠前	1	2	3	4	5
2. 该跨境电商食品被许多人推荐	1	2	3	4	5
3. 该跨境电商食品推荐信息清晰	1	2	3	4	5
4. 该跨境电商食品推荐理由充分	1	2	3	4	5
九、时尚参与度	A	B	C	D	E
1. 我对网红直播下购买跨境电商食品这种潮流十分感兴趣	1	2	3	4	5
2. 我认为网红直播下购买跨境电商食品这种潮流十分有趣	1	2	3	4	5
3. 我认为网红直播下购买跨境电商食品这种潮流令人愉悦	1	2	3	4	5
4. 我认为网红直播下购买跨境电商食品这种潮流十分重要	1	2	3	4	5
十、心理距离	A	B	C	D	E
1. 观看网红直播后，我对该跨境电商食品十分熟悉	1	2	3	4	5
2. 观看网红直播后，我对该跨境电商食品信息更加明确	1	2	3	4	5
3. 观看网红直播后，我可以想象该跨境电商食品的属性	1	2	3	4	5
4. 观看网红直播后，我可以清晰描绘该跨境电商食品	1	2	3	4	5
十一、持续购买	A	B	C	D	E
1. 观看该网红直播平台直播后，我会购买该跨境电商食品	1	2	3	4	5
2. 观看该网红直播平台直播后，我会经常购买该跨境电商食品	1	2	3	4	5
3. 观看该网红直播平台直播后，我会购买类似的跨境电商食品	1	2	3	4	5
4. 观看该网红直播平台直播后，我会向他人推荐该跨境电商食品	1	2	3	4	5

（二）基本情况

请您根据自身实际情况选择相应选项：

1. 您的性别：

□男性　□女性

2. 您的年龄：

□ 20 岁及以下　□ 21～29 岁　□ 30～39 岁　□ 40～49 岁　□ 50 岁及以上

3. 您的文化程度：

□初中或以下　□中专或高中　□大专或本科　□研究生或以上

4. 您的职业：

□企业工作人员　□政府工作人员　□事业单位工作人员　□离退休人员

□学生　□其他

5. 您的个人月收入为：

□ 5000 元以下　□ 5000～10000 元　□ 10000～15000 元

□ 15000～20000 元　□ 20000 元以上

6. 您的家中是否有未成年人或高于 60 岁的人：

□是　□否

7. 您的家庭居住人数：

□ 1～2 人　□ 3 人　□ 4 人　□ 4 人以上

本问卷至此结束，衷心感谢您的支持和配合！祝您生活愉快！

参考文献

[1] ABDELKADER A. Impact of perceived risk and attitude on internet purchase intention [J]. International journal of marketing studies, 2015, 7 (6): 107 - 115.

[2] ABDELRADI F. Food waste behaviour at the household level: a conceptual framework [J]. Waste management, 2018, 71: 485 - 493.

[3] AFZAL H, KHAN M A, UR REHMAN K, et al. Consumer's trust in the brand: Can it be built through brand reputation, brand competence and brand predictability [J]. International business research, 2010, 3 (1): 43 - 51.

[4] AGMEKA F, WATHONI R N, SANTOSO A S. The influence of discount framing towards brand reputation and brand image on purchase intention and actual behaviour in e-commerce [J]. Procedia computer science, 2019, 161: 851 - 858.

[5] AHLUWALIA R, BURNKRANT R E, UNNAVA H R. Consumer response to negative publicity: the moderating role of commitment [J]. Journal of marketing research, 2000, 37 (2): 203 - 214.

[6] AHUVIA A C. Beyond the extended self: Loved objects and consumers' identity narratives [J]. Journal of consumer research, 2005, 32 (1): 171 - 184.

[7] AL-ANSI A, OLYA H G T, HAN H. Effect of general risk on trust, satisfaction, and recommendation intention for halal food [J]. International journal of hospitality management, 2019, 83: 210 - 219.

[8] ANDERSON C L, AGARWAL R. Practicing safe computing: a multimethod empirical examination of home computer user security behavioral intentions [J]. MIS quarterly, 2010: 613 - 643.

[9] ARES G, MAWAD F, GIMÉNEZ A, et al. Influence of rational and intuitive thinking styles on food choice: preliminary evidence from an eye-tracking study with yogurt labels [J]. Food quality and preference, 2014, 31: 28 - 37.

[10] ARIFFIN S K, MOHAN T, GOH Y N. Influence of consumers' perceived risk on consumers' online purchase intention [J]. Journal of research in

interactive marketing, 2018, 12 (3): 309 -327.

[11] ARNADE C, CALVIN L, KUCHLER F. Consumer response to a food safety shock: the 2006 food-borne illness outbreak of E. coli 0157: H7 linked to spinach [J]. Applied economic perspectives and policy, 2009, 31 (4): 734 -750.

[12] ARUGA K. Consumer responses to food produced near the fukushima nuclear plant [J]. Environmental economics and policy studies, 2017, 19 (4): 677 -690.

[13] ASHRAF M A. What drives and mediates organic food purchase intention: an analysis using bounded rationality theory [J]. Journal of International food & Agribusiness marketing, 2021, 33 (2): 185 -216.

[14] ASHRAF M G, RIZWAN M, IQBAL A, et al. The promotional tools and situational factors' impact on consumer buying behaviour and sales promotion [J]. Journal of public administration and governance, 2014, 4 (2): 179 -201.

[15] AWORH O C. Food safety issues in fresh produce supply chain with particular reference to sub-Saharan Africa [J]. Food control, 2021, 123: 1 -7.

[16] BAE S Y, CHANG P J. The effect of coronavirus disease-19 (COVID-19) risk perception on behavioural intention towards "untact" tourism in South Korea during the first wave of the pandemic [J]. Current issues in tourism, 2021, 24 (7): 1017 -1035.

[17] BAKER G A. Food safety and fear: factors affecting consumer response to food safety risk [J]. International food and agribusiness management review, 2003, 6: 1 -11.

[18] BANDURA A. Social foundations of thought and action [J]. Englewood Cliffs, NJ, 1986 (23 -28).

[19] BANDURA A. Social cognitive theory of self-regulation [J]. Organizational behavior and human decision processes, 1991, 50 (2): 248 -287.

[20] BANDURA A. Social cognitive theory: an agentic perspective [J]. Annual review of psychology, 2001, 52 (1): 1 -26.

[21] BARENDSZ A W. Food safety and total quality management [J]. Food control, 1998, 9 (2 -3): 163 -170.

[22] BAR-ANAN Y, LIBERMAN N, TROPE Y, et al. Automatic processing

of psychological distance: Evidence from a stroop task [J]. Journal of experimental psychology: general, 2007, 136 (4): 610 - 623.

[23] BAS M, STRAUSS-KAHN V. Input-trade liberalization, export prices and quality upgrading [J]. Journal of international economics, 2015, 95 (2): 250 - 262.

[24] BATAINEH A Q. The impact of perceived e-WOM on purchase intention: the mediating role of corporate image [J]. International journal of marketing studies, 2015, 7 (1): 126 - 137.

[25] BAUER M W, GASKELL G. Social representations theory: a progressive research programme for social psychology [J]. Journal for the theory of social behaviour, 2008, 38 (4): 335 - 353.

[26] BAUER M W, GASKELL G. Towards a paradigm for research on social representations [J]. Journal for the theory of social behaviour, 1999, 29 (2): 163 - 186.

[27] BAUER R A. Customer behavior as risk taking in dynamic marketing for a changing world [C] //Proceedings of the 43rd conference of the american marketing association, 1960: 389 - 398.

[28] BLOCH P H. Secking the ideal form: product design and consumer response [J]. Journal of marketing, 1995, 59 (3): 16 - 29.

[29] BOGUEVA D, MARINOVA D, RAPHAELY T. Reducing meat consumption: the case for social marketing [J]. Asia Pacific Journal of marketing and logistics, 2017, 29 (3): 477 - 500.

[30] BRADY J T. Health risk perceptions across time in the USA [J]. Journal of risk research, 2012, 15 (6): 547 - 563.

[31] BREWER N T, CHAPMAN G B, GIBBONS F X, et al. Meta-analysis of the relationship between risk perception and health behavior: the example of vaccination [J]. Health psychology, 2007, 26 (2): 136 - 145.

[32] BROWN J, CRANFIELD J A L, HENSON S. Relating consumer willingness-to-pay for food safety to risk tolerance: an experimental approach [J]. Canadian journal of agricultural economics/revue canadienne d'agroeconomie, 2005, 53 (2 - 3): 249 - 263.

[33] BRUNNER C B, ULLRICH S, DE OLIVEIRA M J. The most optimal

way to deal with negative consumer review: can positive brand and customer responses rebuild product purchase intentions? [J]. Internet research, 2019.

[34] BUCKLIN R E, GUPTA S, SIDDARTH S. Determining segmentation in sales response across consumer purchase behaviors [J]. Journal of marketing research, 1998, 35 (2): 189-197.

[35] BURMANN C, ZEPLIN S, RILEY N. Key determinants of internal brand management success: an exploratory empirical analysis [J]. Journal of brand management, 2009, 16 (4): 264-284.

[36] CARDONA M, DUCH-BROWN N, MARTENS B. Consumer perceptions of cross-border e-commerce in the EU [R]. Belgium: Joint Research Centre (Seville site), 2015: 1-47.

[37] CARNEIRO J D, MINIM V P, DELIZA R, et al. Labelling effects on consumer intention to pur-chase for soybean oil [J]. Food quality and preference, 2005, 16 (3): 275-282.

[38] CARVALHO S W, BLOCK L G, SIVARAMAKRISHNAN S, et al. Risk perception and risk avoidance: the role of cultural identity and personal relevance [J]. International journal of research in marketing, 2008, 25 (4): 319-326.

[39] CARVER C S, SCHEIER M F, WEINTRAUB J K. Assessing coping strategies: a theoretically based approach [J]. Journal of personality and social psychology, 1989, 56 (2): 267-283.

[40] CEMBALO L, CASO D, CARFORA V, et al. The "land of fires" toxic waste scandal and its effect on consumer food choices [J]. International journal of environmental research and public health, 2019, 16 (1): 165.

[41] CHAKRABORTTY R K, HOSSAIN M M, FARHAD M, et al. Analysing the effects of sales promotion and advertising on consumer's purchase behaviour [J]. World, 2013, 3 (4): 183-194.

[42] CHAKRABORTY T, GHOSH I. Real-time forecasts and risk assessment of novel coronavirus (COVID-19) cases: A data-driven analysis [J]. Chaos, solitons & fractals, 2020, 135: 109850.

[43] CHAPIN J. Bridging the gap between perception and behavior: psychological distance in first-person perception [C]. AEJMC conference. Mass Communication and Society Division, 2001, 2.

[44] CHEN C D, ZHAO Q, WANG J L. How livestreaming increases product sales: role of trust transfer and elaboration likelihood model [J]. Behaviour & Information technology, 2022, 41 (3): 558 - 573.

[45] CHEN M F. Consumer trust in food safety: a multidisciplinary approach and empirical evidence from Taiwan [J]. Risk analysis: an International journal, 2008, 28 (6): 1553 - 1569.

[46] CHENG C, CHEUNG S F, CHIO J H, et al. Cultural meaning of perceived control: a meta-analysis of locus of control and psychological symptoms across 18 cultural regions [J]. Psychological bulletin, 2013, 139 (1): 152 - 188.

[47] CHOI Y, LIN Y H. Consumer response to crisis: exploring the concept of involvement in Mattel product recalls [J]. Public relations review, 2009, 35 (1): 18 - 22.

[48] COX A D, COX D, MANTEL S P. Consumer response to drug risk information: the role of positive affect [J]. Journal of marketing, 2010, 74 (4): 31 - 44.

[49] COX D F. Risk taking and information handling in consumer behavior [M]. Boston: Havard University Press, 1967.

[50] CUESTA J, EDMEADES S, MADRIGAL L. Food security and public agricultural spending in Bolivia: putting money where your mouth is? [J]. Food policy, 2013, 40: 1 - 13.

[51] CUNNINGHAM M S. The major dimensions of perceived risk [M] // COX D F. Risk taking and information handling in consumer behavior, Boston: Havard University Press, 1967: 109 - 111.

[52] DAMALAS C A, ELEFTHEROHORINOS I G. Pesticide exposure, safety issues, and risk assessment indicators [J]. International journal of environmental research and public health, 2011, 8 (5): 1402 - 1419.

[53] DAVIS J J. Consumer response to corporate environmental advertising [J]. Journal of consumer marketing, 1994, 11 (2): 25 - 37.

[54] DE JONGE J, VAN TRIJP H, JAN RENES R, et al. Understanding consumer confidence in the safety of food: Its two - dimensional structure and determinants [J]. Risk analysis: an international journal, 2007, 27 (3): 729 - 740.

[55] DE VOCHT M, CAUBERGHE V, UYTTENDAELE M, et al. Affective

and cognitive reactions towards emerging food safety risks in Europe [J]. Journal of risk research, 2015, 18 (1): 21 -39.

[56] DEETER-SCHMELZ D R, MOORE J N, GOEBEL D J. Prestige clothing shopping by consumers: a confirmatory assessment and refinement of the "precon" scale with managerial implications [J]. Journal of marketing theory and practice, 2000, 8 (4): 43 -58.

[57] DENG Z, WANG Z. Early-mover advantages at cross-border business-to-business e-commerce portals [J]. Journal of business research, 2016, 69 (12): 6002 -6011.

[58] DICHTER E. How word-of-mouth advertising works [J]. Harvard business review, 1966, 44: 147 -166.

[59] DING F, HUO J, CAMPOS J K. The development of cross border e-commerce [J]. Advances in Economics, business and management research, 2017, 37: 370 -383.

[60] DOSMAN D M, ADAMOWICZ W L, HRUDEY S E. Socioeconomic determinants of health-and food safety-related risk perceptions [J]. Risk analysis, 2001, 21 (2): 307 -318.

[61] EDWARDS S M, LEE J K, FERLE C L. Does place matter when shopping online? Perceptions of similarity and familiarity as indicators of psychological distance [J]. Journal of interactive advertising, 2009, 10 (1): 35 -50.

[62] EERTMANS A, BAEYENS F, VAN DEN BERGH O. Food likes and their relative importance in human eating behavior: review and preliminary suggestions for health promotion [J]. Health education research, 2001, 16 (4): 443 -456.

[63] ETEOKLEOUS P P, LEONIDOU L C, KATSIKEAS C S. Corporate social responsibility in international marketing: review, assessment, and future research [J]. International marketing review, 2016, 33 (4): 580 -624.

[64] FEATHERMAN M S, PAVLOU P A. Predicting e-services adoption: a perceived risk facets perspective [J]. International journal of human-computer studies, 2003, 59 (4): 451 -474.

[65] FEIN S B, LANDO A M, LEVY A S, et al. Trends in US consumers' safe handling and consumption of food and their risk perceptions, 1988 through 2010 [J]. Journal of food protection, 2011, 74 (9): 1513 -1523.

[66] FERGUSON R. Word of mouth and viral marketing: taking the temperature of the hottest trends in marketing [J]. Journal of consumer marketing, 2008, 25 (3): 179-182.

[67] FENDT J, SACHS W. Grounded theory method in management research: users' perspectives [J]. Organizational research methods, 2008, 11 (3): 430-455.

[68] FIGUIÉM, BRICAS N, THANH V P, et al. Hanoi consumers' point of view regarding food safety risks: an approach in terms of social representation [J]. Vietnam social sciences, 2004, 3 (101): 63-72.

[69] FISCHHOFF B, SLOVIC P, LICHTENSTEIN S, et al. How safe is safe enough? A psychometric study of attitudes towards technological risks and benefits [J]. Policy sciences, 1978, 9 (2): 127-152.

[70] FLEMING K, THORSON E, ZHANG Y. Going beyond exposure to local news media: an information-processing examination of public perceptions of food safety [J]. Journal of health communication, 2006, 11 (8): 789-806.

[71] FLOYD D L, PRENTICE-DUNN S, ROGERS R W. A meta-analysis of research on protection motivation theory [J]. Journal of applied social psychology, 2000, 30 (2): 407-429.

[72] FREWER L J, BERGMANN K, BRENNAN M, et al. Consumer response to novel agri-food technologies: implications for predicting consumer acceptance of emerging food technologies [J]. Trends in food science & Technology, 2011, 22 (8): 442-456.

[73] FOLKMAN S, LAZARUS R S. An analysis of coping in a middle-aged community sample [J]. Journal of health and social behavior, 1980: 219-239.

[74] FORSYTHE S M, SHI B. Consumer patronage and risk perceptions in Internet shopping [J]. Journal of business research, 2003, 56 (11): 867-875.

[75] FUCHS G, REICHEL A. An exploratory inquiry into destination risk perceptions and risk reduction strategies of first time vs. repeat visitors to a highly volatile destination [J]. Tourism management, 2011, 32 (2): 266-276.

[76] GANGULY B, DASH S B, CYR D, et al. The effects of website design on purchase intention in online shopping: the mediating role of trust and the moderating role of culture [J]. International journal of electronic business, 2010, 8 (4-5): 302-330.

[77] GASPAR R, PEDRO C, PANAGIOTOPOULOS P, et al. Beyond positive or negative: qualitative sentiment analysis of social media reactions to unexpected stressful events [J]. Computers in human behavior, 2016, 56: 179 - 191.

[78] GARVEY P R, LANSDOWNE Z F. Risk matrix: an approach for identifying, assessing, and ranking program risks [J]. Air force journal of logistics, 1998, 22 (1): 18 - 21.

[79] GELPEROWIC R, BEHARRELL B. Healthy food products for children: packaging and mothers'purchase decisions [J]. British food journal, 1994, 96 (11): 4 - 8.

[80] GESSNER G H, SNODGRASS C R. Designing e-commerce cross-border distribution networks for small and medium-size enterprises incorporating Canadian and US trade incentive programs [J]. Research in transportation business & Management, 2015, 16: 84 - 94.

[81] GHOURI M W A, TONG L, HUSSAIN M A. Does online ratings matter? An integrated framework to explain gratifications needed for continuance shopping intention in Pakistan [J]. Sustainability, 2021, 13 (17): 9538 - 9561.

[82] GOMEZ-HERRERA E, MARTENS B, TURLEA G. The drivers and impediments for cross-border e-commerce in the EU [J]. Information economics and policy, 2014, 28: 83 - 96.

[83] GRUNERT K G. Food quality and safety: consumer perception and demand [J]. European review of agricultural economics, 2005, 32 (3): 369 - 391.

[84] GÜNGÖRDÜ BELBAĞ A. Impacts of Covid-19 pandemic on consumer behavior in Turkey: A qualitative study [J]. Journal of consumer affairs, 2022, 56 (1): 339 - 358.

[85] HA T M, SHAKUR S, DO K H P. Consumer concern about food safety in Hanoi, Vietnam [J]. Food control, 2019, 98: 238 - 244.

[86] HA T M, SHAKUR S, DO K H P. Linkages among food safety risk perception, trust and information: evidence from Hanoi consumers [J]. Food control, 2020, 110: 106965 - 106972.

[87] HAIMSON O L, TANG J C. What makes live events engaging on Facebook Live, Periscope, and Snapchat [C] //Proceedings of the 2017 CHI Conference on Human Factors in Computing Systems. 2017, 48 - 60.

[88] HAN B, KIM M, LEE J. Exploring consumer attitudes and purchasing intentions of cross-border online shopping in Korea [J]. Journal of Korea trade, 2018: 1-20.

[89] HAN G, LIU Y. Does information pattern affect risk perception of food safety? A national survey in China [J]. International journal of environmental research and public health, 2018, 15 (9): 1935.

[90] HAN R, XU J. A comparative study of the role of interpersonal communication, traditional media and social media in pro-environmental behavior: A China-based study [J]. International journal of environmental research and public health, 2020, 17 (6): 1883-1903

[91] HASHIM N, RAMLEE S I F, YUSOFF A M, et al. Internet shopping: How the consumer purchase behaviour is impacted by risk perception [J]. TEST engineering & Management, 2019, 59 (6S): 1014-1021.

[92] HELLERSTEIN D, HIGGINS N, HOROWITZ J. The predictive power of risk preference measures for farming decisions [J]. European Review of Agricultural Economics, 2013, 40 (5): 807-833.

[93] HENSON S, CASWELL J. Food safety regulation: an overview of contemporary issues [J]. Food policy, 1999, 24 (6): 589-603.

[94] HENSON S. The role of public and private standards in regulating international food markets [J]. Journal of International agricultural trade and development, 2008, 4 (1): 63-81.

[95] HIRSCHMAN E C, HOLBROOK M B. Hedonic consumption: emerging concepts, methods and propositions [J]. Journal of marketing, 2012, 46 (3): 92-101.

[96] HOEK A C, PEARSON D, JAMES S W, et al. Healthy and environmentally sustainable food choices: Consumer responses to point-of-purchase actions [J]. Food quality and preference, 2017, 58: 94-106.

[97] HONG I B, CHA H S. The mediating role of consumer trust in an online merchant in predicting purchase intention [J]. International journal of information management, 2013, 33 (6): 927-939.

[98] HO T H, TANG C S, BELL D R. Rational shopping behavior and the option value of variable pricing [J]. Management science, 1998, 44 (12-part-2):

S145 – S160.

[99] HOQUE M Z, MYRLANDØ. Consumer preference for fish safety inspection in Bangladesh [J]. Aquaculture, 2022, 551: 737911.

[100] HOU C, ZHANG M, WANG M, et al. Factors influencing grazing behavior by using the consciousness-context-behavior theory-a case study from Yanchi county, China [J]. Land, 2021, 10 (11): 1157.

[101] HSIEH M T, TSAO W C. Reducing perceived online shopping risk to enhance loyalty: a website quality perspective [J]. Journal of risk research, 2014, 17 (2): 241 – 261.

[102] HU B, LUO Q. Cross-border e-commerce mode based on internet + [C] //IOP Conference Series: Materials Science and Engineering. IOP Publishing, 2018, 394 (5): 052014.

[103] HU H, DJEBARNI R, ZHAO X, et al. Effect of different food recall strategies on consumers' reaction to different recall norms: a comparative study [J]. Industrial management and data systems, 2017, 117 (9): 2045 – 2063.

[104] HUETTERMANN M, UHRICH S, KOENIGSTORFER J. Components and outcomes of fan engagement in team sports: the perspective of managers and fans [J]. Journal of global sport management, 2019: 1 – 32.

[105] HUSNAIN M, TOOR A. The impact of social network marketing on consumer purchase intention in Pakistan: consumer engagement as a mediator [J]. Asian journal of business and accounting, 2017, 10 (1): 167 – 199.

[106] HOWDEN S M, SOUSSANA J F, TUBIELLO F N, et al. Adapting agriculture to climate change [J]. Proceedings of the national academy of sciences, 2007, 104 (50): 19691 – 19696.

[107] JAAFAR S N, LALP P E, NABA M M. Consumers' perceptions, attitudes and purchase intention towards private label food products in Malaysia [J]. Asian journal of business and management sciences, 2012, 2 (8): 73 – 90.

[108] JACOBS S, SIOEN I, MARQUES A, et al. Consumer response to health and environmental sustainability information regarding seafood consumption [J]. Environmental research, 2018, 161: 492 – 504.

[109] JACOBY J, KAPLAN L B. The components of perceived risk [J]. Advances in consumer research, 1972 (3): 382 – 383.

[110] JANNADI O A, ALMISHARI S. Risk assessment in construction [J]. Journal of construction engineering and management, 2003, 129 (5): 492 -500.

[111] JIANG P. A model of price search behavior in electronic marketplace [J]. Internet research, 2002, 12 (2): 181 -190.

[112] JIN S, LI W, DAWSON I G J, et al. Consumer responses to genetically modified food in China: the influence of existing general attitudes, affect and perceptions of risks and benefits [J]. Food quality and preference, 2022, 99: 104 -543.

[113] JOFFE H, BETTEGA N. Social representation of AIDS among Zambian adolescents [J]. Journal of health psychology, 2003, 8 (5): 616 -631.

[114] JOFFE H, LEE N Y. Social representation of a food risk: The Hong Kong avian bird flu epidemic [J]. Journal of health psychology, 2004, 9 (4): 517 -533.

[115] JUHL H J, POULSEN C S. Antecedents and effects of consumer involvement in fish as a product group [J]. Appetite, 2000, 34 (3): 261 -267.

[116] KANG'ETHE E K, GRACE D, ALONSO S, et al. Food safety and public health implications of growing urban food markets [R/OL] //Aliance for a Green Revolution in Africa. Africa agriculture status report , 2020: 101 -119.

[117] KANG L, LI Y, HU S, et al. The mental health of medical workers in Wuhan, China dealing with the 2019 novel coronavirus [J]. The lancet psychiatry, 2020, 7 (3): e14.

[118] KANG Y. Food safety governance in China: change and continuity [J]. Food control, 2019, 106: 1 -8.

[119] KAPTAN G, FISCHER A R H, FREWER L J. Extrapolating understanding of food risk perceptions to emerging food safety cases [J]. Journal of risk research, 2018, 21 (8): 996 -1018.

[120] KASPERSON R E, RENN O, SLOVIC P, et al. The social amplification of risk: a conceptual framework [J]. Risk analysis, 1988, 8 (2): 177 -187.

[121] KAY A C, WHITSON J A, GAUCHER D, et al. Compensatory control: achieving order through the mind, our institutions, and the heavens [J]. Current directions in psychological science, 2009, 18 (5): 264 -268.

[122] KEEY R. Australia/New Zealand risk management standard [J]. Owning the future: integrated risk management in practice, 1998, 7 (1): 91 -97.

[123] KEIL M, TAN B C Y, WEI K K, et al. A cross-cultural study on escalation of commitment behavior in software projects [J]. MIS quarterly, 2000: 299 - 325.

[124] KENDALL H, KAPTAN G, STEWART G, et al. Drivers of existing and emerging food safety risks: expert opinion regarding multiple impacts [J]. Food control, 2018, 90: 440 - 458.

[125] KIM J, LENNON S J. Effects of reputation and website quality on online consumers' emotion, perceived risk and purchase intention: based on the stimulus-organism-response model [J]. Journal of research in interactive marketing, 2013, 7 (1): 33 - 56.

[126] KIM J, YANG K, KIM B Y. Online retailer reputation and consumer response: examining cross cultural differences [J]. International journal of retail and distribution management, 2013, 41 (9): 688 - 705.

[127] KING T, COLE M, FARBER J M, et al. Food safety for food security: relationship between global megatrends and developments in food safety [J]. Trends in food science & technology, 2017, 68: 160 - 175.

[128] KOTLER P. Marketing management: a south Asian perspective [M]. Pearson education India, 2009.

[129] KOUFARIS M, HAMPTON-SOSA W. The development of initial trust in an online company by new customers [J]. Information and management, 2004, 41 (3): 377 - 397.

[130] KRUGMAN H E. The impact of television advertising: learning without involvement [J]. Public opinion quarterly, 1965, 29 (3): 349 - 356.

[131] KURSAN MILAKOVIč I. Purchase experience during the COVID-19 pandemic and social cognitive theory: the relevance of consumer vulnerability, resilience, and adaptability for purchase satisfaction and repurchase [J]. International journal of consumer studies, 2021, 45 (6): 1425 - 1442.

[132] KUTTSCHREUTER M. Psychological determinants of reactions to food risk messages [J]. Risk analysis, 2006, 26 (4): 1045 - 1057.

[133] LAMBERT S D, LOISELLE C G. Health information: seeking behavior [J]. Qualitative health research, 2007, 17 (8): 1006 - 1019.

[134] LANGLOIS J H, KALAKANIS L, RUBENSTEIN A J, et al. Maxims or

myths of beauty? A meta-analytic and theoretical review [J]. Psychological bulletin, 2000, 126 (3): 390-423.

[135] LAROCHE M, PONS F, ZGOLLI N, et al. A model of consumer response to two retail sales promotion techniques [J]. Journal of business research, 2003, 56 (7): 513-522.

[136] LAROSE R, EASTIN M S. A social cognitive theory of Internet uses and gratifications: toward a new model of media attendance [J]. Journal of broadcasting & electronic media, 2004, 48 (3): 358-377.

[137] LAZEAR E P. Entrepreneurship [J]. Journal of labor economics, 2005, 23 (4): 649-680.

[138] LEE H, YEON C. Blockchain-based traceability for anti-counterfeit in cross-border e-commerce transactions [J]. Sustainability, 2021, 13 (19): 11057-11076.

[139] LEPPIN A, ARO A R. Risk perceptions related to SARS and avian influenza: theoretical foundations of current empirical research [J]. International journal of behavioral medicine, 2009, 16 (1): 7-29.

[140] LEVY A S, FEIN S B. Consumers' ability to perform tasks using nutrition labels [J]. Journal of nutrition education, 1998, 30 (4): 210-217.

[141] LIANG H, SARAF N, HU Q, et al. Assimilation of enterprise systems: the effect of institutional pressures and the mediating role of top management [J]. MIS quarterly, 2007, 31 (1): 59-87.

[142] LIAO C, LUO Y, ZHU W. Food safety trust, risk perception, and consumers' response to company trust repair actions in food recall crises [J]. International journal of environmental research and public health, 2020, 17 (4): 1270.

[143] LIM N. Consumers' perceived risk: sources versus consequences [J]. Electronic commerce research and applications, 2003, 2 (3): 216-228.

[144] LINDELL M K, PERRY R W. The protective action decision model: theoretical modifications and additional evidence [J]. Risk analysis: an international journal, 2012, 32 (4): 616-632.

[145] LITWIN G H, STRINGER R A. Motivation and organizational climate [J]. American journal of sociology, 1968, 209-214.

[146] LIU C, ZHENG Y. The predictors of consumer behavior in relation to or-

ganic food in the context of food safety incidents: advancing hyper attention theory within an stimulus-organism-response model [J]. Frontiers in psychology, 2019, 10: 2512 - 2524.

[147] LIU P, MA L. Food scandals, media exposure, and citizens' safety concerns: a multilevel analysis across Chinese cities [J]. Food policy, 2016, 63: 102 - 111.

[148] LIU Q, ZHANG X, HUANG S, et al. Exploring consumers' buying behavior in a large online promotion activity: the role of psychological distance and involvement [J]. Journal of theoretical and applied electronic commerce research, 2020, 15 (1): 66 - 80.

[149] LIU W, HAO Z, FLORKOWSKI W J, et al. Assuring food security: consumers' ethical risk perception of meat substitutes [J]. Agriculture, 2022, 12 (5): 671 - 689.

[150] LIU W, YANG Y, XU D. Research on optimization of cross-border e-commerce marketing strategy of agricultural products under the background of environmental protection [C] //IOP Conference Series: Materials Science and Engineering. IOP Publishing, 2019, 612 (5): 052031.

[151] LLOYD A E, LUK S T K. Interaction behaviors leading to comfort in the service encounter [J]. Journal of services marketing, 2013, 25 (3): 176 - 189.

[152] LOUREIRO M L, UMBERGER W J. A choice experiment model for beef: what US consumer responses tell us about relative preferences for food safety, country-of-origin labeling and traceability [J]. Food policy, 2007, 32 (4): 496 - 514.

[153] LOWE B. Consumer perceptions of extra free product promotions and discounts: the moderating role of perceived performance risk [J]. Journal of product & brand management, 2010, 19 (7): 496 - 503.

[154] LUPIEN J R. Prevention and control of food safety risks: the role of governments, food producers, marketers, and academia [J]. Asia Pacific journal of clinical nutrition, 2007, 16 (S1): 74 - 79.

[155] LUTHANS F, NORMAN S M, AVOLIO B J, et al. The mediating role of psychological capital in the supportive organizational climate-employee performance relationship [J]. The International journal of industrial, occupational and organiza-

tional psychology and behavior, 2008, 29 (2): 219 - 238.

[156] LYU H M, SHEN S L, ZHOU A, et al. Perspectives for flood risk assessment and management for mega-city metro system [J]. Tunnelling and underground space technology, 2019, 84: 31 - 44.

[157] MA B, HAN Y, CUI S, et al. Risk early warning and control of food safety based on an improved analytic hierarchy process integrating quality control analysis method [J]. Food control, 2020, 108: 106824.

[158] MA G. Food, eating behavior, and culture in Chinese society [J]. Journal of ethnic foods, 2015, 2 (4): 195 - 199.

[159] MA S, GUO X, ZHANG H. New driving force for China's import growth: assessing the role of cross-border ecommerce [J]. The world economy, 2021, 44 (12): 3674 - 3706.

[160] MA X, LIAO J. Buying to cope with scarcity during public emergencies: aserial mediation model based on cognition-affect theory [J]. Frontiers in psychology, 2021, 12.

[161] MADDUX J E, ROGERS R W. Protection motivation and self-efficacy: a revised theory of fear appeals and attitude change [J]. Journal of experimental social psychology, 1983, 19 (05): 469 - 479.

[162] MAESTAS C, CHATTOPADHYAY J, LELAND S, et al. Fearing food: the influence of risk perceptions on public preferences for uniform and centralized risk regulation [J]. Policy studies journal, 2020, 48 (2): 447 - 468.

[163] MARINKOVIĆ V, LAZAREVIĆ J. Eating habits and consumer food shopping behaviour during COVID-19 virus pandemic: insights from Serbia [J]. British food journal, 2021, 123 (12): 3970 - 3987.

[164] MARTIN C, HAU L. Mitigating supply chain risk through improved confidence [J]. International journal of physical distribution and logistics management, 2004, 34 (5): 388 - 396.

[165] MARTIN M A. Consumer responses to discontinuance of favorite products: an exporatory study [J]. Advances in consumer research, 2002, 29 (1): 249 - 250.

[166] MASUDA J R, GARVIN T. Place, culture, and the social amplification of risk [J]. Risk analysis: an International journal, 2006, 26 (2): 437 - 454.

[167] MATHEWS S, HEALY M. The Internet and information capability reduces perceived risk of internationalisation: an Australian SME perspective [J]. International journal of organisational behaviour, 2007, 12 (1): 71 -87.

[168] MEHRABIAN A, RUSSELL J A. An approach to environmental psychology [M]. Cambridge, MA: The MIT Press, 1974.

[169] MCEVOY J D G. Emerging food safety issues: an EU perspective [J]. Drug testing and analysis, 2016, 8 (5 -6): 511 -520.

[170] MELLAHI K, JOHNSON M. Does it pay to be a first mover in e. commerce? The case of Amazon. com [J]. Management decision, 2000, 38 (7): 445 -452.

[171] MEYER C H, HAMER M, TERLAU W, et al. Web data mining and social media analysis for better communication in food safety crises [J]. International journal on food system dynamics, 2015, 6 (3): 129 -138.

[172] MITCHELL V W, BOUSTANI P. Market development using new products and new customers: a role for perceived risk [J]. European journal of marketing, 1993, 27 (2): 17 -32.

[173] MOJDUSZKA E M, CASWELL J A. A test of nutritional quality signaling in food markets prior to implementation of mandatory labeling [J]. American journal of agricultural economics, 2000, 82 (2): 298 -309.

[174] MONTGOMERY H, HAUGHEY S A, ELLIOTT C T. Recent food safety and fraud issues within the dairy supply chain (2015 -2019) [J]. Global food security, 2020, 26: 1 -10.

[175] MOREIRA P. Stealth risks and catastrophic risks: on risk perception in a tourism destination [J]. Journal of travel & tourism marketing, 2008, 23 (2 -4): 15 -27.

[176] MOSCOVICI S, HERZLICH C. Health and illness: a social psychological analysis [J]. The journal of community and applied social psychology, 1973, 9: 1099 -1298.

[177] MOU Y, LIN C A. Communicating food safety via the social media: The role of knowledge and emotions on risk perception and prevention [J]. Science communication, 2014, 36 (5): 593 -616.

[178] MUTAQIN D J. Determinants of farmers' decisions on risk coping strate-

gies in rural west Java [J]. Climate, 2019, 7 (1): 1 -23.

[179] NAEEM M. Do social media platforms develop consumer panic buying during the fear of Covid -19 pandemic [J]. Journal of retailing and consumer services, 2021, 58: 1 -10.

[180] NATIONAL RESEARCH COUNCIL. Issues in risk assessment [M]. National Academies Press, 1993.

[181] NATIONAL RESEARCH COUNCIL. Science and decisions: advancing risk assessment [J]. 2009, 24 (11): 733 -748.

[182] NAYAK R, WATERSON P. Global food safety as a complex adaptive system: key concepts and future prospects [J]. Trends in food science & Technology, 2019, 91: 409 -425.

[183] NEWMAN A J, FOXALL G R. In-store customer behaviour in the fashion sector: some emerging methodological and theoretical directions [J]. International journal of retail & distribution management, 2003, 31 (11): 591 -600.

[184] NGUYEN T T H, YANG Z, NGUYEN N, et al. Greenwash and green purchase intention: the mediating role of green skepticism [J]. Sustainability, 2019, 11 (9): 2653 -2668.

[185] NIKHASHEMI S R, JEBARAJAKIRTHY C, NUSAIR K. Uncovering the roles of retail brand experience and brand love in the apparel industry: non-linear structural equation modelling approach [J]. Journal of retailing and consumer services, 2019, 48: 122 -135.

[186] NØRGAARD M K, BRUNSØ K. Families' use of nutritional information on food labels [J]. Food quality and preference, 2009, 20 (8): 597 -606.

[187] NOSIĆ A, WEBER M. How riskily do I invest? The role of risk attitudes, risk perceptions, and overconfidence [J]. Decision analysis, 2010, 7 (3): 282 -301.

[188] O'CASS A. An assessment of consumers product, purchase decision, advertising and consumption involvement in fashion clothing [J]. Journal of economic psychology, 2000, 21 (5): 545 -576.

[189] OHANIAN R. The impact of celebrity spokespersons' perceived image on consumers' intention to purchase [J]. Journal of advertising research, 1991, 31 (1), 46 -54.

[190] OSEI M J, LAWER, D R, AIDOO R. Consumers' use and understanding of food label information and effect on their purchasing decision in Ghana; a case study of Kumasi metropolis [J]. Asian journal of agriculture and rural development, 2013, 2 (3): 351 -365.

[191] OVERBEY K N, JAYKUS L A, CHAPMAN B J. A systematic review of the use of social media for food safety risk communication [J]. Journal of food protection, 2017, 80 (9): 1537 -1549.

[192] PARASURAMAN A, ZEITHAML V A, BERRY L S. A multiple-item scale for measuring consumer perceptions of service quality [J]. Journal of retailing, 1988, 64 (1): 12 -40.

[193] PARK H J, LIN L M. The effects of match-ups on the consumer attitudes toward internet celebrities and their live streaming contents in the context of product endorsement [J]. Journal of retailing and consumer services, 2020, 52: 101934 -101939.

[194] PENG L, CUI G, CHUNG Y, et al. The faces of success: beauty and ugliness premiums in e-commerce platforms [J]. Journal of marketing, 2020, 84 (04): 67 -85.

[195] PENG Y, LI J, XIA H, et al. The effects of food safety issues released by we media on consumers' awareness and purchasing behavior: a case study in China [J]. Food policy, 2015, 51: 44 -52.

[196] PETER J P, RYAN M J. An investigation of perceived risk at the brand level [J]. Journal of marketing research, 1976, 13 (2): 184 -188.

[197] PERRY C L, JESSOR R. The concept of health promotion and the prevention of adolescent drug abuse [J]. Health education quarterly, 1985, 12 (2): 169 -184.

[198] PETTY R E, CACIOPPO J T. Issue involvement as a moderator of the effects on attitude of advertising content and context [J]. Advances in consumer research, 1981 (8): 20 -24.

[199] POORTINGA W, BICKERSTAFF K, LANGFORD I, et al. The British 2001 foot and mouth crisis: a comparative study of public risk perceptions, trust and beliefs about government policy in two communities [J]. Journal of risk research,

2004, 7 (1): 73 -90.

[200] POUSHNEH A, VASQUEZ-PARRAGA A Z. Discernible impact of augmented reality on retail customer's experience, satisfaction and willingness to buy [J]. Journal of retailing and consumer services, 2017, 34: 229 -234.

[201] POWELL D A, JACOB C J, CHAPMAN B J. Enhancing food safety culture to reduce rates of foodborne illness [J]. Food control, 2011, 22 (6): 817 -822.

[202] PRATI G, PIETRANTONI L, ZANI B. A social-cognitive model of pandemic influenza H1N1 risk perception and recommended behaviors in Italy [J]. Risk analysis: an International journal, 2011, 31 (4): 645 -656.

[203] QIAN J, WU W, YU Q, et al. Filling the trust gap of food safety in food trade between the EU and China: an interconnected conceptual traceability framework based on blockchain [J]. Food and energy security, 2020, 9 (4): 1 -11.

[204] QIN H, OSATUYI B, XU L. How mobile augmented reality applications affect continuous use and purchase intentions: a cognition-affect-conation perspective [J]. Journal of retailing and consumer services, 2021, 63: 102680 -102692.

[205] QIU Y, CHANG Y, HOU Y. Analysis on the relationship between farmers' ecological protection behavior and well-being in Qinling region [C] //IOP Conference Series: Earth and Environmental Science. IOP Publishing, 2021, 657: 012007.

[206] REDMOND E C, GRIFFITH C J. Consumer food handling in the home: a review of food safety studies [J]. Journal of food protection, 2003, 66 (1): 130 -161.

[207] RIBEIRO T G, BARONE B, BEHRENS J H. Genetically modified foods and their social representation [J]. Food research international, 2016, 84: 120 -127.

[208] RICE A L. The enterprise and its environment: a system theory of management organization [M]. Routledge, 2013.

[209] ROBERT D, JOHN R. Store atmosphere: an environmental psychology approach [J]. Journal of Retailing, 1982, 58 (1): 34 -57.

[210] ROBERTSON T S. Low-commitment consumer behavior [J]. Journal of

Advertising Research, 1976, 16 (2), 19 -24.

[211] ROGERS R W. A protection motivation theory of fear appeals and attitude change1 [J]. The journal of psychology, 1975, 91 (1): 93 -114.

[212] ROLLIN F, KENNEDY J, WILLS J. Consumers and new food technologies [J]. Trends in food science & technology, 2011, 22 (2 -3): 99 -111.

[213] ROSILLO -DÍAZ E, BLANCO-ENCOMIENDA F J, CRESPO-ALMENDROS E. A cross-cultural analysis of perceived product quality, perceived risk and purchase intention in e-commerce platforms [J]. Journal of enterprise information management, 2019, 33 (1): 139 -160.

[214] ROTTER J B. Interpersonal trust, trustworthiness, and gullibility [J]. American psychologist, 1980, 35 (1): 1 -7.

[215] RUBY R. The peapod story [J]. Trfic Newsletter, 2000 (4): 1 -4.

[216] SAVELLI C J, GARCIA ACEVEDO R F, SIMPSON J, et al. The utilisation of tools to facilitate cross-border communication during international food safety events, 1995—2020: A realist synthesis [J]. Globalization and health, 2021, 17 (1): 1 -21.

[217] SCHOON I, BYNNER J, JOSHI H, et al. The influence of context, timing, and duration of risk experiences for the passage from childhood to midadulthood [J]. Child development, 2002, 73 (5): 1486 -1504.

[218] SCHROEDER T C, TONSOR G T, PENNINGS J M E, et al. Consumer food safety risk perceptions and attitudes: impacts on beef consumption across countries [J]. The BE journal of economic analysis & policy, 2007, 7 (1), 1 -29.

[219] SEMENZA J C, SEWE M O, LINDGREN E, et al. Systemic resilience to cross-border infectious disease threat events in Europe [J]. Transboundary and emerging diseases, 2019, 66 (5): 1855 -1863.

[220] SENIOR V, MARTEAU T M. Causal attributions for raised cholesterol and perceptions of effective risk-reduction: self-regulation strategies for an increased risk of coronary heart disease [J]. Psychology and health, 2007, 22 (6): 699 -717.

[221] SETH U. Promoting food label understanding among early adolescents through innovative education program based on the constructs of banduras social cognitive theory [J/OL]. Journal of education, 2022.

[222] SHAN W, SUN D. Application and consideration of Chinese element in international sports brand's product appearance design: for example tennis series products [J]. Journal of Nanjing sport institute (Natural science), 2015, 14 (3): 142 – 146.

[223] SHAO B, CHENG Z, WAN L, et al. The impact of cross border E-tailer's return policy on consumer's purchase intention [J]. Journal of retailing and consumer services, 2021, 59: 102367 – 102377.

[224] SHEPHERD J D, SAGHAIAN S H. Consumer response to and trust of information about food-safety events in the chicken and beef markets in Kentucky [J]. Journal of food distribution research, 2008, 39 (1): 123 – 129.

[225] SILPAKIT P, FISK R P. Participatizing the service encounter: a theoretical framework [M]. Chicago: American marketing association, 1985.

[226] SIOMKOS G J, KURZBARD G. The hidden crisis in product-harm crisis management [J]. European journal of marketing, 1994, 28 (2): 30 – 41.

[227] SITKIN S B, WEINGART L R. Determinants of risky decision – making behavior: A test of the mediating role of risk perceptions and propensity [J]. Academy of management journal, 1995, 38 (6): 1573 – 1592.

[228] SKINNER E A. A guide to constructs of control [J]. Journal of personality and social psychology, 1996, 71 (3): 549 – 570.

[229] SKYTTNER L. General systems theory: problems, perspectives, practice [M]. World Scientific, 2005.

[230] SLOVIC P E. The perception of risk [M]. London Sterling, VA: Earthscan Publications, 2000.

[231] SLOVIC P, FINUCANE M, PETERS E, et al. Rational actors or rational fools: Implications of the affect heuristic for behavioral economics [J]. The Journal of socio-economics, 2002, 31 (4): 329 – 342.

[232] SLOVIC P. Perceived risk, trust, and democracy [J]. Risk analysis, 1993, 13 (6): 675 – 682.

[233] SLOVIC P. Perception of risk [J]. Science, 1987, 236 (4799): 280 – 285.

[234] SLOVIC P. Public perception of risk [J]. Journal of environmental health, 1997, 59 (9): 22 – 25.

[235] SNEDDON J N, SOUTAR G N, LEE J A. Exploring wool apparel consumers' ethical concerns and preferences [J]. Journal of fashion marketing and management, 2014, 18 (2): 169 - 186.

[236] SMITH V L. An experimental study of competitive market behavior [J]. Journal of political economy, 1962, 70 (2): 111 - 137.

[237] SONG B, YAN W, ZHANG T. Cross-border e-commerce commodity risk assessment using text mining and fuzzy rule-based reasoning [J]. Advanced engineering informatics, 2019, 40: 69 - 80.

[238] SPARKS P, SHEPHERD R. Public perceptions of the potential hazards associated with food production and food consumption: an empirical study [J]. Risk analysis, 1994, 14 (5): 799 - 806.

[239] STEENIS N D, VAN HERPEN E, VAN DER LANS I A, et al. Consumer response to packaging design: the role of packaging materials and graphics in sustainability perceptions and product evaluations [J]. Journal of cleaner production, 2017, 162: 286 - 298.

[240] STONE R N, GRØNHAUG K. Perceived risk: further considerations for the marketing discipline [J]. European journal of marketing, 1993, 27 (3): 39 - 50.

[241] STRAUSS A, CORBIN J. Basics of qualitative research: procedures and techniques for developing grounded theory [J]. 1998: 101 - 121.

[242] SU W, WANG Y, QIAN L, et al. Creating a sustainable policy framework for cross-border e-commerce in China [J]. Sustainability, 2019, 11 (4): 943 - 957.

[243] SWINNEN J F M, MCCLUSKEY J, FRANCKEN N. Food safety, the media, and the information market [J]. Agricultural economics, 2005, 32: 175 - 188.

[244] SWINYARD W R, SMITH S M. Why people (don't) shop online: a lifestyle study of the internet consumer [J]. Psychology & marketing, 2003, 20 (7): 567 - 597.

[245] TAGLIONI F, CARTOUX M, DELLAGI K, et al. The influenza A (H1N1) pandemic in Reunion Island: knowledge, perceived risk and precautionary behaviour [J]. BMC infectious diseases, 2013, 13 (1): 1 - 12.

[246] TANG T, HU P, WU G. Influence of promotion mode on purchase decision based on multilevel psychological distance dimension of visual attention model and data mining [J]. Concurrency and computation: practice and experience, 2019, 1-9.

[247] TENG C C, WANG Y M. Decisional factors driving organic food consumption: generation of consumer purchase intentions [J]. British food journal, 2015, 117 (3): 1066-1081.

[248] THOMAS M S, FENG Y. Consumer risk perception and trusted sources of food safety information during the COVID-19 pandemic [J]. Food control, 2021, 130: 108279-108287.

[249] TIAN Q, ZHANG S, YU H, et al. Exploring the factors influencing business model innovation using grounded theory: the case of a Chinese high-end equipment manufacturer [J]. Sustainability, 2019, 11 (5): 1-16.

[250] TONG X, CHEN S. Human resource development based on wuli-shili-renli systems approach [C] //2008 4th International Conference on Wireless Communications, Networking and Mobile Computing. Piscataway, NJ: IEEE, 2008: 1-6.

[251] UMALI-DEININGER D, SUR M. Food safety in a globalizing world: opportunities and challenges for India [J]. Agricultural economics, 2007, 37: 135-147.

[252] VAN ASSELT E D, VAN DER FELS-KLERX H J, MARVIN H J P, et al. Overview of food safety hazards in the European dairy supply chain [J]. Comprehensive reviews in food science and food safety, 2017, 16 (1): 59-75.

[253] VAN WEZEMAEL L, UELANDØ, VERBEKE W. European consumer response to packaging technologies for improved beef safety [J]. Meat science, 2011, 89 (1): 45-51.

[254] VAN WINSEN F, DE MEY Y, LAUWERS L, et al. Determinants of risk behaviour: effects of perceived risks and risk attitude on farmer's adoption of risk management strategies [J]. Journal of risk research, 2016, 19 (1): 56-78.

[255] VERBEKE W, WARD R W. Consumer interest in information cues denoting quality, traceability and origin: an application of ordered probit models to beef labels [J]. Food quality and preference, 2006, 17 (6): 453-467.

[256] VISSCHERS V H, SIEGRIST M. Exploring the triangular relationship

between trust, affect, and risk perception: a review of the literature [J]. Risk management, 2008, 10 (3): 156 - 167.

[257] VOORVELD H A, NEIJENS P C, SMIT E G. The relation between actual and perceived interactivity [J]. Journal of advertising, 2011, 40 (2): 77 - 92.

[258] WANG E S, TSAI M C. Effects of the perception of traceable fresh food safety and nutrition on perceived health benefits, affective commitment, and repurchase intention [J]. Food quality and preference, 2019 (78): 103723 - 103730.

[259] WANG J, HONG J, ZHOU R. How long did I wait? The effect of construal levels on consumers' wait duration judgments [J]. Journal of consumer research, 2018, 45 (1): 169 - 184.

[260] WANG Q, CUI X, HUANG L, et al. Seller reputation or product presentation? An empirical investigation from cue utilization perspective [J]. International journal of information management, 2016, 36 (3): 271 - 283.

[261] WANG X, ZHAO B, CHEN J. The construction of consumer dynamic trust in cross-border online shopping: qualitative research based on Tmall Global, JD Worldwide and NetEase Koala [J]. Journal of contemporary marketing science, 2022, 5 (1): 1 - 28.

[262] WARD P R, HENDERSON J, COVENEY J, et al. How do South Australian consumers negotiate and respond to information in the media about food and nutrition? The importance of risk, trust and uncertainty [J]. Journal of sociology, 2012, 48 (1): 23 - 41.

[263] WARRINGTON P. Customer evaluations of e-shopping: the effects of quality-value perceptions and e-shopping satisfaction on e-shopping loyalty [M]. USA: The University of Arizona, 2002.

[264] WEBER E U, BLAIS A R, BETZ N E. A domain-specific risk-attitude scale: measuring risk perceptions and risk behaviors [J]. Journal of behavioral decision making, 2002, 15 (4): 263 - 290.

[265] WELLS J D, VALACICH J S, HESS T J. What signals are you sending? How website quality influences perceptions of product quality and purchase intentions [J]. Management information systems quarterly, 2011, 35 (2): 373 - 396.

[266] WEN H, ZHANG X. Research on the sustainability of china cross-border

e-commerce enterprises under the normalization of rpidemic situation [J]. International journal of management and education in human development, 2021, 1 (4): 218 – 222.

[267] WEN X, SUN S, LI L, et al. Avian influenza: factors affecting consumers' purchase intentions toward poultry products [J]. International journal of environmental research and public health, 2019, 16 (21): 4139 – 4152.

[268] WHEELER S C, PETTY R E. The effects of stereotype activation on behavior: a review of possible mechanisms [J]. Psychological bulletin, 2001, 127 (6): 797 – 826.

[269] WILDAVSKY A, DAKE K. Theories of risk perception: who fears what and why? [J]. Daedalus, 1990: 41 – 60.

[270] WILLIAMS P, KEYNES N. Food fears: a national survey on the attitudes of Australian adults about the safety and quality of food [J]. Asia Pacific journal of clinical nutrition, 2004, 13 (1): 32 – 39.

[271] WOLFINBARGER M, GILLY M C. Shopping online for freedom, control, and fun [J]. California management review, 2001, 43 (2): 34 – 55.

[272] WOLNY J, MUELLER C. Analysis of fashion consumers' motives to engage in electronic word-of-mouth communication through social media platforms [J]. Journal of marketing management, 2013, 29 (5 – 6): 562 – 583.

[273] WONGKITRUNGRUENG A, DEHOUCHE N, ASSARUT N. Live streaming commerce from the sellers' perspective: implications for online relationship marketing [J]. Journal of marketing management, 2020, 36 (5 – 6): 488 – 518.

[274] WORSLEY A, SCOTT V. Consumers' concerns about food and health in Australia and New Zealand [J]. Asia Pacific journal of clinical nutrition, 2000, 9 (1): 24 – 32.

[275] WU F, SAMPER A, MORALES A C, et al. It's too pretty to use! When and how enhanced product aesthetics discourage usage and lower consumption enjoyment [J]. Journal of consumer research, 2017, 44 (3): 651 – 672.

[276] WU L, ZHONG Y, SHAN L, et al. Public risk perception of food additives and food scares. The case in Suzhou, China [J]. Appetite, 2013, 70: 90 – 98.

[277] XU F J, ZHAO V P, SHAN L, et al. A framework for developing social

networks enabling systems to enhance the transparency and visibility of cross-border food supply chains [J]. GSTF journal on computing, 2014, 3 (4): 1 –13.

[278] XU Y, LI X, ZENG X, et al. Application of blockchain technology in food safety control: current trends and future prospects [J]. Critical reviews in food science and nutrition, 2022, 62 (10): 2800 –2819.

[279] YANG J, GODDARD E. Do beef risk perceptions or risk attitudes have a greater effect on the beef purchase decisions of Canadian consumers? [J]. Journal of toxicology and environmental health, 2011, 74 (22 –24): 1575 –1591.

[280] YANG J, SARATHY R, LEE J K. The effect of product review balance and volume on online shoppers' risk perception and purchase intention [J]. Decision support systems, 2016, 89: 66 –76.

[281] YANG S L, YU F, LI K, et al. No control, no consumption: association of low perceived control and intention to accept genetically modified food [J]. International journal of environmental research and public health, 2022, 19 (13): 7642 –7654.

[282] YANG X, GONG P. Marketing strategy of green agricultural products based on consumption intention [J]. Agricultural & forestry economics and management, 2020, 3 (1): 16 –24.

[283] YEUNG R M W, MORRIS J. Food safety risk: consumer perception and purchase behaviour [J]. British food journal, 2001, 103 (3): 170 –187.

[284] YEUNG R, YEE W, MORRIS J. The effects of risk-reducing strategies on consumer perceived risk and on purchase likelihood: a modeling approach [J]. British food journal, 2010, 112 (3) : 306 –322.

[285] YIN X, WANG H, XIA Q, et al. How social interaction affects purchase intention in social commerce: a cultural perspective [J]. Sustainability, 2019, 11 (8): 2423 –2441.

[286] YU S, HUDDERS L, CAUBERGHE V. Selling luxury products online: the effect of a quality label on risk perception, purchase intention and attitude toward the brand [J]. Journal of electronic commerce research, 2018, 19 (1): 16 –35.

[287] YU Z, LIU Y, WANG Q, et al. Research on food safety and security of cold chain logistics [C] //IOP Conference Series: Earth and Environmental Science. IOP Publishing, 2021, 647 (01): 012176.

[288] YU H, GIBSON K E, WRIGHT K G, et al. Food safety and food quality perceptions of farmers' market consumers in the United States [J]. Food control, 2017, 79: 266-271.

[289] ZHANG B, KIM J H. Luxury fashion consumption in China: factors affecting attitude and purchase intent [J]. Journal of retailing and consumer services, 2013, 20 (1): 68-79.

[290] ZHANG M, QIN F, WANG G A, et al. The impact of live video streaming on online purchase intention [J]. The service industries journal, 2020, 40 (9-10): 656-681.

[291] ZHANG W, HE H, ZHU L, et al. Food safety in Post-COVID-19 pandemic: challenges and countermeasures [J]. Biosensors, 2021, 11 (3): 71.

[292] ZHANG X, GUO Q, SHEN X X, et al. Water quality, agriculture and food safety in China: current situation, trends, interdependencies, and management [J]. Journal of integrative agriculture, 2015, 14 (11): 2365-2379.

[293] ZHAO X, DENG S, ZHOU Y. The impact of reference effects on online purchase intention of agricultural products: the moderating role of consumers' food safety consciousness [J]. Internet research, 2017, 27 (2): 233-255.

[294] ZHONG R, XU X, WANG L. Food supply chain management: systems, implementations, and future research [J]. Industrial management & data systems, 2017, 117 (9): 2085-2114.

[295] 蔡潇彬. 新时代社会治理现代化：治理类型、框架建构与政策理路 [J]. 宏观经济研究，2021 (6)：124-132.

[296] 程赛琰，牛春华. 社区灾害风险管理中的风险沟通与风险的社会放大：基于兰州市住宅社区的实证调查 [J]. 兰州大学学报（社会科学版），2022，50 (1)：148-160.

[297] 陈洋，何有世，金帅. 社群氛围能促进成员的冲动性购买吗？——不同氛围成分的作用与影响机制研究 [J]. 商业经济与管理，2018 (4)：58-69.

[298] 陈义涛，赵军伟，袁胜军. 电商直播中心理契约到消费意愿的演化机制：卷入度的调节作用 [J]. 中国流通经济，2021，35 (11)：44-55.

[299] 陈迎欣，平闪闪，王秋荃. 基于WSR方法论的公众参与网络直播的影响因素及实证研究 [J]. 中国软科学，2022 (3)：183-192.

[300] 陈钰芬. 基于全流程的进口B2C跨境电商商品质量风险评估体系构

建［J］. 商业经济与管理，2019（12）：5－16.

［301］崔保军，梅裔. 消费者自我概念对绿色产品购买意愿的影响机理：面子意识的中介效应［J］. 河南师范大学学报（哲学社会科学版），2021，48（5）：52－59.

［302］崔剑峰. 感知风险对消费者网络冲动购买的影响［J］. 社会科学战线，2019（4）：254－258.

［303］邓衡山，孔丽萍. 机构性质、社会共治与食品安全认证的有效性［J］. 农业经济问题，2022（4）：27－37.

［304］邓卫华，易明，李姝洁. 基于“认知—态度—使用”模型的在线用户追评信息使用行为研究［J］. 情报资料工作，2018（4）：71－79.

［305］丁慧平. 基于扎根理论的生鲜企业 O2O 平台化影响因素研究［J］. 中国流通经济，2019，33（10）：33－42.

［306］范春梅，叶登楠，李华强. 产品伤害危机中消费者应对行为的形成机制研究：基于 PADM 理论视角的扎根分析［J］. 管理评论，2019，31（8）：230－239.

［307］范筱静. 论我国跨境电子商务平台的海关法律责任［J］. 国际商务研究，2017，38（6）：64－73.

［308］费威，佟烁. 消费者视角下网售进口食品安全监管满意度影响因素分析［J］. 软科学，2019，33（7）：122－128.

［309］费威. 我国跨境电商进口食品安全的监管应对［J］. 学习与实践，2019（12）：66－74.

［310］冯华，陈亚琦. 平台商业模式创新研究：基于互联网环境下的时空契合分析［J］. 中国工业经济，2016（3）：99－113.

［311］冯俊，路梅. 移动互联时代直播营销冲动性购买意愿实证研究［J］. 软科学，2020，34（12）：128－133＋144.

［312］冯强，石义彬. 媒体传播对食品安全风险感知影响的定量研究［J］. 武汉大学学报（人文科学版），2017，70（2）：113－121.

［313］高帆. 跨境电商环境下跨境物流的潜在风险及防范：以万邦速达国际物流公司为例［J］. 对外经贸实务，2020（7）：77－80.

［314］龚文娟，杜兆雨. 环境社会治理中的风险感知与风险接纳研究［J］. 中央民族大学学报（哲学社会科学版），2022，49（1）：85－96.

［315］管健. 社会心理学视角下的颜值崇拜现象探析［J］. 人民论坛，

2020（24）：87－89.

［316］桂天晗，钟玮．突发公共卫生事件中风险沟通的实践路径：基于世界卫生组织循证文献的扎根理论研究［J］．公共管理学报，2021，18（3）：113－124＋174.

［317］郭海玲．产业集群视角下出口跨境电商发展对策：以河北省为例［J］．中国流通经济，2017，31（5）：55－65.

［318］郭婷婷，李宝库．“看得见”还是“摸得着”？——在线评论中感官线索引发的意象体验效应［J］．财经论丛，2019（9）：82－91.

［319］韩箫亦，许正良．电商主播属性对消费者在线购买意愿的影响：基于扎根理论方法的研究［J］．外国经济与管理，2020，42（10）：62－75.

［320］韩世曦，曾粤亮．突发公共卫生事件背景下数字青年微信公众平台健康信息采纳意愿影响因素研究［J］．图书馆学研究，2021（6）：83－92.

［321］韩杨，曹斌，陈建先，等．中国消费者对食品质量安全信息需求差异分析：来自1573个消费者的数据检验［J］．中国软科学，2014（2）：32－45.

［322］郝晓燕，蒋晓闪，白宝光．我国乳业高质量发展的协同治理创新研究：基于演化视角［J］．科学管理研究，2021，39（1）：76－82.

［323］胡国栋，王天娇．“义利并重”：中国古典企业的共同体式身股激励：基于晋商乔家字号的案例研究［J］．管理世界，2022，38（2）：188－207＋239＋12－15.

［324］呼军艳．消费者食品农药残留风险感知影响因素研究［J］．甘肃行政学院学报，2019（4）：115－123＋128.

［325］黄思皓，肖金岑，金亚男．基于S-O-R理论的社交电商平台消费者持续购买意愿影响因素研究［J］．软科学，2020，34（6）：115－121.

［326］黄毅祥，刘宽斌，赵敏娟．健康意识的觉醒还是从众心理：基于PSM方法的居民杂粮消费动因分析［J］．农业技术经济，2022（2）：110－125.

［327］姜岩，郭连成．中俄跨境电商发展研究［J］．学术交流，2021（4）：87－99＋191－192.

［328］蒋国银，陈玉凤，蔡兴顺，等．平台事件网络舆情传播的影响因素与治理策略研究：基于WSR的扎根分析［J］．管理评论，2021，33（5）：184－193.

［329］简予繁．消费者在线生成广告行为阻碍因素及作用路径研究［J］．

新闻界，2016（11）：8－14＋20.

［330］焦媛媛，李智慧，付轼辉，等. 产品信息、预设同侪反应与购买意愿：基于社交网络情景［J］. 管理科学，2020，33（1）：100－113.

［331］靳代平，王新新，姚鹏. 品牌粉丝因何而狂热？——基于内部人视角的扎根研究［J］. 管理世界，2016（9）：102－119.

［332］靳明，杨波，赵敏，等. 食品安全事件的溢出效应与消费替代行为研究：以乳制品系列安全事件为例［J］. 财经论丛，2015（12）：77－84.

［333］金帅岐，李贺，沈旺，等. 用户健康信息搜寻行为的影响因素研究：基于社会认知理论三元交互模型［J］. 情报科学，2020，38（6）：53－61＋75.

［334］匡红云，江若尘. 主题公园资源要素与“令人难忘的旅游体验”［J］. 经济管理，2019，41（1）：137－155.

［335］赖泽栋，曹佛宝. 专家角色与风险传播渠道对公众食品风险认知和风险传播行为的影响［J］. 科学与社会，2016，6（4）：100－117.

［336］鲁良. 论失信行为影响下公众风险感知的演变［J］. 湖南师范大学社会科学学报，2021，50（6）：107－113.

［337］刘洪伟，高鸿铭，陈丽，等. 基于用户浏览行为的兴趣识别管理模型［J］. 数据分析与知识发现，2018，2（2）：74－85.

［338］刘家国，孔玉丹，周欢，等. 供应链风险管理的物理—事理—人理方法研究［J］. 系统工程学报，2018，33（3）：298－307.

［339］李春晓，冯浩妍，吕兴洋，等. 穷家富路？非惯常环境下消费者价格感知研究［J］. 旅游学刊，2020，35（11）：42－53.

［340］李华强，周雪，万青，等. 网络隐私泄露事件中用户应对行为的形成机制研究：基于 PADM 理论模型的扎根分析［J］. 情报杂志，2018，37（7）：113－120.

［341］李健生，赵星宇，杨宜苗. 外部线索对自有品牌购买意愿的影响：感知风险和信任的中介作用［J］. 经济问题探索，2015（8）：44－51.

［342］李凌慧，曹淑艳. B2C 跨境电子商务消费者购买决策影响因素研究［J］. 国际商务（对外经济贸易大学学报），2017（1）：151－160.

［343］李明德，朱妍. 复杂舆论场景中信息内容传播风险研究［J］. 情报杂志，2021，40（12）：112－119.

［344］李强，刘文，王菁，等. 内容分析法在食品安全事件分析中的应用

[J]. 食品与发酵工业，2010，36（1）：118－121.

[345] 李秋正，蒋励佳，潘妍. 我国跨境电商通关监管生态系统演化创新的动力机制［J］. 中国流通经济，2020，34（5）：32－39.

[346] 李雪，郑涌. 美的就是好的？外貌吸引力在亲密关系中的作用［J］. 心理科学进展，2019，27（10）：1743－1757.

[347] 李研，王凯，李东进. 商家危害食品安全行为的影响因素模型：基于网络论坛评论的扎根研究［J］. 经济与管理研究，2018，39（8）：95－107.

[348] 李晔，秦梦. 基于"农超对接"的生鲜农产品物流耗损研究［J］. 农业技术经济，2015（4）：54－60.

[349] 李元旭，罗佳. 文化距离、制度距离与跨境电子商务中的感知风险［J］. 财经问题研究，2017（3）：106－114.

[350] 卢宏亮，廉宏达，田国双. 感知价值视角下社交媒体氛围与客户对媒体使用的选择：替代者吸引力的调节效应［J］. 商业研究，2020（11）：1－10.

[351] 罗建强，李伟鹏，赵艳萍，等. 基于WSR的制造企业服务衍生状态及其评价研究［J］. 管理评论，2017，29（6）：129－140.

[352] 吕挺，易中懿，应瑞瑶. 新媒体环境下的信息供给与食品安全风险治理［J］. 江海学刊，2017（3）：82－87.

[353] 马亮. 新闻媒体披露与公众的食品安全感：中国大城市的实证研究［J］. 中国行政管理，2015（9）：70－77.

[354] 孟陆，刘凤军，陈斯允，等. 我可以唤起你吗：不同类型直播网红信息源特性对消费者购买意愿的影响机制研究［J］. 南开管理评论，2020，23（1）：131－143.

[355] 慕静，东海芳，刘莉. 电商驱动农产品品牌价值创造的机制：基于京东生鲜的扎根理论分析［J］. 中国流通经济，2021，35（1）：36－46.

[356] 聂文静. 中国食品安全风险的空间扩散与驱动机制研究：基于监管力度视角［J］. 现代经济探讨，2022（4）：21－29.

[357] 裴嘉良，刘善仕，崔勋，等. 零工工作者感知算法控制：概念化、测量与服务绩效影响验证［J］. 南开管理评论，2021，24（6）：14－27.

[358] 任建超，李隆伟，王云美. 食品安全危机下的消费决策过程研究［J］. 云南社会科学，2017（4）：58－63.

[359] 山丽杰，臧秋霞，李向丽，等. 影响消费者对食品添加剂风险感知

的关键因素识别研究 [J]. 自然辩证法通讯，2016，38（4）：103－108.

[360] 申光龙，彭晓东，秦鹏飞. 虚拟品牌社区顾客间互动对顾客参与价值共创的影响研究：以体验价值为中介变量 [J]. 管理学报，2016，13（12）：1808－1816.

[361] 沈国兵，徐源晗. 疫情全球蔓延对我国进出口和全球产业链的冲击及应对举措 [J]. 四川大学学报（哲学社会科学版），2020（4）：75－90.

[362] 石华瑀，景奉杰，杨艳，等. 基于非理性购买行为的消费者脆弱性量表开发及实证检验 [J]. 管理学报，2018，15（7）：1033－1039.

[363] 佘硕，丁依霞，张聪丛. 基于全媒体环境的公众食品安全风险信息获取研究：以武汉市高校大学生为例 [J]. 情报杂志，2016，35（6）：189－194.

[364] 孙瑾，郑雨，陈静. 感知在线评论可信度对消费者信任的影响研究：不确定性规避的调节作用 [J]. 管理评论，2020，32（4）：146－159.

[365] 唐任伍，张士侠. 现阶段我国食品安全风险的多维度特征 [J]. 人民论坛，2020（16）：60－61.

[366] 唐甜甜，胡培. 社交距离、时间距离对消费者在线购买决策行为影响的统计解释 [J]. 统计与决策，2018，34（15）：53－56.

[367] 陶鹏，李欣欣. 突发事件风险管理的政策工具及使用偏好：以文本大数据为基础的扎根理论分析 [J]. 北京行政学院学报，2019（1）：18－27.

[368] 田广，刘瑜. 论文化因素对“一带一路”跨境电商的影响 [J]. 社会科学辑刊，2021（3）：95－104.

[369] 田歆，许少迪，鄂尔江，等. 基于WSR方法论的中国零售企业国际化影响因素研究：名创优品案例 [J]. 管理评论，2021，33（12）：339－352.

[370] 乌尔里希·贝克. 风险社会 [M]. 何博闻，译. 南京：译林出版社，2004.

[371] 肖梦黎，陈肇新. 突发公共危机治理中的风险沟通模式——基于专家知识与民众认知差异的视角 [J]. 武汉大学学报（哲学社会科学版），2021，74（6）：115－125.

[372] 王虎峰. 全球健康促进30年的共识与经验：基于全球健康促进大会宣言的文本分析 [J]. 中国行政管理，2019（12）：133－139.

[373] 王建华，高子秋. 基于消费者个体行为特征的网络生鲜购买意愿研究：感知风险的中介作用及个体创新性的调节作用 [J]. 贵州社会科学，2020（9）：119－127.

[374] 王建华，钭露露. 基于消费者认知失调的安全认证农产品选择行为

研究［J］. 农业技术经济，2021（2）：50－62.

［375］王建华，王思瑶，山丽杰. 农村食品安全消费态度、意愿与行为的差异研究［J］. 中国人口·资源与环境，2016，26（11）：139－149.

［376］王建华，王缘. 消费者信任的维度结构与安全认证农产品的购买意愿研究：基于情境因素的多群组分析［J］. 青海社会科学，2021（2）：124－131.

［377］王军华. 基于百度指数的"互联网＋农业"公众关注度空间自相关分析［J］. 中国农业资源与区划，2020，41（4）：325－330.

［378］王可山，苏昕. 我国食品安全政策演进轨迹与特征观察［J］. 改革，2018（2）：31－44.

［379］王可山. 网购食品消费者选择行为的影响因素［J］. 中国流通经济，2020，34（1）：74－82.

［380］王克喜，戴安娜. 基于 Logit 模型的绿色生鲜农产品网购意愿的影响因素分析［J］. 湖南科技大学学报（社会科学版），2017，20（2）：87－93.

［381］王文韬，张帅，李晶，等. 大学生健康信息回避行为的驱动因素探析及理论模型建构［J］. 图书情报工作，2018，62（3）：5－11.

［382］王秀宏，孙静. 理性消费与炫耀心理对轻奢品牌购买意愿的研究［J］. 管理现代化，2017，37（4）：78－81.

［383］王志刚，朱佳，于滨铜. 城乡差异、塔西佗陷阱与食品安全投诉行为：基于冀豫两省 532 份消费者的问卷调查［J］. 中国软科学，2020（4）：25－34.

［384］汪旭晖，郭一凡. 商品—卖家在线声誉不一致如何影响消费者购买意愿？［J］. 经济管理，2020，42（11）：125－140.

［385］汪旭晖，张其林. 电子商务破解生鲜农产品流通困局的内在机理：基于天猫生鲜与沱沱工社的双案例比较研究［J］. 中国软科学，2016（2）：39－55.

［386］汪旭晖，张其林. 平台型电商声誉的构建：平台企业和平台卖家价值共创视角［J］. 中国工业经济，2017，356（11）：174－192.

［387］王妍，唐滢. 我国食品安全大数据平台构建的基本逻辑与行动方案：基于共建共治共享视角［J］. 南京社会科学，2020（2）：75－80.

［388］魏浩，王超男. 中国跨境电商进口发展存在的问题与对策［J］. 国际贸易，2021（11）：44－50，69.

［389］文晓巍，杨朝慧，陈一康，等. 改革开放四十周年：我国食品安全问题关注重点变迁及内在逻辑［J］. 农业经济问题，2018（10）：14－23.

［390］温忠麟，叶宝娟．中介效应分析：方法和模型发展［J］．心理科学进展，2014，22（5）：731－745.

［391］吴林海，梁朋双，陈秀娟．融入动物福利属性的可追溯猪肉偏好与支付意愿研究［J］．江苏社会科学，2020（5）：93－104.

［392］伍琳．中国食品安全协同治理改革：动因、进展与现存挑战［J］．兰州学刊，2021（2）：72－86.

［393］吴肃然，李名荟．扎根理论的历史与逻辑［J］．社会学研究，2020，35（2）：75－98＋243.

［394］吴伟炯，赵霞，杨国亮．“美即好”？颜值对工作幸福感的“过不及”效应［J］．心理科学，2020，43（5）：1132－1139.

［395］徐凤增，袭威，徐月华．乡村走向共同富裕过程中的治理机制及其作用：一项双案例研究［J］．管理世界，2021，37（12）：134－152，196.

［396］徐戈，冯项楠，李宜威，等．雾霾感知风险与公众应对行为的实证分析［J］．管理科学学报，2017，20（9）：1－14.

［397］徐国冲．食品安全监管风险评估：理论界说、机制设计与实施策略［J］．社会科学战线，2021（10）：181－129.

［398］杨鸿雁，周芬芬，田英杰．基于关联规则的消费者食品安全满意度研究［J］．管理评论，2020，32（4）：286－297.

［399］闫贝贝，刘天军，孙晓琳．社会学习对农户农产品电商采纳的影响：基于电商认知的中介作用和政府支持的调节作用［J］．西北农林科技大学学报（社会科学版），2022，22（4）：97－108.

［400］闫幸，吴锦峰．二次元短视频营销策略对顾客投入的影响［J］．中国流通经济，2020，34（12）：40－50.

［401］闫岩，温婧．新冠疫情早期的媒介使用、风险感知与个体行为［J］．新闻界，2020（6）：50－61.

［402］杨洋，谢国强，邹明阳，等．新冠肺炎疫情下企业员工的心理恐惧与复原机制［J］．管理科学，2020，33（4）：107－118.

［403］鄢贞，刘青，吴森森．农产品安全事件的风险演化与空间转移路径：基于媒体报道的视角［J］．农业技术经济，2020（8）：4－12.

［404］应瑞瑶，侯博，陈秀娟，等．消费者对可追溯食品信息属性的支付意愿分析：猪肉的案例［J］．中国农村经济，2016（11）：44－56.

［405］尹世久，王一琴，李凯．事前认证还是事后追溯？——食品安全信息

标识的消费者偏好及其交互关系研究［J］．中国农村观察，2019（5）：127－144.

［406］易舒心．跨境电商物流服务质量对顾客重复购买意向影响实证研究［J］．商业经济研究，2020（17）：85－88.

［407］于晓华，喻智健，郑适．风险、信任与消费者购买意愿恢复：以新发地疫情食品谣言事件为例［J］．农业技术经济，2022（1）：4－18.

［408］喻昕，许正良．网络直播平台中弹幕用户信息参与行为研究：基于沉浸理论的视角［J］．情报科学，2017，35（10）：147－151.

［409］曾慧，郝辽钢，于贞朋．好评奖励能改变消费者的在线评论吗？——奖励计划在网络口碑中的影响研究［J］．管理评论，2018，30（2）：117－126.

［410］詹承豫．中国食品安全监管体制改革的演进逻辑及待解难题［J］．南京社会科学，2019（10）：75－82.

［411］张蓓，马如秋．论农村食品安全风险社会共治［J］．人文杂志，2020（4）：104－112.

［412］张蓓，马如秋，刘凯明．新中国成立70周年食品安全演进、特征与愿景［J］．华南农业大学学报（社会科学版），2020，19（1）：88－102.

［413］张蓓，吴宝姝，文晓巍．网络谣言社会共治对消费者信任的影响：以食品伤害为例［J］．经济管理，2019，41（5）：136－155.

［414］张蓓，叶丹敏，马如秋．跨境电商食品安全风险表征及协同治理［J］．人文杂志，2021（10）：115－121.

［415］张洪，江运君，鲁耀斌，等．社会化媒体赋能的顾客共创体验价值：多维度结构与多层次影响效应［J］．管理世界，2022，38（2）：150－168＋10－17.

［416］张红霞，安玉发，张文胜．我国食品安全风险识别、评估与管理：基于食品安全事件的实证分析［J］．经济问题探索，2013（6）：135－141.

［417］张梦霞，原梦琪．初始信任对跨境电商平台市场发展的作用机制［J］．财经问题研究，2020（6）：130－138.

［418］张其林，汪旭晖．跨境电商平台交易纠纷的治理模式研究：基于治理需求和治理供给匹配的视角［J］．中国工业经济，2021（12）：166－184.

［419］张顺，费威，佟烁．数字经济平台的有效治理机制：以跨境电商平台监管为例［J］．商业研究，2020（4）：49－55.

［420］张夏恒．跨境电商类型与运作模式［J］．中国流通经济，2017，31（1）：76－83.

［421］张鑫，田雪灿，刘鑫雅．反复性视角下网络舆情风险评估指标体系

研究［J］. 图书与情报，2020（6）：123－135.

［422］张伟，杨婷，张武康. 移动购物情境因素对冲动性购买意愿的影响机制研究［J］. 管理评论，2020，32（2）：174－183.

［423］张宇东，李东进，金慧贞. 安全风险感知、量化信息偏好与消费参与意愿：食品消费者决策逻辑解码［J］. 现代财经（天津财经大学学报），2019，39（1）：86－98.

［424］张玉亮，杨英甲. 基于扎根理论的政府食品安全网络谣言介入行为有效性研究［J］. 情报杂志，2018，37（3）：122－128＋135.

［425］展进涛. 转基因信息传播对消费者食品安全风险预期的影响［J］. 农业技术经济，2015（8）：15－24.

［426］赵青. 金融知识、风险态度对借贷行为的影响：基于 CHFS 的经验证据［J］. 金融发展研究，2018（4）：55－60.

［427］赵峄含，潘勇. 我国跨境电子商务政策分析：2012—2020［J］. 中国流通经济，2021，35（1）：47－59.

［428］钟皓，田青，白敬伊. 基于社会认知理论的员工帮助行为对伦理型领导的作用机制研究［J］. 管理学报，2019，16（1）：64－71.

［429］周洁红，金宇，王煜，等. 质量信息公示、信号传递与农产品认证：基于肉类与蔬菜产业的比较分析［J］. 农业经济问题，2020（9）：76－87.

［430］周萍，张宇东，周海燕. 食品安全风险认知下消费者决策能力提升机制研究［J］. 统计与决策，2020，36（12）：176－179.

［431］周晓阳，王黎琴，冯平平，等. WSR 方法论视角下基于信任关系、前景理论和犹豫模糊偏好的群决策研究［J］. 管理评论，2020，32（7）：66－75.

［432］周永根，李瑞龙. 日本基于社区的灾害风险治理模式及其启示［J］. 城市发展研究，2017，24（5）：105－111＋124.

［433］周应恒，王善高，严斌剑. 中国食物系统的结构、演化与展望［J］. 农业经济问题，2022（1）：100－113.

［434］朱瑾. 社群氛围对顾客创新的影响机理与实证检验：社群自尊的调节作用［J］. 山东师范大学学报（社会科学版），2020，65（1）：105－115.

后　记

食品安全风险治理是世界各国面临的共同难题。随着食品产业链不断延长、消费场景深度重构及新冠肺炎疫情防控常态化，食品安全风险隐患也逐渐增多。食品安全风险预警机制匮乏、食品安全追溯体系建设不全、食品检验检疫流程尚未完善等导致我国食品安全风险治理面临严峻挑战。食品安全风险治理关系到经济高质量发展及社会繁荣稳定，备受党和国家高度重视。随着数字经济迅猛发展、智能技术应用创新和平台经济新业态不断涌现，食品安全风险治理迎来治理边界拓展延伸、治理方式创新变革等机遇，也面临风险表征类型多样、治理资源应用困难等挑战。鉴于食品安全风险复杂性，消费者对食品安全风险缺乏正确认知和科学判断，并产生恐慌、焦虑等心理反应，以及信息回避、停止购买和负面口碑等逆向行为，使食品安全风险交流环境恶化，影响我国食品产业可持续发展及社会稳定。亟须在跨境电商研究情境下，理顺食品安全风险表征系统要素、探究消费者食品安全风险认知形成机理与风险响应决策机制，这对于拉动我国食品消费需求、促进食品产业可持续发展等尤为重要。

近年来，我们长期开展食品安全风险治理、食品伤害危机与消费者行为的科学研究。在主持完成国家社科基金青年项目“供应链核心企业主导的农产品质量安全管理研究”、国家自然科学基金青年项目“农产品伤害危机责任归因与消费者逆向行为形成机理研究”和国家自然科学基金面上项目“生鲜电商平台产品质量安全风险社会共治研究”“消费者食品安全风险响应与引导机制研究：以跨境电商为例”过程中，我们在《管理评论》《中国农村经济》《农业经济问题》《农业技术经济》《改革》《经济管理》《人文杂志》和《北京社会科学》以及 *China Management Study* 等国内外权威期刊上发表学术论文 70 余篇。在上述课题研究成果基础上，我们深化食品安全风险管理理论研究和定量化研究，努力在研究角度、研究内容和研究方法等方面进行积极探索，探索具有中国特色并为全球食品安全风险多方主体所借鉴的管理理论与方法，为加强我国食品安全风险管理提供科学依据和管理启示。

本书主要是我们和研究生团队合作完成的科研成果。其中，张蓓负责本书的总体框架设计，第一章、第二章、第八章和第十章的写作，以及各章提纲构建、主体内容撰写、修改润色和总体把关等，并负责全书的统稿。马如秋参与了第一章、第二章、第三章、第五章、第八章、第十章、第十三章、第十四章和第十五章的写作；叶丹敏参与了第一章、第二章、第四章、第六章和第七章的写作；招楚尧参与了第二章、第八章和第十一章的写作；张雅竹参与了第二章、第十章和第十五章的写作；冯文怡参与了第二章和第四章的写作；区金兰参与了第九章的写作；宋珊参与了第十二章的写作；黄圆珍、胡金月和吴婷参与了第十四章的写作。团队的研究生还参与了本书的问卷调查、数据录入和分析等工作。在本书写作过程中引用并参考了许多国内外学者的研究成果，我们在参考文献中一一加以标注，在此深表感谢！

在我国消费者食品安全风险响应实地调研、深度访谈和问卷调查过程中，华南农业大学经济管理学院院长罗明忠教授、书记蔡传钦研究员、副院长黄松教授、副院长谭莹教授、副院长王丽萍研究员、文晓巍教授、何勤英教授、周文良副教授、文乐博士和彭思喜老师等专家对问卷设计和调研开展提出了建设性意见。在消费者食品理性购买研究、消费者食品持续购买研究的调研过程中，得到了京东生鲜、盒马鲜生、大润发优鲜、淘宝等跨境电商平台的鼎力支持，在此一并致谢！

这些年，我们师生俩在紫荆花烂漫校园里，在漫长科研道路上携手并肩，砥砺前行。从开展国家自然科学基金研究到为广东省食品药品监督局提供专家咨询，从科研团队日常研讨到参加中国管理科学论坛，我们始终以饱满的热情、坚定的意志和严谨的态度开展食品安全管理科学研究。我们致力于为中国食品安全现代化治理献计献策，上下求索，再攀新台阶。本书研究可能存在不足之处，恳请各位专家和同行批评指正。

张 蓓 马如秋

2023 年春于华南农业大学